国家自然科学基金（30100787）
北京市自然科学基金（6042019） 资助

北京山地
植物和植被保护研究

崔国发　邢韶华　赵勃◎著

中国林业出版社

内 容 简 介

本书是在国家自然科学基金和北京市自然科学基金的资助下完成的，主要对北京山地植物、植被的多样性进行了研究，评价了山地植物的优先保护级别；分析了北京山地植物多样性保护的关键地区，最后提出了自然保护区体系的建设方案。

在进行各项内容分析的同时，也提出了一些分析方法，供相关研究人员参考。此书可供自然保护区学、生态学、植物学等专业的研究人员，以及野生动植物保护和自然保护区管理人员参考使用。

图书在版编目（CIP）数据

北京山地植物和植被保护研究／崔国发，邢韶华，赵勃著.
北京：中国林业出版社，2008.1

ISBN 978-7-5038-5122-3

Ⅰ.北…
Ⅱ.①崔…②邢…③赵…
Ⅲ.①山地-植物-生物多样性-研究-北京市②山地-植被-研究-北京市
Ⅳ.Q948.521

中国版本图书馆 CIP 数据核字（2007）第 178268 号

出　版：中国林业出版社（100009　北京西城区德内大街刘海胡同 7 号）
网　址：www.cfph.com.cn
E-mail：cfphz@public.bta.net.cn　　**电话**：（010）66184477
发　行：新华书店北京发行所
印　刷：中国农业出版社印刷厂
版　次：2008 年 1 月第 1 版
印　次：2008 年 1 月第 1 次
开　本：787mm×1092mm　1/16
印　张：15　**彩插**：16 页
字　数：375 千字
印　数：1～3000 册
定　价：50.00 元

前 言

北京市方圆约16 400km²，东西宽约 160km，南北长约 176km。东南部是华北平原的北端，海拔 50m 左右；西部是太行山脉的北段，最高海拔 2303m；北部属燕山山脉，最高海拔 2241m。虽经历代砍伐利用，西部和北部山地仍然保存着大面积的天然林，如蒙古栎林 *Quercus mongolica*、油松林 *Pinus tabulaeformis*、核桃楸林 *Juglans mandshurica* 等；林间分布有一些珍稀濒危的植物，如黄檗 *Phellodendron amurense*、刺五加 *Acanthopanax senticosus*、小花蜻蜓兰 *Tulotis ussuriensis* 等。在内蒙古高原和华北平原之间的狭窄山地中，良好的天然植被也为森林生物的迁移和扩散提供了生物廊道，珍稀濒危植物的地方种群还蕴藏着丰富的遗传种质资源。

我们 2003 年获得国家自然科学基金资助，开展了“北京主要自然保护区森林植物濒危程度研究”（30100787）；2004 年获得北京市自然科学基金资助，开展了“北京市自然保护区体系及优先建设方案研究”（6042019）。在 100 多名本科生和研究生的参与下，调查了喇叭沟门、松山、雾灵山、云蒙山、东灵山、百花山、妙峰山、蒲洼等 13 个区域的植物和植被，设置调查样地 1169 个，获取愈万个样方的数据。经过大量的分析计算，阐述了北京山地蕨类和种子植物的区系特征，评价了植物濒临消失风险大小，提出了优先保护植物名录，分析了植物多样性的分布规律；同时，提出了植被分类体系，阐明了植被分布规律。在上述结果的基础上，分析了植物多样性保护关键地区和保护空缺，提出了自然保护区、自然保护小区和生物廊道的规划方案。

在此要特别感谢北京林业大学的植物分类专家路端正老师，在他的指导和帮助下，调查组准确地辨识了植物的种类，并发现了一些北京新记录种类。感谢成克武、王清春、李利平、陈维川、孟雪松、邹大林、李南岍、林大影、喻泓、肖雁青、姬文元、李飞等老师和研究生同学在外业调查和内业数据整理工作中付出的心血和汗水。北京林业大学 2000 级、2001 级和 2002 级的部分本科生同学也参与了野外调查工作。在野外调查中，师生们战酷暑、经风雨，洒下无数汗水，获得了可靠的第一手数据资料。此外，野外调查工作的顺利开展还得益于北京松山国家级自然保护区管理处、北京市百花山自然保护区管理处、北京市喇叭沟门自然保护区管理处、北京市雾灵山自然保护区管理处、北京市云蒙山自然保护区管理处、房山区蒲洼乡人民政府等多家单位的大力协助，在这里一并致谢。

该书主要是为北京市植物多样性的保护和自然保护区的建设提供科学依据，也为其他地区同类研究提供参考资料。由于作者水平有限，错误在所难免，望读者见谅，欢迎指正。

著 者

2007 年 6 月

目　录

前　言

第 1 章　研究地区自然概况 ……………………………………………… (1)

1.1　地理位置 ……………………………………………………………… (1)

1.2　地质地貌 ……………………………………………………………… (1)

1.3　土壤 …………………………………………………………………… (2)

1.4　气候 …………………………………………………………………… (2)

1.5　水文 …………………………………………………………………… (2)

1.6　植被 …………………………………………………………………… (2)

1.7　各调查地点概况 ……………………………………………………… (3)

第 2 章　植物区系特征 …………………………………………………… (9)

2.1　植物区系的基本组成 ………………………………………………… (9)

2.1.1　维管束植物区系基本组成 ………………………………………… (9)

2.1.2　北京植物新发现 …………………………………………………… (10)

2.1.3　北京植物分布新地点 ……………………………………………… (11)

2.2　植物区系的多样性分析 ……………………………………………… (13)

2.2.1　科的多样性分析 …………………………………………………… (13)

2.2.2　属的多样性分析 …………………………………………………… (15)

2.3　植物的生活型分析 …………………………………………………… (18)

2.4　植物区系的分布区特征 ……………………………………………… (19)

2.4.1　蕨类植物属的分布区类型 ………………………………………… (19)

2.4.2　种子植物科的分布区类型 ………………………………………… (20)

2.4.3　种子植物属的分布区类型 ………………………………………… (20)

2.5　植物区系的演变和来源 ……………………………………………… (25)

2.6　植物区系的总体特征 ………………………………………………… (27)

第 3 章　植物优先保护级别评定 ………………………………………… (28)

3.1　植物濒临消失风险评价 ……………………………………………… (28)

3.1.1　濒临消失风险指数的计算 ………………………………………… (28)

3.1.2　植物濒临消失风险的评定结果 …………………………………… (30)

3.2　植物优先保护级别的评定 …………………………………………… (31)

3.2.1　遗传损失指数的计算 ……………………………………………… (31)

3.2.2　优先保护指数的计算 ……………………………………………… (32)

3.2.3 优先保护级别的评定结果 …………………………………………… (32)
3.3 保护措施与建议 ……………………………………………………… (33)

第4章 植物物种多样性分布规律 ………………………………………… (38)
4.1 植物物种多样性随主要环境因子的变化 ………………………………… (38)
4.1.1 物种多样性随海拔梯度的变化 ………………………………………… (38)
4.1.2 物种多样性随坡向的变化 …………………………………………… (45)
4.1.3 物种多样性随坡度的变化 …………………………………………… (46)
4.2 植物物种分布的区域相似性和异质性 ………………………………… (47)
4.2.1 相似性分析 ……………………………………………………… (47)
4.2.2 异质性分析 ……………………………………………………… (48)

第5章 植被分类及其物种多样性 ………………………………………… (52)
5.1 植被分类 ………………………………………………………… (52)
5.1.1 分类的原则 ……………………………………………………… (52)
5.1.2 植被的分类单位及命名 ……………………………………………… (52)
5.1.3 植被分类的方法 …………………………………………………… (53)
5.1.4 植被分类的结果 …………………………………………………… (53)
5.2 主要植被类型结构特征概述 ………………………………………… (54)
5.2.1 森林植被 ………………………………………………………… (54)
5.2.2 灌丛植被 ………………………………………………………… (59)
5.2.3 山地草甸植被 …………………………………………………… (60)
5.3 主要植被类型的物种多样性比较 ……………………………………… (61)
5.3.1 主要植被类型内物种多样性比较 ……………………………………… (61)
5.3.2 不同植被类型间物种相似性比较 ……………………………………… (67)
5.4 森林植被优先保护排序 …………………………………………… (69)
5.4.1 植被优先保护排序研究的意义 ……………………………………… (69)
5.4.2 研究方法 ……………………………………………………… (70)
5.4.3 植被优先保护的排序结果 …………………………………………… (72)

第6章 典型森林群落结构分析 …………………………………………… (74)
6.1 油松群落结构与更新研究 ………………………………………… (74)
6.1.1 研究方法 ……………………………………………………… (74)
6.1.2 油松林年龄结构分析 ……………………………………………… (75)
6.1.3 油松幼苗、幼树的更新状况 ………………………………………… (76)
6.1.4 油松更新苗种群的空间格局 ………………………………………… (78)
6.1.5 油松群落的演替趋势 ……………………………………………… (79)
6.2 蒙古栎群落结构研究 ……………………………………………… (80)
6.2.1 群落的物种组成 …………………………………………………… (80)
6.2.2 群落物种的生活型谱分析 ………………………………………… (80)
6.2.3 群落内物种区系分析 ……………………………………………… (82)

6.3　黄檗群落结构分析 …………………………………………… (83)
6.3.1　研究方法 …………………………………………………… (83)
6.3.2　黄檗群落结构的基本状况 ………………………………… (86)
6.3.3　黄檗种群分布格局 ………………………………………… (89)
6.3.4　黄檗种群乔木的种间联结度 ……………………………… (90)
6.4　核桃楸群落结构研究 …………………………………………… (91)
6.4.1　研究方法 …………………………………………………… (91)
6.4.2　群落内物种的区系组成 …………………………………… (92)
6.4.3　群落结构 …………………………………………………… (93)
6.4.4　群落内物种多样性与物种相关性 ………………………… (94)
6.4.5　群落动态分析 ……………………………………………… (97)
第7章　植被的分布规律 …………………………………………… (98)
7.1　主要植被类型随环境因子的分布规律 ………………………… (98)
7.1.1　海拔梯度对植被类型分布的影响 ………………………… (98)
7.1.2　坡度对植被类型分布的影响 ……………………………… (103)
7.1.3　坡向对植被类型分布的影响 ……………………………… (106)
7.2　植被的水平分布 ………………………………………………… (108)
7.2.1　不同调查区植被类型的相似性 …………………………… (109)
7.2.2　不同调查区植被类型的差异性 …………………………… (111)
7.2.3　主要植被类型在北京山区的分布 ………………………… (112)
第8章　植物多样性关键地区评价与保护空缺分析 …………………… (114)
8.1　关键地区的评价方法 …………………………………………… (114)
8.1.1　珍稀植物的选择与赋值 …………………………………… (114)
8.1.2　植被类型的选择与赋值 …………………………………… (117)
8.2　关键地区的评价结果 …………………………………………… (119)
8.2.1　珍稀植物分布的关键地区 ………………………………… (119)
8.2.2　植被分布的关键地区 ……………………………………… (119)
8.2.3　关键地区的综合评价 ……………………………………… (121)
8.3　自然保护区、森林公园及风景名胜区的建设现状与保护空缺 …… (122)
8.3.1　自然保护区的建设现状与保护空缺 ……………………… (123)
8.3.2　森林公园的建设现状与保护空缺 ………………………… (127)
8.3.3　风景名胜区的建设现状与保护空缺 ……………………… (130)
第9章　植物多样性保护体系规划 …………………………………… (133)
9.1　自然保护区的建设及优先排序方案 …………………………… (133)
9.1.1　关键自然保护区的确定与建设 …………………………… (133)
9.1.2　重要自然保护区的建设 …………………………………… (136)
9.1.3　一般自然保护区的建设 …………………………………… (137)
9.2　自然保护小区的建设方案 ……………………………………… (139)

9.2.1 自然保护小区设立的标准 …… (139)
9.2.2 北京市自然保护小区的建设 …… (140)
9.3 自然保护区域的建设方案 …… (143)
9.3.1 自然保护区域设立的条件 …… (143)
9.3.2 自然保护区域的建设构想 …… (143)
9.4 生物廊道的规划方案 …… (144)
9.4.1 生物廊道建设的一些关键问题 …… (144)
9.4.2 生物廊道的规划构想 …… (146)
参考文献 …… (151)
附录1 北京山地野生植物名录 …… (159)
附录2 北京山区栽培植物名录 …… (218)
附录3 北京山地植被分类名录 …… (224)
附图 北京山地植物多样性保护体系规划图 …… (232)

第1章 研究地区自然概况

1.1 地理位置

北京市位于华北平原的北端。地理坐标为 E 115°25′~117°30′，N 39°28′~41°05′。东西宽约160km，南北长约176km，全市总面积16 427.2km^2。北京市的西部和北部均为山地，总面积约8542km^2，约占全市总面积的62%。

1.2 地质地貌

北京地区地层发育比较齐全，除缺少震旦系、上奥陶统、志留系、泥盆系、下石炭统、三叠系及上白垩统外，其他地层都有发育，总厚度达60 000m以上。岩石类型也很齐全，包括各种沉积岩、变质岩和火成岩。大部分岩石裸露在西部和北部山地，平原区则广泛分布着第四纪松散沉积物。北京地区大地构造处于华北地台中部——燕山沉降带的西段。在地质历史年代中，整个地区的地壳反复发生过明显的升降运动，不断接受大量的厚层沉积，又受剧烈造山运动的影响而使地层褶皱成山或出现断裂，特别是发生于中生代的燕山运动，活动强烈，对北京地区的地质构造和地貌影响极大，加上新生代第三纪以来因内力地质作用而产生变位的新构造运动，使北京地区的地貌类型异常错综复杂。西部山地和大部分平原，自晚古生代至中生代一直下降凹陷，不断有沉积物堆积，厚度很大，但是，自燕山运动以后，西部岩层褶皱隆起成山，而东部则下沉被新生代松散沉积物覆盖形成平原。北部山地，自元古代末期隆起，除有深成零星的寒武纪沉积外，始终呈现上升状态，尤其是经过中生代造山运动，伴随有大量酸性深成岩体的侵入活动。深成侵入的花岗岩在遭受长期剧烈的剥蚀后，便大面积暴露于高山之颠，其间的一些断陷盆地则有中生代中性火山岩系沉积（霍亚贞等，1989）。

气温、降水、风对北京的地貌影响主要表现在：在砂岩、页岩、花岗岩的山地和丘陵区，常有大量风化物堆积。在沟口或山麓附近发育洪积扇，扇上有冲沟发育，是山区灾害性滑坡、滑塌和泥石流发生的重要条件之一。

北京市可分为西部山地、北部山地和东南部平原三大地貌单元。西部山地，称作西山，属太行山山脉，为一系列东北——西南走向、大致平行排列的褶皱山脉，与构造走向相吻合。西山地势高亢，山体连续，山峰耸立，沟谷狭窄，坡面陡峭，土层浅薄，组成物质多为石灰岩，也有砂页岩和火山岩。主要山峰有：东灵山（海拔2303m）、笔架山（1448m）、白草畔（2035m）、百花山（1991m）等。

北部山地为军都山，属燕山山脉，呈东西走向、镶嵌着许多山间盆地的断块山地。军都山地势西高东低，山体比较分散，多低山丘陵，坡度平缓，盆地开阔。西北部和东部由火山岩、灰岩、石英岩、石英砂岩组成，地势相对较高，坡度较大；密云水库周围主要由片麻岩组成，地势低缓；北部由广泛分布的花岗岩组成，风化层深厚。主要山峰有：大海坨山（海拔 2241m）、黑陀山（1534m）、云蒙山（1414m）等。

东南部平原是由永定河、潮白河等河流冲击、洪积而成，地势平坦广阔。

1.3 土壤

北京市的地带性土壤为褐土。依据发生学、自然土壤与农业土壤相统一的分类原则，将全市土壤划分为 9 个土类，20 个亚类，64 个土属。全市土壤随海拔由高到低表现出明显的垂直分布规律。其分布规律是：1800m 阴坡至 1900m 阳坡为山地草甸土，800 ~ 1900m 阳坡及陡坡为山地棕壤（间有山地粗骨棕壤），800m 以下为山地淋溶褐土（间有山地粗骨褐土），350 ~ 500m 的山麓阶地及洪积冲击扇中上部山地为普通褐土（间有山地粗骨褐土、山地碳酸盐褐土），东南部及东部冲击平原为普通褐土、碳酸盐褐土—潮褐土—褐潮土—砂姜潮土—潮土—盐潮土—湿潮土—草甸沼泽土。由于不同地区成土因素的差异，土壤分布有明显的地域分布规律（霍亚贞，1989）。

1.4 气候

北京市属于暖温带大陆性季风气候区，北京山地与平原之间相对高差悬殊，从而引起明显的垂直地带性。北京地区的气候具有冷暖期与旱涝期交替出现且相互对应的规律，即冬季盛行偏北风，寒冷干燥，夏季盛行东南风，温暖湿润。年平均气温平原为 11.8℃，最冷月 1 月，平均气温为 -4.7℃，最热月 7 月，平均气温为 26.1℃。海拔 800m 以下年平均气温为 7 ~ 10℃，海陀山、东灵山、百花山等高寒山区约为 2 ~ 4℃，海拔升高 100m，平均气温降低 0.6 ~ 0.7℃。北京平原地区无霜期 190 ~ 195 天，山前暖区接近 200 天，海拔每升高 100m，无霜期约减少 5 ~ 6 天。年平均降水量达 644mm，降水在夏季多以暴雨形式降落，尤以北部山区等地最为突出。年蒸发量达 1800 ~ 2000mm，超过年降水量 3 倍多。年平均空气相对湿度为 50% ~ 60%。大风（17m/s）日数大部分地区为 20 ~ 30 天，且主要集中于冬春季节。太阳辐射量全年平均为 470 ~ 570kJ/cm^2，太阳能资源比较丰富，年平均日照时数在 2000 ~ 2800h 之间。

1.5 水文

北京市的河流属于海河流域，有大清河、永定河、北运河、潮白河及蓟运河五大水系，分别由 200 多条大小不等的支流组成。这些河流大都是由西北流向东南。

西部有大清河和永定河两个水系。东部有潮白河和蓟运河两个水系。中部有北运河水系。通州北关闸以北的河段一般叫做温榆河，以南的河段通称北运河。北京市现有天然和人工湖泊 23 处，总面积约 520hm^2。其中以昆明湖最大，它的水面面积达 194hm^2。新中国成立后先后建成大、中、小型水库 85 座，总蓄水能力达 72 亿 m^3。最著名的有密云水库、官厅水库、海子水库、怀柔水库等。

1.6 植被

北京山地植被类型多样，地带性植被为暖温带落叶阔叶林，主要是以栎属 *Quercus*、

桦木属 *Betula*、杨属 *Populus* 等树种占优势的落叶阔叶林。坡向和海拔制约着水热条件，使自然植被呈现有规律的垂直分布和过渡交错现象。但由于北京历史悠久，人为破坏严重，原始植被已难以见到。

根据植物区系分析，北京市被子植物中以菊科 Compositae、禾本科 Gramineae、豆科 Leguminosae 和蔷薇科 Rosacea 的种类最多，其次是百合科 Liliaceae、莎草科 Cyperaceae、伞形科 Umbelliferae、毛茛科 Ranunculaceae 和十字花科 Cruciferae 为主，这反映出区系成分以北温带成分为主。此外在平原地区还具有欧亚大陆草原成分，深山区保留有欧洲西伯利亚成分，同时具有热带亲缘关系的种类在低山平原区也存在。

1.7　各调查地点概况

根据北京山区森林分布现状结合踏查及分析卫星遥感影像图，确定北京山区自然植被保存较好的 13 个自然保护区、森林公园或自然风景区作为调查对象，这 13 个地点分别为喇叭沟门自然保护区、松山自然保护区、云蒙山自然保护区、云峰山自然保护区、雾灵山自然保护区、慕田峪风景区、东灵山风景区、百花山自然保护区、妙峰山风景区、潭戒寺（潭柘寺和戒台寺）风景区、石花洞自然保护区、十渡风景区、蒲洼自然保护区，见图 1－1。

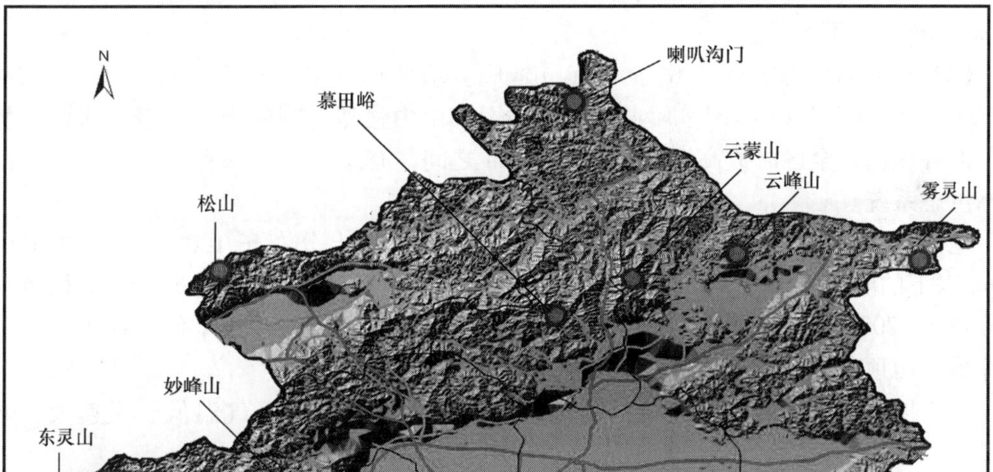

图 1－1　调查地点在北京地区的分布图

(1) 喇叭沟门自然保护区　地处北京市最北部山区，地理坐标为 E 116°17′～116°42′，N 40°42′～41°04′，面积 301.98km²。

喇叭沟门自然保护区位于燕山山脉中西部，山体多为中生代和新生代燕山运动时期侵入的花岗岩。地势自东北向东南倾斜，全区地貌主要由六条长达数十千米的宽阔沟谷形成，由海拔从东南部 430m 的谷地和 700m 左右的山脊向西、西北和北部逐渐上升到海拔 1000m 的谷地和 1200～1400m 的山脊，呈喇叭状分布，最低点位于自然保护区东南部的对角沟门，海拔 424m，最高点为其西北部的南猴顶，海拔 1697m，也是怀柔区的最高峰。

土壤以棕壤和褐土为主，棕壤主要分布于海拔 800m 以上的山地森林中，土壤湿润，有机质含量高；褐土主要分布于 800m 以下地区，由于植被受人为破坏严重，土壤较为贫瘠干旱，有林分地段则相对较好。

喇叭沟门自然保护区年平均气温 7～9℃，最冷月（1 月）平均气温 -8～12℃，7 月平均气温 11～24℃，≥0℃积温为 2800～3900℃，年降水量为 500mm 左右；无霜期为 120～140 天。

喇叭沟门自然保护区地带性植被为松栎林，由于受人为长期破坏，现主要为大面积的次生林，森林覆盖率为 57.2%；植被类型多样，主要有蒙古栎林、山杨 *Populus davidiana* 林、白桦林、油松林和三裂绣线菊 *Spiraea trilobata* 灌丛、荆条灌丛及毛榛 *Corylus mandshurica* 灌丛等。

(2) 松山自然保护区　位于北京市延庆县境内西北部，地理坐标为 E 115°38′～115°39′，N 40°32′～40°33′，属燕山山脉的军都山中强烈切割的中山地带，区内山势陡峭，沟谷纵横，全区海拔高度在 600～2240m 之间，有华北地区保存较好的暖温带山地森林生态系统。

地带性土壤为山地褐色土和棕色森林土，山地褐土分布于 1200m 以下的阳坡和 900m 以下的阴坡。可分为典型褐土、碳酸盐褐土和淋溶褐土 3 个亚类：典型棕色森林土分布于 1200～1800m 的阳坡和 900m 以上的阴坡，1800m 的林缘草甸植被下发育了山地棕壤，山顶草甸、灌丛植被下发育山地草甸土。

由于地势较高，形成了典型的山地气候，比北京其他地区气温低、风速大、略偏干燥。

区内有保存完好的天然油松林；有大量以桦树、椴树 *Tilia* spp.、榆树 *Ulmus* spp.、核桃楸 *Juglans mandshurica*、白蜡 *Fraxinus* spp. 为主的落叶阔叶林；植被覆盖率 96.79%。自然保护区内分布有角盘兰 *Herminium monorchis*、二叶舌唇兰 *Platanthera chlorantha*、沼兰 *Malaxis monophyllos*、绶草 *Spiranthes sinensis*、紫椴 *Tilia amurensis*、核桃楸、穿山龙 *Dioscorea nipponica*、野大豆 *Glycine soja* 等北京地区珍稀濒危的植物种。

(3) 雾灵山自然保护区　地处北京市的东北部山区，地理坐标为 E 117°19′～117°25′，N 40°34′～40°38′，在地质构造上，主要以沉积岩为主，除一小部分为太古代片麻岩外，山体多为中生代和新生代燕山运动时期侵入的长石岩。

土壤以山地褐土为主，在海拔较高的地方有山地棕壤，在海拔 1000m 以下的一些低山台地或山脚也有小面积的山淤土分布。其中褐土面积最大，主要分布在中山地带，土层厚度一般在 20～70cm，中性或微碱性，山地棕壤主要分布在高山地带，土层厚

30～80cm，中性或微酸，土壤水分丰富。

自然保护区现存的植被主要是原始森林破坏后更新起来的次生林和早期人工林，并残存少量原生性森林，森林覆盖率为67%。该区保存有北京地区少见的大面积杨桦成熟林；于南横岭和云岫谷等地零星分布着青杄 *Picea wilsonii*、紫椴、麻核桃 *Juglans hopeiensis*、金莲花 *Trollius chinensis*、升麻 *Cimicifuga dahurica*、大花银莲花 *Anemone silvestris* 等植物种。

（4）云蒙山自然保护区　位于北京市密云县西北部，地理坐标为E 116°40′～116°50′，N 40°26′～40°38′。云蒙山主峰海拔1413.7m，属于中山地貌，由于构造活动的周期性和阶段性，云蒙山地形成了三级裂点带，最高一级在海拔1000～2000m，中间一级在600～800m，最底一级在200～300m，每一级裂点带上方均出现面积不等的相对平坦地带，裂点带以下形成陡崖，云蒙山国家森林公园范围全部在一、二级裂点带内。

据密云县多年气象观测资料推测，云蒙山自然保护区1月均温约－10℃，7月年均气温20～24℃，年平均气温7℃。仲夏季节，山上一般温度较山下低5～6℃。年最低气温－27.3℃，最高温度为38.8℃，大于10℃的有效积温为3861.4℃，生长期228天。

植被类型在北京地区较为丰富，具有较强的地带性和特殊性。其中包括有核桃楸林、黄檗 *Phellodendron amurense* 林、紫椴林、山杨林、蒙古栎 *Quercus mongolica* 林等。区内还有枫杨 *Pterocarya stenoptera* 野生种群，该类型北京仅见于此；桃源仙谷的刺楸 *Kalopanax septemlobus* 虽然种群规模较小，只有20多株，但是刺楸是北京市新记录属，是重要的遗传种质资源。由于森林环境条件较好，云蒙山物种资源丰富，有五味子 *Schisandra chinensis*、羊耳蒜 *Liparis japonica*、草芍药 *Paeonia obovata* 等珍稀植物资源。

区内还有丰富的自然景观资源，所辖有云蒙山森林公园、五座楼林场及桃源仙谷、黑龙潭、龙门涧、京都第一瀑、莲花瓣、三峪、清凉谷、天仙瀑几个风景区。

（5）百花山自然保护区　地处北京市门头沟区清水镇境内，距北京市区100km，地理坐标为E 115°25′～115°42′，N 39°48′～40°05′，南与北京市房山区交界，北与河北怀来、涿鹿两县相邻，西与河北涞水、涿鹿两县相接，东至门头沟区马栏老龙窝为界。百花山主峰海拔1991m，是北京市第三高峰。本区在地质构造上位于华北陆台中部的燕山沉降带，其中北部属于北京北山隆起构造区的清白口穹窿区，南部属于北京西山凹陷构造区的西山褶皱隆起区。本区的地层主要有元古界震旦系，古生界寒武系、奥陶系、石炭系，以及中生界侏罗系和新生界第四界等，岩石种类比较齐全，包含多种沉积岩、变质岩和火成岩。

本区属于褐土地带。在海拔1800m以上的山地顶部，气候湿冷，发育着山地草甸土。在海拔1000～1800m的中山地带，气候温凉，土壤为山地棕壤。海拔1000m以下的低山地带，气候温和，土壤为本区的地带性土类褐土。

区内全年平均气温在2～7℃，大于0℃的年积温为3800℃左右，全年无霜期180天左右。年均降水量450～720mm。

百花山自然保护区水系属于海河水系，清水河是保护区内主要的河流，是永定河流域的一个源头。清水河自塔河口经上清水、下清水、斋堂、胡林、军响至清白口入永定河。

保护区总面积为21 743.1hm^2，有林地面积为12 082.8hm^2。属于暖温带森林生态系统，植被垂直带谱明显，生物多样性丰富，林木种类多样。主要的树种是油松、华北落叶松 *Larix principis – rupprechtii*、侧柏、蒙古栎、山杨、白桦、大叶白蜡、核桃楸；还有百花山花楸 *Sorbus pauhuashanensis*、百花山柴胡 *Buplcurum chinensis* var. *octoradiatum*、百花山毛苔草 *Carex capillaris* var. *pohuashanensis*、百花山葡萄 *Vitis baihuashanensis*、百花山鹅观草 *Roegneria turczaninowii* var. *pohuashanensis* 等特有植物。区内自然景观保护完整，具有暖温带森林生态系统的典型性、多样性、完整性和自然性等特点。

（6）东灵山风景区　位于北京市门头沟区西部，地理坐标为 E 115°26′～115°30′，N 40°00′～40°02′。距市区约 120km。东灵山为小五台山余脉，属太行山脉。海拔高度大多高于 1000m，最高峰为 2303m。地貌以山地侵蚀结构类型为主，山势陡峭，河流下切严重。

据中国科学院北京森林生态系统定位研究站的观测（站点海拔高度 1150m），东灵山地区年平均气温 5～11℃，最热的 7 月平均气温为 18.3～25.1℃，最冷的 1 月平均气温 −4～ −10.1℃，年降水量为 500～650mm。

土壤主要为山地棕壤土和山地褐土。主要植被类型包括栎林、落叶阔叶混交林、桦木林和山杨林等。还有两类人工针叶林类型，即油松林和落叶松林。灌丛有六道木 *Abelia biflora*、绣线菊 *Spiraea* spp. 和鬼见愁锦鸡儿 *Caragana jubata* 灌丛等。

（7）云峰山自然保护区　位于密云县北部的不老屯镇境内，地处平原和山地交接地带，密云水库的北岸，即燕山山脉南麓和华北平原北缘，区内总体海拔不高。

自然保护区总面积 2230hm^2，主要保护对象为天然油松林，同时人工恢复的油松林面积大，有“万亩①油松林”之称，是北京地区面积最大的油松林分布区。该区是密云水库重要的水源涵养林区，植被覆盖率极高，而且在调查的油松林样地中几乎都有沼兰 *Malaxis monophyllos* 的集群分布。

（8）慕田峪风景区　位于北京市东北部的怀柔区，其东部以大水峪关为边界，西部以大榛峪隘口为界，最北部至黑陀山，南北边界以东西走向的长城为轴线，南部边界东端从大水峪干渠、长园沟、马道峪与怀黄公路相连结，西至洞台为标志，并向北至长城所在山麓海拔 400～600m 等高线为界。整个风景名胜区由慕田峪关景区、北京结景区、石塘路景区 3 部分组成，总面积 90.8km^2。慕田峪长城是北京 16 景之一，其西接居庸关，东连古北口，自古被称为拱卫京师、护防皇陵的北方屏障。

该区位于燕山山脉南部，由军都山山地环境组成，地貌以 400～1000m 的中、低山为主，其最高峰黑陀山海拔 1534m；基岩主要有石灰岩和花岗岩，土壤以淋溶褐土、褐土和山地棕壤为主。冬季寒冷干燥，多西北风；夏季炎热多雨，春季干旱，多大风；秋季降温快，秋高气爽。

本区的植被形成了以人工林和灌丛为主的植被分布格局，只在一些人为干扰少的地方有生长状况较好的次生林。

（9）十渡风景区　位于北京市房山区辖域范围内，东起张坊镇的千河口村，西至与河北省涞水县交界的大沙地，北到三清洞，南至笔架山和张坊镇南部边界。风景区总面积 301km^2，由十渡和张坊两镇的 26 个行政村组成，其中十渡镇为 193km^2，张坊镇

① 1 亩 =1/15 公顷，下同。

$108km^2$。风景区中主体景区面积$203km^2$，其余为风景区的外围控制和保护地带。

十渡风景区在地质构造上主要由中元古界雾迷山组硅质灰岩构成，呈灰白色或乳白色，并含有燧石及白云质条带，在边缘部位多夹有千枚岩、板岩、泥质灰岩等。地貌类型有山地蚀构造和堆积地貌两种。前者分布于拒马河两侧山地和主河谷两岸陡崖，后者分布于拒马河宽谷中。低山在本区面积最广，大部分海拔在800m以下，仅有少部分山峰高出800m。本地区地面坡度在25°~35°之间的土地占本风景区面积的33.14%；坡度在15°~25°的面积占11.96%；坡度在7°~15°的面积占9.69%；坡度大于35°的面积占45.21%。

十渡风景区夏季气温比平原地区低2~3℃，降水也较平原多。而河谷一带则气温较高，也比较干旱。十渡风景区极端气温为35℃，极端低温-17~-8℃。年平均积温大于4500℃。年均降水量687.5mm。

该区土壤主要为山地淋溶褐土，粗骨褐土，裸岩比重大，耕地少，土层薄，容易发生水土流失。该区在人为干扰破坏后形成了以次生杂木林、人工油松林和荆条灌丛为主的植被类型。区内有北京市珍稀植物角盘兰、穿山龙、绶草、紫椴、核桃楸、野大豆。

(10) 潭戒寺风景区　位于北京市门头沟区西南部，地理坐标为E 115°25′~116°10′，N 39°48′~40°10′，面积$73km^2$，由潭柘、戒台两座古寺及其周围的山地组成。潭柘寺位于北京市西郊门头沟区潭柘寺镇的潭柘山麓，距北京市区41km，距门头沟区政府所在地22km；戒台寺位于北京市西郊门头沟区永定镇的马鞍山山麓。距北京市市区35km，距门头沟区政府所在地11km，距潭柘寺11km。

潭戒寺风景区南、西、北三面环山，中部为平原、沟谷和台地，东部比较平坦，与永定河河漫滩相连，地貌类型丰富，地势高差很大。南部马鞍山海拔690m，西北部绝石梁更高，海拔923m，而东部平原地带海拔在100m以下，属典型的山前区地貌。潭柘寺海拔290~300m，戒台寺海拔400m。

潭戒寺地区年均降水量为711.3mm，山区气候特点明显，气温随海拔高度升高而降低，潭戒寺地区年平均气温11.7℃，比北京市城区低0.7℃。日平均气温在10℃以上的天数为220天，无霜期222天。

区内土壤以棕壤和褐土为主。棕壤主要分布在海拔800m以上山地森林中，土壤湿润、有机质含量高；褐土主要分布在海拔800m以下的地区。地带性植被是温带落叶阔叶林，主要有栓皮栎 *Quercus variabilis* 林、榆树林；针叶林主要有油松林和侧柏林；阔叶灌丛主要有荆条灌丛、三裂绣线菊灌丛、毛榛灌丛、胡枝子 *Lespedeza bicolor* 灌丛等。

(11) 妙峰山风景区　位于北京门头沟区妙峰山镇所辖范围内，地理坐标为E 115°25′~116°10′，N 39°48′~40°10′。距市区35km，京（北京）兰（州）公路（109国道）、丰（丰台）沙（沙城）线铁路横越境内。

妙峰山属太行山余脉，山体为中生代晚侏罗纪火山岩构成，属过渡性的山涧盆地碎片及泥质沉积，形成奇、特、险、峻的地形地势。山体陡峭，平均海拔约800m，其中妙峰山海拔为1291m，是距北京市最近的一座海拔千米以上的大山，是北京小西山的最高峰。

区内夏季平均气温22℃，较市区低6~8℃，是避暑旅游的胜地；冬季寒冷干燥，平均气温-10℃。

土壤类型垂直分布是：低山区的冲积平原上由于地下水位较高形成潮土；800～900m处分布着褐土，向上分布着棕壤。由于该区山体陡峭裸岩多，早期植被破坏较为严重，土壤肥力有所下降，所以形成了大面积的落叶灌丛和山地草甸或灌丛草甸。但区内有较大面积的栓皮栎林分布，也是北京市分布面积较大的分布地；此外，该区还保存有北京市其他地区少有的青檀 *Pteroceltis tatarinowii* 林。

（12）*石花洞风景区* 位于北京市西南部房山区河北镇与佛子庄乡境内的大石河南岸，距北京市区50km。地理坐标为 E 115°51′～115°59′，N 39°44′～39°49′。东西长12km，南北宽4km，总面积36.5km^2。

石花洞景区位于北京西山南段大石河流域中游地区南面的低山谷内，属山前丘陵地带。地形趋势为南高、北低。区内最高峰连泉顶海拔1180m，位于景区南部；此外还有桑树岭、凤凰山、轿子山等岩溶峰，其海拔分别为838m、735m和544m。最低海拔100m，位于景区东部万佛堂一带。区内地形起伏变化不大，谷地比较开阔，沟谷呈放射状分布。

该区年平均气温为11.8℃，年冷暖温差30℃以上。霜冻期自11月份至次年3月，长达5个月。年均降水量650～700mm，比全市年平均值高50～100mm。

主要土壤类型有棕壤和褐土，棕壤在区内分布较少，主要在海拔800m以上的中山地区，一般厚度较大，植被较好，尤其是阴坡地带，植被覆盖率可达80%以上。褐土在区内分布广泛，约占保护区面积的90%以上。由于母岩性质不同，可分为淋溶褐土，碳酸盐褐土，及洪积物、冲击物组成的褐土。其中发育在石灰岩母质上的淋溶褐土分布最广，厚度一般10～30cm，区内800m以下的山坡大部分是淋溶褐土，其次为碳酸盐褐土。而由洪积、冲积物组成的褐土，主要分布在大石河河岸阶地及支流沟谷中。

区内大部分地区的植被为次生落叶阔叶灌丛，以荆条和绣线菊灌丛为主，同时，在本地区低山阳坡还有一些人工种植的侧柏。由于石花洞地区面积小，人为干扰较大，森林覆盖率相对较低。

（13）*蒲洼自然保护区* 位于北京市房山区西南部的蒲洼乡境内，面积5396.5hm^2，地理坐标为E 115°35′～115°46′，N 39°43′～39°49′。地处太行山北段，地势西北高，东南低，四面群山林立。海拔500～1600m。

蒲洼海拔800m以上的针阔叶混交林带为山地棕壤，在海拔800m以下，沟谷区为山地淋溶褐土；在碳酸盐母岩上，为山地碳酸盐褐土；在水土流失严重地区为山地粗骨性褐土。

区内年平均气温9～11℃，无霜期160～200天，≥10℃积温3500～3800℃，年日照时数为2063小时；年均降水量610mm，且降水大多以暴雨形式出现。海拔1500m以上的山地，年平均气温低于0℃。

该区由于人口稀少，人为活动较少，仍然保存着大面积的蒙古栎林、鹅耳枥林、核桃楸林、山杨林等天然林，森林覆盖率达74%。

第 2 章
植物区系特征

植物区系（flora）是某一地区，或者是某一时期、某一分类群、某类植被等所有植物种类的总称，是植物界在一定自然环境，特别是自然历史条件综合作用下，长期发展演化的结果。它以种群方式存在，组成各地植被的实体，是自然地理环境的反映及环境变迁的鉴证或依据（王荷生，1992）。国外植物区系的研究随着植物学的发展而前进。1944 年出版的《历史植物地理学（世界植物区系历史）》是植物区系地理学的全面总结。1947 年，R. Good 的《有花植物地理学》是本学科的现代权威著作。在我国，胡先骕先生 1926～1936 年最早研究中国东南森林植物区系和全国植物区系的性质与成分，其后刘慎谔、李惠林、钱崇澍、陈嵘、吴征镒等都对中国植物区系进行了研究。1979 年吴征镒先生提出中国植物区系分区（吴征镒，1979）；1980 年张宏达先生发表了《华夏植物区系的起源和发展》，1994 年吴征镒先生主持的“中国种子植物区系研究”项目完成，1992 年、1997 年王荷生先生主编的《植物区系地理》、《华北植物区系地理》；1999 年路安民先生主编的《种子植物科属地理》等一系列著作相继问世，将中国植物区系研究推到一个新的阶段。2003 年 12 月吴征镒等著的《中国被子植物科属综论》出版，在这部书中吴先生创立了世界种子植物分布区类型系统，将世界所有科的分布区分为 18 个大类型，74 个变型（中国出现 15 个大类型，37 个变型），并据此提出生物演化与地球演化统一关系的 3 个原理（吴征镒等，2003）。

北京地区是我国近代植物调查最早地区之一，18～20 世纪，有不少外国学者在北京采集标本，撰写报告，但系统研究北京植物区系的文章很少。1958 年，吴征镒撰写了《北京植物》。1960 年北京师范大学生物系出版了《北京植物志》（第一版）。1964 年乔曾鉴等发表了《北京植物区系的初步分析》，把北京植物区系成分做了详细统计分析，为北京市自然区划提供了理论基础。之后，陈灵芝、马克平等对北京东灵山进行了多方面的研究；任宪威、路端正、张玉钧等对百花山、松山植物区系也做了详细研究。本章通过对喇叭沟门、松山、百花山、东灵山、云蒙山、雾灵山、云峰山、妙峰山、慕田峪、十渡、石花洞、潭戒寺、蒲洼等 13 个地点的植物区系调查分析，研究了北京山区植物区系的变化，现今北京山区植物区系组成、特点及来源，从而为今天的北京市生物多样性保护规划提供科学依据。

2.1 植物区系的基本组成

2.1.1 维管束植物区系基本组成

《北京植物志》（1984 年）中记载有北京野生植物 140 科 664 属 1518 种，1992 年修订版增加了79种。其后又有人多次在北京的部分山区从事科研活动，但至今为止，北京仍然没有区域性的野生植物物种保护名录。

本研究组对北京山区维管植物进行了较为全面仔细的调查，采集了大量的植物标本，经过认真鉴定，确认在北京山区共记录维管束植物1282种（含变种、变型，不包括农作物），占北京市物种总数的80.28%，隶属于127科537属（恩格勒系统）；其中蕨类植物17科26属63种（含变种）；裸子植物5科12属21种；双子叶植物91科398属960种（含变种）；单子叶植物14科101属238种（含变种）。野生植物有1165种（含变种），隶属于122科503属（表2-1）。详细名录见附录1和附录2。

表2-1 北京山区植物分类群统计

类别		科		属		种（变种、变型）	
		野生	栽培	野生	栽培	野生	栽培
蕨类植物		17	1	26	1	62	1
种子植物	裸子植物	3	4	6	9	7	17
	双子叶植物	88	42	372	71	862	111
	单子叶植物	14	3	99	4	234	4
	小计	122	50	503	85	1165	133
	合计	127		537		1282	

注：其中有16种，隶属于10科15属的植物既有野生种分布也有栽培种

2.1.2 北京植物新发现

在北京山区发现种子植物5种、2变种为北京新记录。新记录种为掌叶大黄 *Rheum palmatum*、小叶羊角芹 *Aegopodium alpestre* f. *tenuisectum*、刺楸、假鼠妇草 *Glyceria leptolepis* 和兴安益母草 *Leonurus tataricus*；新记录变种为粗齿蒙古栎 *Quercus mongolica* var. *grosserrata* 和齿叶紫沙参 *Adenophora paniculata* var. *dentata*。标本存于北京林业大学森林植物标本室。

（1）掌叶大黄 *Rheum palmatum* 蓼科 Polygonaceae 大黄属 *Rheum* 多年生草本，高1~2m，根状茎肥厚。茎直立，光滑无毛。基生叶有长柄，叶柄粗壮，与叶近等长，无毛或生短柔毛，叶片宽卵形或近圆形，长和宽近相等达35cm，掌状深裂，裂片3~5，每一裂片常再羽状分裂，上面疏生乳头状小突起，下面有柔毛，茎生叶较小，有短柄，托叶鞘状。密生短柔毛。花絮大圆锥状，顶生，花梗纤细，中下部有关节。花淡黄色，花被片6，长约1.5mm，成2轮，雄蕊9，花柱3。瘦果有3棱，沿棱生翅，顶端微凹陷，基部近心形，暗褐色。

分布于陕西、甘肃、青海、四川。生于山地林源，或草坡，野生或栽培。发现于雾灵山南横岭，根据《中国植物志》［25.（1）.184.1998］，经植物分类专家路端正鉴定，确认是北京植物的新纪录。

（2）小叶羊角芹 *Aegopodium alpestre* f. *tenuisectum* 伞形科羊角芹属 *Aegopodium* 多年生草本，高达20~60cm，根状茎短而横卧，具地下长匍匐枝，茎稍柔弱，单一中空，具细槽，无毛。基生叶有长柄，叶片外形三角形，三回三出羽状全裂，终裂片卵形或长

卵形，顶生者为菱状卵形，边缘具羽状缺刻及尖齿，有刺状凸尖，茎生叶2～3，柄短，基部成鞘状抱茎，复伞形花序，径4～6cm，果期达12cm，伞梗10～16cm，无总苞片及小苞片，小伞形花序，径1cm，具10～20朵花，部分不结实，花瓣白色，花柱长而下弯，双悬果卵状长圆形，长3～4mm，果棱丝状，油管不显。生于林下、林缘、山坡、路旁及山顶草地。

发现于雾灵山南横岭，根据《中国植物志》[55.（2）. 137. 1985] 的描述，经植物分类专家路端正鉴定，确认是北京植物的新记录。

（3）刺楸 *Kalopanax septemlobus* 五加科 Araliaceae 刺楸属 *Kalopanax* 落叶乔木，高10～15m。树皮及小枝上生有尖利的棘刺，刺基部宽阔扁平。叶于长枝上互生，于短枝上簇生；叶柄长10～14cm；叶片掌状5～7浅裂至近中裂或有时深裂，径7～25（35）cm，基部心形，叶裂片三角状卵形至长圆状卵形，渐尖，叶缘有细锯齿。伞形花序多花，集成大圆锥花序或复伞形花序顶生于枝端；花白色或淡绿色，花瓣5；雄蕊5；子房2室，花柱合生成柱状，柱头离生。浆果状核果球形，黑紫色，径4～5mm，具宿存花柱。花期7～8月，果期9～10月。

产吉林、辽宁、河北、山西、河南、山东、江苏、安徽、浙江、福建、江西、湖北、湖南、广东、广西、贵州、云南、四川、西藏、甘肃及陕西，生于海拔2500m以下山地阔叶林中及林缘。为产区重要用材树种。

北京地区发现于云蒙山的桃源仙谷，按《中国植物志》鉴定确认为北京植物的新记录。

（4）假鼠妇草 *Glyceria leptolepis* 禾本科甜茅属 *Glyceria* 植物，见于怀柔区喇叭沟门乡孙栅子村海拔800m的水边。

（5）兴安益母草 *Leonurus tataricus* 唇形科 Labiata 益母草属 *Leonurus* 植物。见于怀柔区喇叭沟门乡孙栅子南猴顶，海拔1400m。其主要分布于内蒙古及黑龙江北部。

（6）粗齿蒙古栎 *Quercus mongolica* var. *grosserrata* 壳斗科 Fagaceae 栎属 *Quercus* 植物。原变种蒙古栎叶缘锯齿先端钝圆，与本变种易于区别。见于怀柔区喇叭沟门乡孙栅子海拔1100m的阳坡。其主要分布于东北、华北，朝鲜等地。

（7）齿叶紫沙参 *Adenophora paniculata* var. *dentata* 桔梗科 Campanulaceae 沙参属 *Adenophora* 植物。见于怀柔区喇叭沟门乡孙栅子海拔860m的林下。本变种叶为菱状卵形或菱状披针形，叶缘具不规则锯齿。分布于东北、华北等地。

2.1.3 北京植物分布新地点

有8种植物发现了该物种的新分布地，即有些植物在北京植物志中记载北京地区仅为栽培，或者是北京仅分布在某一地区，本次调查发现了该种植物的野生种群或新分布点。

（1）枫杨 *Pterocarya stenoptera* 胡桃科 Juglandaceae 枫杨属 *Pterocarya* 落叶乔木。树皮幼时红褐色，具灰黄色皮孔。芽具柄，密被锈褐色盾状着生的腺体。叶多为奇数，稀有偶数羽状复叶；叶互生，叶轴具翅。小叶10～16枚（稀有6～25枚），无小叶柄，常为对生，长椭圆形或长圆状披针形，顶端常钝圆，基部歪斜，边缘有向内弯的锯齿，沿中脉及侧脉有极短的星芒状毛。柔荑花序先叶开放。雄花序生于老枝的叶腋，雄花具苞片和小苞片，并常具1枚（稀2枚以上）发育的花被片，雄蕊5～8。雌花序生于新枝的顶端，雌花疏生，生于苞腋，左右各有1个小苞片，花被片4，果序轴常具宿存的毛。果长椭圆形，果翅长1.2～3cm，成下垂总果序。花期4～5月，果期8～10月。

《北京植物志》记载本种北京作为行道树有栽培，未见野生。在密云县的云蒙山林区天门涧风景区海拔1000m处发现其野生种，为该种的地理分布提供了新资料。

（2）野核桃 *Juglans cathayensis* 胡桃科核桃属植物，主要分布于我国西南、西北及中部各省。《北京植物志》记载本种北京有栽培，未见野生。在怀柔区喇叭沟门乡孙栅子村海拔1000m的沟谷发现其野生种，为该种的地理分布提供了新资料。

（3）浅裂剪秋萝 *Lychnis cograta* 石竹科 Caryophyllaceae 剪秋萝属 *Lychnis* 植物，见于怀柔区喇叭沟门乡孙栅子村海拔1000m的沟谷。本种与同属大花剪秋萝相似，区别在于大花剪秋萝花瓣二叉状深裂，裂片宽4mm；叶基圆形，无柄，萼筒密生毛。而浅裂剪秋萝花瓣浅裂，叶基楔形，具短柄，萼筒无毛或有疏毛。

本种原为《北京植物志》1984年版中收录，在1993年再版增补中予以否定。在对喇叭沟门植物标本鉴定中发现了浅裂剪秋萝，从而肯定了该种在北京的存在。

（4）连翘 *Forsythia suspensa* 木犀科 Oleaceae 连翘属 *Forsythia* 植物，产于我国中北部。《北京植物志》中记载北京仅见栽培，在怀柔区喇叭沟门乡孙栅子海拔800mm发现连翘有野生分布，为该种天然分布的新记录。填补了北京无连翘天然分布的空白。

（5）异叶轮草 *Galium maximowiczii* 茜草科 Rubiaceae 猪殃殃属 *Galium* 多年生直立草本，高0.5～1m。茎四棱形，无毛。叶轮生，在枝上部常4枚轮生，下部可达8枚；叶披针形或长圆形，叶脉3～5，明显，叶缘有短刚毛，叶柄长1cm。圆锥状聚伞花序，顶生或腋生；花冠白色，4裂；雄蕊4枚生于筒部，花柱枝不等形。果实球形。花期7～8月，果期9～10月。生于林下。该种在《北京植物志》中未收录。以往文献报道百花山有分布，怀柔区喇叭沟门乡孙栅子村南沟为该种在北京分布的新记录。此次确认燕山、太行山北段有分布。

（6）白花华北蓝盆花 *Scabiosa tschiliensis* f. *albiflorida* 川续断科 Dipsacaceae 蓝盆花属 *Scabiosa* 多年生草本，高60cm左右。茎自基部分枝，具白色卷伏毛。茎生叶对生，羽状裂，长5cm，宽约1cm，两面具白色柔毛。头状花序，具较长的柄。花萼5裂；花冠白色；雄蕊4，花药紫色；花柱长，柱头呈头状，子房下位。瘦果椭圆形。花期7～9月，果期9～10月，生山坡草地。本变型与原变型区别在于花为白色而非蓝色，以往记载仅在百花山有分布，怀柔区喇叭沟门乡孙栅子海拔800m为该变型在北京分布地点的新资料。此次确认燕山、太行山北段有分布。

（7）翼茎风毛菊 *Saussurea japonica* var. *alata* 菊科风毛菊属 *Saussurea* 草本植物，生于山坡草地。分布于内蒙古、河北、宁夏，该变种《北京植物志》未收录，以往文献报道北京西山有分布，怀柔区喇叭沟门乡孙栅子村海拔1000m为该变种在北京分布的新资料。此次确认燕山、太行山北段有分布。

（8）北萱草 *Henerocallis esculenta* 百合科萱草属 *Henerocallis* 草本植物，生于山谷溪边。《北京植物志》虽收录了本种，但从未采到过标本，在我们调查结果中，见于怀柔区喇叭沟门乡孙栅子村海拔900m处，确认了本种在北京的分布。

2.2 植物区系的多样性分析

研究北京植物区系在科属水平上的多样性，以反映北京山区植物种类及其变异程度和进化水平的多样性、及其适应不同生境的生活型变化的多样性等，植物区系的演变是植物对变化的环境长期适应、发展、演化的结果。

2.2.1 科的多样性分析

（1）科的统计分析 根据我们对北京山区13个调查区的野外调查资料统计，在北京山区野生维管束植物中，含50种以上的科有4个为菊科、禾本科、蔷薇科、豆科，不足本区植物科数的4%，而所含的属数占本区的27.89%，种的数目达29.53%。在本地区含2～5种的科的数目多达45个，本地区只含有1种的科有32个，如麻黄科 Ephedraceae、商陆科 Phytolaccaceae 等；二者科的比例高达63.12%，而种数只占14.94%（表2－2）。

表2－2 野生维管束植物科的统计与比较

	科 数	占总数%	属 数	占总数%	种 数	占总数%
含50种以上	4	3.28	140	27.89	344	29.53
25～50种	8	6.56	103	20.52	292	25.06
15～24种	3	2.46	26	5.18	57	4.89
6～14种	30	24.59	121	24.10	297	25.49
2～5种	45	36.89	80	15.90	142	12.19
1种	32	26.23	32	6.36	32	2.75
合 计	122	100.00	503	100.00	1165	100.00

本区维管束植物一方面集中于菊科、禾本科、蔷薇科、豆科等一些世界性大科之中，同时又向63.12%的本区域内含1种的科和2～5种的科分散。反映了本区维管束植物大科少，而小科较多的特点。

第四纪冰期作用后，有些科在本区残留的种属不多，如无患子科 Sapindaceae 仅在本区残遗有文冠果属 *Xanthoceras* 的文冠果 *Xanthoceras sorbifolia*，栾树属 *Koelreuteria* 的栾树 *Koelreuteria paniculata*，苦木科 Simaroubaceae 仅残遗臭椿属 *Ailanthus* 的臭椿 *Ailanthus altissima*，苦木属 *Picrasma* 的苦木 *Picrasma quassioides*（王荷生，1997）。另一些较多种属的科，在本区为其分布的边缘，因而分布的数量较少，如防己科 Menispermaceae 全科70属，约400种，主产热带少数生温带，我国有18属26种，北京为其分布的边缘，只有1属1种蝙蝠葛 *Menispermum dauricum*，另有1变型为毛蝙蝠葛 *Menispermum dauricum* f. *pilosum*。

（2）优势科的统计分析 本次维管植物调查中，排前10名的优势科与资料中北京市的前10个优势科基本相同，除原北京市10名之内的石竹科和莎草科 Cyperaceae 排在了第11和第16的位置外，换之为伞形科和玄参科 Scrophulariaceae，分别排在第5和第10位，其余8科均相同，只是排序稍有变动。其中含种数最多的前3个优势科与北京市前3个优势科完全相同，即菊科、禾本科和豆科（表2-3）。

表2-3 优势科的分析与比较

序号	北京山区					北京市				
	科名	属数	占总属数%	种数	占总种数%	科名	属数	占总属数%	种数	占总种数%
1	菊科	52	10.36	124	10.64	菊科	80	12.0	160	10.5
2	禾本科	52	10.36	108	9.27	禾本科	76	11.4	119	7.8
3	豆科	20	3.98	57	4.89	豆科	30	4.5	80	5.3
4	伞形科	18	3.58	31	2.66	蔷薇科	22	3.3	76	5.0
5	唇形科	17	3.38	45	3.86	莎草科	11	1.7	66	4.3
6	蔷薇科	16	3.18	56	4.81	百合科	25	3.8	62	4.1
7	百合科	16	3.18	43	3.69	毛茛科	14	2.1	59	3.9
8	十字花科	16	3.18	27	2.32	唇形科	23	3.5	48	3.1
9	毛茛科	14	2.78	47	4.03	石竹科	15	2.3	43	2.8
10	玄参科	13	2.58	23	1.97	十字花科	15	2.3	40	2.6
11	石竹科	11	2.19	26	2.23					
12	兰科	11	2.19	12	1.03					
13	虎耳草科	9	1.79	19	1.63					
14	紫草科	9	1.79	13	1.12					
15	茄科	7	1.39	11	0.94					
16	莎草科	6	1.19	44	3.78					
17	龙胆科	6	1.19	12	1.03					
18	大戟科	6	1.19	10	0.86					
19	荨麻科	6	1.19	10	0.86					
20	桑科	6	1.19	9	0.77					

前4个大科中菊科是世界大科之首，本科长期在东亚（中国是核心）分化、发展。本科虽然占首位，但大多数是群落的伴生种或散生种，如苍耳属 *Xanthium*、鬼针草属 *Bidens*、飞蓬属 *Erigeron*、泽兰属 *Eupatorium* 等，有些已经随人分布多年。禾本科是较为进化的草本科，全球广布，在各种草本植被中占有优势。

蔷薇科有草本和木本，全球分布，以北半球温带和亚热带最多，常作为北半球温带的典型科，是落叶阔叶林和落叶灌丛的优势成分。豆科是温带和热带都广泛分布的世界分布科，是森林、灌丛和草甸的优势成分（王荷生，1997）。

（3）*单种科和单属科分析* 单种科和单属科反映了植物科进化过程中相反的方向，一个是新产生的科，其属种尚未分化，尚没有新衍生的属种；另一个是演化终极的科，属种已经大量消亡，现存的是残遗种类。对单种科和单属科的分析可反映出一地区植物进化的历史和现状（王荷生，1997）。

通过对13个调查区的调查，共调查到7个单种科或单属科（表2-4）。其中单种科有 1 科，为东亚、北美间断分布的透骨草科。透骨草科可能是隔离分化而分布程度极低的孑遗植物（吴征镒，2003）。其余 6 科为单属科，香蒲科、槐叶苹科、卷柏科、杉叶藻科为世界分布；麻黄科为泛热带分布；木贼科为温带分布。

表 2－4　北京山区单种科和单属科统计表

科　名	北京属数	北京种数	全科属数	全科种数
槐叶苹科 Salviniaceae	1	1	1	10
卷柏科 Selaginellaceae	1	6	1	700
麻黄科 Ephedraceae	1	2	1	40
木贼科 Equisetaceae	1	6	1	25
杉叶藻科 Hippuridaceae	1	1	1	3
透骨草科 Phrymaceae	1	1	1	1
香蒲科 Typhaceae	1	1	1	18

2.2.2　属的多样性分析

（1）属的统计分析　本区含 20 种以上的属有 2 属，为蓼属 *Polygonum*、苔草属 *Carex*，共计 47 种，分别占属、种数目的 0.4% 和 4.03%；本区含有 1 种的属达 286 个，分别占属、种的 56.86%、24.55%（表 2－5）。本区少数大属发达，占较多的种；中、小属十分丰富；说明本区属向两极分化。

表 2－5　维管束植物属的统计与比较

	属　数	占总数%	种　数	占总数%
含 20 种以上	2	0.4	47	4.03
10～19 种	12	2.39	147	12.62
5～9 种	46	9.15	284	24.38
2～4 种	157	31.21	401	34.42
1 种	286	56.86	286	24.55
合计	503	100	1165	100.00

（2）优势属的分析　优势属的分析与比较（表 2－6）的情况也与优势科的分析类似，本次调查的前 10 名的属与资料中北京市情况大概相同，原北京市排名第 9、10 位的铁线莲属 *Clematis* 和黄耆属 *Astragalus* 现仅排列第 11、16 位，而换之为葱属 *Allium*、沙参属 *Adenophora* 排名第 5、10 位，其余 8 属完全一样，仅排名顺序有些差异。这几个科属的变化反映了近几十年来，随着人类活动的深入影响，北京山区的植被变化情况，一些科、属的植物种随着人为干扰和破坏使得其科、属内的物种数减少，如铁线莲属和黄耆属；而对另外一些科属破坏较轻，物种数变化较小，如苔草属、委陵菜属 *Potentilla*。

表2－6 维管束植物优势属的分析与比较

序号	北京山区			北京市		
	属名	种数	占总种数%	属名	种数	占总种数%
1	苔草属	27	2.32	苔草属	36	2.4
2	蓼属	20	1.72	蒿属	24	1.6
3	蒿属	19	1.63	蓼属	22	1.4
4	委陵菜属	18	1.55	委陵菜属	21	1.4
5	葱属	13	1.12	堇菜属	14	0.92
6	鹅绒藤属	12	1.03	风毛菊属	13	0.86
7	堇菜属	12	1.03	早熟禾属	13	0.86
8	早熟禾属	11	0.94	鹅绒藤属	13	0.86
9	风毛菊属	11	0.94	铁线莲属	12	0.79
10	沙参属	11	0.94	黄耆属	12	0.79
11	铁线莲属	10	0.86			
12	猪殃殃属	10	0.86			
13	唐松草属	10	0.86			
14	李属	10	0.86			
15	鹅观草属	9	0.77			
16	黄耆属	9	0.77			
17	胡枝子属	8	0.69			
18	景天属	8	0.69			
19	柳属	8	0.69			
20	野豌豆属	8	0.69			
21	岩蕨属	8	0.69			

苔草属为世界分布属，也是我国第2大属，在温带至寒温带，多在沼泽草甸中形成优势，在我国热带、亚热带森林林下也属常见，且常见较原始种（吴征镒，2003）。蓼属为世界分布属，常见的多为1年生的杂草，有些种适应寒旱的环境而进化。蒿属、委陵菜属、柳属、风毛菊属都为北温带属，反映北温带成分在本区高度发达。

（3）*单种属和寡种属的分析* 与单种科、单属科相似，单种属和寡种属代表植物属进化的两个相反的方向，即一个方向是新属的建立，种类尚未分化；相反的方向则是古老属演化的终极，只有少数残遗种（王荷生，1997）。

本区分布的单种属和寡种属共77个，单种属有31个（表2－7、表2－8）。其中刺榆属、青檀属、独根草属等为古老残遗属，翠菊属为十分进化属，且翠菊属分布较广。虎榛子属、青檀属、蚂蚱腿子属、文冠果属、翼蓼属、知母属等为中国特有属。

表2-7　北京山区单种属统计表

科名	属名	分布类型	北京种数	全科种数	科名	属名	分布类型	北京种数	全科种数
榆科	刺榆属 *Hemiptelea*	14	1	1	菊科	蚂蚱腿子属 *Myripnois*	15	1	1
	青檀属 *Pteroceltis*	15	1	1		泥胡菜属 *Hemistepa*	14	1	1
桑科	大麻属 *Cannabis*	13	1	1		蝟菊属 *Takeikadzuckia*	14sj	1	1
	水蛇麻属 *Fatoua*	4-1	1	1		线叶菊属 *Filifolium*	11	1	1
石竹科	鹅肠菜属 *Malachium*	10	1	1	蓼科	翼蓼属 *Pteroxygonum*	15	1	1
	狗筋蔓属 *Cucubalus*	10	1	1	伞形科	防风属 *Saposhnikovia*	11	1	1
唇形科	水棘针属 *Amethystea*	10	1	1		柳叶芹属 *Cuplcurum*	11	1	1
十字花科	星毛芥属 *Amethystea*	15	1	1		迷果芹属 *Sphallerocarpus*	13	1	1
虎耳草科	独根草属 *Oresitrophe*	15	1	1	禾本科	菵草属 *Beckmannia*	8	1	1
紫草科	紫筒草属 *Stenosolenium*	13	1	1	水鳖科	黑藻属 *Hydrilla*	5	1	1
龙胆科	翼萼蔓属 *Pterygocalyx*	11	1	1	透骨草科	透骨草属 *Phryma*	15	1	1
桔梗科	桔梗属 *Platycodon*	14sj	1	1	五福花科	五福花属 *Adoxa*	8	1	1
菊科	翠菊属 *Callistephus*	14sj	1	1	五加科	刺楸属 *Kalopanax*	14sj	1	1
	东风菜属 *Doellingeria*	14	1	1	百合科	铃兰属 *Convallaria*	8	1	1
	款冬属 *Tussilago*	10	1	1		知母属 *Anemarrhena*	15	1	1
					无患子科	文冠果属 *Xanthoceras*	15	1	1

对表2-7、表2-8进行分析，可知北京山区单种属和寡种属中，世界分布只有4属，占5.2%；泛热带分布只有3属，占3.9%；热带亚洲、非洲和中南美洲间断分布只有砂引草属1属，占1.3%；热带亚洲、非洲和大洋洲间断分布也只有1属为水蛇麻属，占1.3%；热带亚洲至热带大洋洲分布有黑藻属1属，占1.3%；北温带分布有14属，占18%；东亚和北美间断分布6属，占7.9%；旧世界温带分布8属，占10%；温带亚洲分布6属，占7.9%；中亚分布2属，占2.6%；东亚分布15属，占20%；中国特有属13属，占16.9%。占有全国15个分布类型的13个，说明本区地理成分复杂，种类丰富多样，而且东亚成分的起源过程占有重要地位。占有6.5%的热带成分表明本区系与它的渊源和微弱联系。

表2-8　北京山区寡种属统计表

科名	属名	区系类型	北京种数	全科种数	科名	属名	区系类型	北京种数	全科种数
百合科	舞鹤草属 *Maianthemum*	8	1	4	兰科	蜻蜓兰属 *Tulotis*	9	1	5
报春花科	七瓣莲属 *Trientalis*	8	1	2	瑞香科	草瑞香属 *Diarthron*	11	1	2
唇形科	裂叶荆芥属 *Schizonepta*	11	1	3	伞形科	山芹属 *Osmorhiza*	10	2	5
	夏至草属 *Lagopsis*	10	1	4	桑科	构树属 *Broussonetia*	7	1	4
大戟科	地构叶属 *Speranskia*	15	1	3		葎草属 *Humulus*	8	2	4

（续）

科名	属名	区系类型	北京种数	全科种数	科名	属名	区系类型	北京种数	全科种数
豆科	鸡眼草属 *Kummerowia*	14sj	1	2	杉叶藻科	杉叶藻属 *Hippuris*	1	1	3
椴树科	田麻属 *Corchoropsis*	14sj	1	2	十字花科	豆瓣菜属 *Nasturtium*	1	1	3
防己科	蝙蝠葛属 *Menispermum*	9	2	2		荸属 *Eleocharis*	8	1	5
禾本科	菰属 *Zizania*	9	1	3		诸葛菜属 *Orychophragmus*	13	1	5
	直芒草属 *Orthoraphium*	14sh	1	3	鼠李科	拐枣属 *Hovenia*	14sj	1	3
	龙常草属 *Diarrhena*	9	1	4	水鳖科	苦草属 *Vallisneria*	2	1	4
	芦苇属 *Phragmites*	1	1	4	蹄盖蕨科	羽节蕨属 *Gymnocarpium*	8	1	5
	粟草属 *Milium*	8	1	5	天南星科	菖蒲属 *Acorus*	9	1	4
葫芦科	土贝母属 *Bolbostemma*	15	1	2	铁角蕨科	过山蕨属 *Camptosorus*	15	1	2
桦木科	虎榛子属 *Ostryopsis*	15	1	2	小檗科	类叶牡丹属 *Caulophyllum*	9	1	4
金星蕨科	沼泽蕨属 *Thelypteris*	8	1	3	玄参科	松蒿属 *Phtheirospermum*	14	1	3
菊科	和尚菜属 *Adenocaulon*	8－4	1	3		阴行草属 *Siphonostegia*	14sh	1	4
	鳢肠属 *Eclipta*	2	1	4	鸭跖草科	竹叶子属 *Streptolirion*	14sj	1	2
	豨莶属 *Siegesbeckia*	2	1	4	罂粟科	白屈菜属 *Chelidonium*	10	1	5
	牛膝菊属 *Galinsoga*	1	2	5	芸香科	白鲜属 *Dictamnus*	10	1	5
漆树科	黄栌属 *Cotinus*	8	1	5	中国蕨科	中国蕨属 *Sinopteris*	15	1	4
球子蕨科	球子蕨属 *Onoclea*	8	1	2	紫草科	砂引草属 *Messerschmidia*	3	1	3
	荚果蕨属 *Matteuccia*	8	1	5		斑种草属 *Bothriospermum*	14	3	5

2.3 植物的生活型分析

群落中植物的生活型通常是群落外貌的决定因子。根据植物的生活型是植物长期受一定环境影响下所呈现的适应形态，如乔木、灌木、草本植物、攀缘植物等。主要特征表现在：个体的高矮、大小、直立或匍匐及分枝状态，生命期的长短等。生活型既是某种植物的形态特征，也可以是一群植物的共同外貌。

生活型的分类方法有很多，我国常用的生活型分类法是《中国植被》（1980）应用的系统，本次研究就采用此方法对北京山区森林植物进行生活型的划分和研究。具体划分结果见表 2－9。

根据统计结果可以看出，北京山区维管束植物中，木本植物（包括乔木和灌木）总计只有 205 种占全区的 17.60%，但却是本区植物的主要建群种，组建本区的植物群落；而草本植物多达 917 种，占 78.71%；表明本区草本植物发达。因为该区地处暖温带向温带过渡区域，植物生活型谱反应了本区这一气候带的特点。本次调查只记录了水生植物 22 种，而据资料记载，北京有水生植物种类 200 多种，这主要因为本次调查的 13 个点集中在北京西部、北部山区，而没有进行水域和湿地区域的水生植物的调查。

表2-9 北京山区野生植物生活型统计表

生活型	植物种数	占总数的%	代表种
乔 木	89	7.64	山杨、核桃楸、白桦、蒙古栎、春榆
灌 木	116	9.96	太平花 *Philadelphus pekinensis*、三裂绣线菊、胡枝子、小叶鼠李 *Rhamnus parvifolia*、荆条、六道木
木质藤本植物	17	1.46	长瓣铁线莲 *Clematis macrpopetala*、蝙蝠葛、五味子、山葡萄 *Vitis amurensis*、猕猴桃
寄生植物	4	0.34	桑寄生 *Loranthus tanakae*、槲寄生 *Viscum coloratum*、菟丝子 *Cuscuta chinensis*
多年生草本	718	61.63	卷柏 *Selaginella tamariscina*、荚果蕨 *Matteuccia struthiopteris*、石竹 *Dianthus chinensis*、草芍药、歪头菜 *Vicia unijuga*、黄芩 *Scutellaria baicalensis*
1年生草本	199	17.08	蝎子草 *Girardinia cuspidata*、尼泊尔蓼 *Polygonum nepalense*、小黄紫堇 *Corydalis ochotensis* var. *raddeana*、诸葛菜 *Orychophragmus violaceus*
水生植物	22	1.89	苹 *Marsilea quadrifolia*、水毛茛 *Batrachium bungei*、杉叶藻 *Hippuris vulgaris*、马来眼子菜 *Potamogeton malaianus*、黑藻 *Hydrilla verticillata*、菹草 *Potamogeton crispus*
总 计	1165	100.00	

2.4 植物区系的分布区特征

2.4.1 蕨类植物属的分布区类型

在北京山区的26属蕨类植物中，世界广布类型有9属：卷柏属 *Selaginella*、碗蕨属 *Dennstaedtia*、蕨属 *Pteridium*、铁线蕨属 *Adiantum*、蹄盖蕨属 *Athyrium*、铁角蕨属 *Asplenium*、耳蕨属 *Polystichum*、苹属 *Marsilea*、槐叶苹属 *Salvinia*。以泛热带为中心分布的有3属：粉背蕨属 *Aleuritopteris*、短肠蕨属 *Allantodia* 和石韦属 *Pyrrosia*。热带亚洲分布的有1属：金毛裸蕨属 *Gymnopteris*。以北温带为中心的有9属，分别为木贼属 *Equisetum*、小阴地蕨属 *Botrychium*、冷蕨属 *Cystopteris*、羽节蕨属、沼泽蕨属 *Corylus*、荚果蕨属 *Matteuccia*、球子蕨属 *Onoclea*、岩蕨属 *Woodsia*、鳞毛蕨属 *Dryopteris*。东亚和北美间断分布的有1属：瓦韦属 *Lepisorus*。中国特有分布的有3属：中国蕨属、峨眉蕨属和过山蕨属。本区温带成分为10属，占总属数的38.47%，表明本区蕨类植物的温带性质（表2-10）。

表2-10 北京山区蕨类植物分布区类型

分布型	属 数	所占百分比（%）
1. 世界分布	9	34.62
2. 泛热带分布	3	11.54
7. 热带亚洲	1	3.85
8. 北温带	9	34.62

（续）

分布型	属　数	所占百分比（%）
9. 东亚和北美间断	1	3.85
15. 中国特有	3	11.54
合　计	26	100.00

2.4.2 种子植物科的分布区类型

根据李锡文关于中国种子植物区系统计分析和王荷生等关于华北地区种子植物区系的研究方法，北京山地植物科的分布区类型划分结果见表2－11。

表2－11　北京山区种子植物科的分布区类型

分布区类型	北京	占北京总科数（%）	中国	北京占中国的科数（%）
1. 世界分布	31	29.52	50	62
2. 泛热带分布	36	34.28	107	33.64
2－1. 热带亚洲、大洋洲（至新西兰）和中、南美（或墨西哥）间断分布	1	0.95	7	14.29
2－2. 热带亚洲、非洲和中南美洲间断分布	2	1.90	6	33.33
3. 热带亚洲和热带美洲间断分布	3	2.85	11	27.27
4. 旧世界热带	1	0.95	11	9.09
8. 温带分布	19	18.09	31	61.29
8－4. 北温带和南温带间断分布	7	6.67	12	58.33
9. 东亚和北美间断分布	2	1.90	14	14.29
10. 旧世界温带分布	1	0.95	3	33.33
10－3. 欧亚和南部非洲（有时也在大洋洲）间断分布	1	0.95	2	50
14. 东亚分布	1	0.95	4	25
总计	105	100	258	40.7

北京山区植物科的分布区类型占有全国植物科的15个分布区类型中的8个分布区类型，从科的分布区类型来看，北京山区植物科数的分布与全国的分布情况相近，世界分布和泛热带分布在本区占有重要地位。泛热带分布类型最多，有36科，占北京种子植物科的34.28%，主要有榆科、桑科、豆科、茜草科、荨麻科、五加科、兰科等；其次是世界分布类型的科，有31科，占北京种子植物科的29.52%，主要有蓼科、藜科Chenopodiaceae、苋科、石竹科、景天科、蔷薇科、鼠李科、唇形科、菊科、禾本科、百合科；第三是温带分布，有19科，其他分布区类型所占比例都很小。

2.4.3 种子植物属的分布区类型

北京植物区系位于泛北极植物区、中国—日本森林植物亚区、华北地区的华北平原、山地亚地区。其植物区系在地理上和发生上，除与周围地区有密切联系外，同时与世界上其他一些地区有着广泛的联系。根据吴征镒的《中国种子植物属的分布区类型》分析，北京山区种子植物占有全国全部15个分布区类型，这反映了该区植物类型的丰富多样，地理成分较为复杂。种子植物总属数为477属，温带成分的属多达264个，占55.3%，在本区占有绝对优势。温带分布类型中，又以北温带分布类型居首，其中北温带分布的属有163个，占总属数的25.4%，这与当前区系地理位置是一致的。旧世界温带成分在本区有44属，占总属数的9.24%，这说明旧世界温带与新世界温带的区域相近性。热带成分的属共88个，其中泛热带分布的属59个，占总属的12.39%。分布到该区的热带属多为单种属，且绝大多数为草本，孢粉资料表明，早在第三纪，我国华北至东北，植物群落出现过热带—亚热带面貌，典型的热带科如山矾科 Symplocaceae、芸香科以及亚热带科如无患子科、大戟科在这里存在有大量种类，以后随着海路变迁、气候旱化变冷，这里热带亚热带植物不断消失，仅残存下适合于新环境生存的种。所以由于受气候条件制约，这些热带成分在该区的分布属绝大部分为单种属和寡种属，有些是热带成分向北方的延伸，有些则是第三纪的残遗植物，如臭椿属、一叶萩属 *Securinega*、青檀属等。本区还分布有东亚成分17属，占总属数的3.57%，是该区的重要成分。地中海成分在本区有3属，占总属数的0.63%，中亚成分在本区有7属，占总属数的1.47%，与本区的联系较为薄弱。现将各分布区类型分述如下（表2-12）。各属的分布区类型详见附表1。

表2-12 北京山区种子植物属分布型

分布型	属分布			
	全国属数	北京属数	占北京总属数比例（%）	占全国该分布型属数比例（%）
1. 世界分布	104	61	—	—
2. 泛热带分布	316	59	12.39	18.67
2-2. 热带亚洲、非洲和中、南美洲间断分布	29	1	0.21	3.45
3. 热带亚洲和热带美洲间断分布	62	4	0.84	6.45
4. 旧世界热带分布	147	6	1.26	4.08
4-1. 热带亚洲、非洲（或东非、马达加斯加）和大洋洲间断分布	30	2	0.42	6.67
5. 热带亚洲至热带大洋洲分布	147	7	1.47	4.76
6. 热带亚洲至热带非洲分布	149	8	1.68	5.37
7. 热带亚洲分布	442	4	0.84	0.90
8. 北温带分布	213	121	25.42	56.81
8-2. 北极—高山分布	14	2	0.42	14.29
8-4. 北温带和南温带（全温带）间断分布	57	35	7.35	61.40
8-5. 欧亚和南美洲温带间断分布	5	5	1.05	100.00
9. 东亚和北美洲间断分布	123	25	5.25	20.33
10. 旧世界温带分布	114	44	9.24	38.60

（续）

分布型	属分布			
	全国属数	北京属数	占北京总属数比例（%）	占全国该分布型属数比例（%）
10－1. 地中海区、西亚和东亚间断分布	25	6	1.26	24.00
10－3. 欧亚和南非洲（有时也在大洋洲）间断分布	8	6	1.26	75.00
11. 温带亚洲分布	55	20	4.20	36.36
12. 地中海区、西亚至中亚分布	152	3	0.63	1.97
12－2. 地中海区至中亚和墨西哥间断分布	2	1	0.21	50.00
12－3. 地中海至温带、热带亚洲、大洋洲和南美洲间断分布	5	2	0.42	40.00
13. 中亚分布	69	6	1.26	8.70
13－2. 中亚至喜马拉雅分布	26	1	0.21	3.85
14. 东亚（东喜马拉雅至日本）分布	73	17	3.57	23.29
14－1. 中国—喜马拉雅（SH）分布	141	4	0.84	2.84
14－2. 中国—日本（SJ）分布	85	16	3.36	18.82
15. 中国特有	257	11	2.31	4.28
总计	2850	477	100.00	16.70

（1）世界分布　共计61属。木本植物仅有鼠李属 *Rhamnus* 和悬钩子属 *Rubus*。木本和草本兼有的有槐属 *Sophora* 和铁线莲属。其余均为草本植物，如蓼属 *Polygonum*、苋属 *Amaranthus*、龙胆属 *Gentiana*、远志属 *Picea*、莎草属 *Cyperus*、苔草属、芦苇属、早熟禾属、羊耳蒜属 *Liparis* 等。

（2）泛热带分布　共计59属，占总属12.39%，占全国该分布型的18.67%。木本植物中有朴属 *Celtis*、一叶萩属、南蛇藤属 *Celastrus*、卫矛属 *Euonymus*、枣属 *Gleditsia*、牡荆属等。木本和草本兼有的仅有一个木槿属 *Hibiscus*。草本植物有冷水花属 *Pilea*、马兜铃属 *Aristolochia*、马齿苋属 *Portulaca*、决明属 *Cassia*、铁苋菜属 *Acalypha*、秋海棠属 *Begonia*、菟丝子属 *Cuscuta*、鸭跖草属 *Commelina* 等。多为单种属或少种属，除牡荆属中的荆条和枣属中的酸枣是构成某些群落的建群种外，其余植物在本区植物群落中所起的作用不大。

（3）热带亚洲、非洲和中、南美洲间断分布　仅1属，即湖瓜草属 *Lipocarpha*，占总属的0.21%。

（4）热带亚洲和热带美洲间断分布　仅4属，占总属的0.84%。占全国该分布型的6.45%。木本植物只有苦木属。草本为砂引草属、百日菊属 *Zinnia*、雀梅藤属，均为栽培花卉植物。

（5）旧世界热带分布　共6属，占总属1.26%，占全国该分布型的4.08%。木本植物只有扁担杆属。其余5属均为草本：桑寄生属 *Loranthus*、槲寄生属 *Viscum*、天门冬属 *Asparagus*、香茶菜属 *Rabdosia* 和细柄草属 *Capillipedium*。

(6) 热带亚洲、非洲（或东非、马达加斯加）和大洋洲间断分布 仅2属，占总属的0.42%，分别为水蛇麻属和百蕊草属 *Thesium*。

(7) 热带亚洲至热带大洋洲分布 仅7属，占总属1.47%，占全国该分布型的4.76%。木本有臭椿属和雀儿舌头属 *Leptopus*、紫薇属 *Lagerstroemia*，草本为牛耳草属 *Boea*、黑藻属、通泉草属 *Mazus* 和荛花属 *Wikstroemia*。

(8) 热带亚洲至热带非洲分布 共8属，占总属1.68%，占全国该分布型的5.37%。木本只有杠柳属 *Periploca*，其余均为草本植物：野大豆属、蝎子草属 *Girardinia*、赤瓟属 *Thladiantha*、芒属 *Miscanthus*、荩草属 *Arthraxon* 和菅草属 *Themeda*、草沙蚕属 *Tripogon*。

(9) 热带亚洲分布 仅4属，占总属0.84%，占全国该分布型的0.9%。木本为构树属，其余为草本，分别为苦荬菜属 *Ixeris*、蛇莓属 *Duchesnea* 和葛属 *Pueraria*。

(10) 北温带分布 共计121属，占总属数的25.42%，占全国该分布型的56.81%，是构成该地区各种群落的主体，这说明本区植物区系与其所在的地理位置和气候条件相吻合。本分布型中另一大特点就是几乎囊括了该地区植物中的所有大型乔木种。其中松属 *Pinus*、云杉属 *Ziziphus* 和落叶松属 *Larix* 是构成针叶林群落的建群属，杨属、柳属、胡桃属 *Juglans*、桦木属、栎属、槭属 *Acer*、梣属 *Fraxinus* 和椴树属 *Tilia* 等地带性植物是构成落叶阔叶林群落的主体。林下常伴生的榛属、杜鹃花属 *Rhododendron*、绣线菊属 *Spiraea*、山梅花属 *Philadelphus*、忍冬属 *Lonicera* 等灌木及乌头属 *Aconitum*、唐松草属 *Thalictrum*、龙芽草属 *Agrimonia*、地榆属 *Sanguisorba*、风毛菊属、铃兰属、黄精属 *Polygonatum* 等草本植物，均为典型的北温带成分。

(11) 北极—高山分布 共2属，占总属数的0.42%。均为草本，即金莲花属 *Trollius* 和红景天属 *Rhodiola*，在北京均分布在高海拔地区，常见于北京的山地草甸，如海陀山、东灵山、百花山等山顶草甸中分布广泛。

(12) 北温带和南温带（全温带）间断分布 共35属，占总属数的7.35%，占全国该分布型的61.40%。木本植物有接骨木属 *Sambucus* 和枸杞属 *Lycium*，其余33属全部为草本植物属，如水杨梅属 *Geum*、野豌豆属、柴胡属 *Buplcurum* 和茜草属 *Rubia* 等。

(13) 欧亚和南美洲温带间断分布 共5属，占总属数的1.05%，并包囊了全国所有的5属。本变型在全国仅有5属，分别为菊科的火绒草属 *Leontopodium*、祁州漏芦属 *Rhaponticum*、猫儿菊属 *Achyrophorus* 和禾本科的赖草属 *Leymus*、看麦娘属 *Alopecurus*。

(14) 东亚和北美洲间断分布 共25属，占总属数的5.25%，占全国该分布型的20.33%。木本植物有8属，有类叶牡丹属、五味子属 *Schisandra*、绣球属 *Hydrangea*、胡枝子属、楤木属 *Aralia*、蛇葡萄属 *Ampelopsis*、皂荚属 *Thelypteris*、漆树属 *Toxicodendron*。草本有罗布麻属 *Apocynum*、散血丹属 *Physaliastrum*、红升麻属 *Astilbe*、蝙蝠葛属、两型豆属 *Amphicarpaea*、大丁草属 *Leibnizia*、鹿药属 *Smilacina* 等。

(15) 旧世界温带分布 共计44属，占总属数的9.24%，占全国该分布型的38.6%。木本植物有3属：梨属 *Pyrus*、丁香属 *Syringa* 和柽柳属 *Tamarix*。木本和草本兼有的有香薷属 *Elsholtzia*。草本植物占绝对优势，常见的有石竹属 *Dianthus*、蓝刺头属 *Echinops*、菊属 *Dendranthema*、盘果菊属 *Prenanthes*、益母草属，隐子草属 *Cleistogenes*、芨芨草属 *Achnatherum* 等。

(16) 地中海区、西亚和东亚间断分布　共6属，木本有连翘属，草本为菊科的鸦葱属 *Scorzonera*、香花芥属 *Hesperis*、窃衣属 *Torilis*、天仙子属 *Hyoscyamus* 和泡囊草属 *Physochlaina*，占总属数的1.26%，占全国该分布型的24%。

(17) 欧亚和南非洲（有时也在大洋洲）间断分布　共6属，占总属数的1.26%，占全国该分布型的75%。全部为草本：前胡属 *Peucedanum*、蓝盆花属、蛇床属 *Cnidium*、苜蓿属 *Medicago*、莴苣属 *Lactuca* 和绵枣儿属 *Scilla* 等。

(18) 温带亚洲分布　共20属，占总属数的4.2%，占全国该分布型的36.36%。木本植物仅有锦鸡儿属 *Caragana* 和杭子梢属 *Campylotropis*，其余均为草本，如假繁缕属 *Pseudostellaria*、瓦松属 *Orostachys*、米口袋属 *Gueldenstaedtia*、草瑞香属、大油芒属 *Spodiopogon*、防风属等等。

(19) 地中海区，西亚至中亚分布　仅3属，占总属数的0.63%，占全国该分布型的1.97%。均为草本，糖荠属、串珠芥属 *Torularia* 和疗齿草属 *Odontites*。

(20) 地中海区至中亚和墨西哥间断　共1属，丝石竹属 *Gypsophila*，占总属数的0.21%。

(21) 地中海至温带、热带亚洲、大洋洲和南美洲间断分布　仅2属，木本是黄连木属 *Pistacia*，草本是牻牛儿苗属 *Erodium*，占总属数的0.42%，占全国该分布型的40%。

(22) 中亚分布　共6属，占总属数的1.26%，占全国该分布型的8.7%。均为草本，分别是大麻属、诸葛菜属、花旗竿属 *Dontostemon*、扁蓿豆属 *Melissitus*、迷果芹 *Sphallerocarpus gracilis* 属和紫筒草属 *Stenosolenium*。

(23) 中亚至喜马拉雅分布　仅1属，角蒿属 *Incarvillea*，占总属数的0.21%，占全国该分布型的3.85%。

(24) 东亚分布　共17属，占总属数的3.57%，占全国该分布型的23.29%。木本植物有6属，为栾树属、溲疏属 *Deutzia*、猕猴桃属 *Actinidia*、五加属 *Acanthopanax*、六道木属 *Abelia* 和野丁香属 *Leptodermis*。草本常见的有斑种草属、地黄属 *Rehmannia*、油点草属 *Gymnocarpium*、败酱属 *Patrinia*、狗哇花属 *Heteropappus* 等。

(25) 中国—喜马拉雅分布　共4属，占总属数的0.84%，占全国该分布型的2.84%。均为草本，阴行草属、裂瓜属 *Schizopepon*、直芒草属和兔儿伞属 *Syneilesis*。

(26) 中国—日本分布　共16属，占总属数的3.36%，占全国该分布型的18.82%。木本植物8属，有枫杨属、吴茱萸属 *Evodia*、黄檗属 *Phellodendron*、拐枣属、刺楸属、刺榆属、锦带花属 *Weigela*、榆属。草本常见的有苍术属 *Atractylodes*、萝藦属 *Pinellia*、半夏属、桔梗属、竹叶子属等。

(27) 中国特有分布　仅11属，占总属数的2.31%，占全国该分布型的4.28%。木本为虎榛子属、青檀属、蚂蚱腿子属、文冠果属。草本为独根草属、知母属、翼蓼属、地构叶属等。

综上所述，本区主要是温带成分，其他各类型也都有分布，说明本区种类比较丰富，地理成分复杂。中亚、地中海成分的存在，表明本区与它的微小的联系。热带成分表明本区的热带渊源。

2.5 植物区系的演变和来源

生物的演化包括时间和空间演化两个过程，时间演化，指生物类群在地质历史时期的发生和发展。任何一个类群，它必然发生于某一历史时期，随着时间的推移，有的已经灭绝、有的处于孑遗状态，有的在不断地繁衍后代而旺盛地发展着，并孕育着新的类群。空间演化，是指生物类群在地球上的起源、隔离分化和散布。任何一个类群，它必定起源于特定的地区，而且向着有利于自己生存和繁衍后代的环境中分化和散布，在这个过程中有的被淘汰，有的只局限于一个相对隔离的地域，有的适应了变化了的生态环境，在地球水域、陆上大发展（吴征镒，2003）。

在侏罗纪（1.95～1.37亿年），全球的气候都很温暖，比较一致。北京当时的植物群以银杏 *Ginkgo biloba*、苏铁 *Cycas revoluta* 占优势形成森林。据孢粉研究资料表明北京早白垩纪的植物群具有热带—亚热带植物群的面貌（孔昭宸，1976）。北京在早白垩纪（白垩纪1.37亿年至6700万年）晚期除有温带分布的卷柏、石松 *Lycopodium* spp.、水龙骨 *Polypodiodes niponica* 及少量的苏铁外，一般为热带—亚热带分布的蕨类，如海金沙 *Lygodium japonicum*、莎草蕨 *Schizaea digitata*、金毛狗 *Cibotium. barometz*、膜蕨 *Hymenophyllum barbatum*、密穗蕨 *Anemia* spp. 和非洲蕨 *Mohria* spp.。晚期有被子植物栎和山龙眼 *Helicia Sangal* 的花粉出现（孔昭宸，1976）。

到晚白垩纪，蕨类植物随着被子植物的繁盛而退居次要的位置（孔昭宸，1976）。被子植物在古植物区系中已占据着主导地位。这时的古植物区系就是现代植物区系的历史渊源（陶君容，2000）。

北京早第三纪（距今7000万～2500万年）呈现植物群丰富多彩的热带—亚热带面貌。蕨类植物大量减少，保留有紫萁 *Osmunda japonice*、石松、铁线蕨 *Adiantum capillus-veneris*、海金沙、莎草蕨。裸子植物中短叶杉 *Brachyphyllum* spp.、苏铁杉已经消失；苏铁、银杏类大大减少；松柏类的雪松 *Cedrus deodara*、陆均松 *Dacrydium pierrei*、罗汉松 *Podocarpus macrophyllus* 增加；被子植物更加丰富多彩（孔昭宸，1976）。

早第三纪植物群中，裸子植物中以松科较多，杉科 Cryptomeria、紫杉科 Taxaceae 较少，并有原始的松柏类。松科中有雪松、陆均松、油松、铁杉 *Tsuga chinensis* 等；杉科中有柳杉 *Cryptomeria fortunei*、水杉属 *Metasequoia glyptostroboides* 等（孔昭宸，1976）。河北涞源县出土的油松化石，表明油松当时在华北已经繁盛（王荷生，1997）。出现的被子植物有60余科，多为乔木，其中以柔荑花序类中的胡桃 *Prunus persica*、枫杨、栎、桦、桤木 *Aluns cremastogyne*、鹅耳枥 *Carpinus turczaninowii*、榛 *Corylus heterophylla*、榆在植物群中占重要地位。此外，还混生着现分布于中亚热带的典型成分，如杨梅科 Myricaceae，山矾科，壳斗科的栲属 *Castanopsis*，木兰科 Magnoliaceae，金缕梅科 Hamamelidaceae 的枫香 *Liquidambar formosana*、金缕梅属 *Hamamelis*，胡桃科的山核桃 *Carya cathayensis*、胡桃科化香属 *Platycarya*，芸香科。我国南亚热带的桃金娘科 Myrtaceae、山龙眼科 Proteaceae、楝科 Meliaceae、无患子科和桑寄生属也同时出现。草本双子叶植物有柳叶菜 *Epilobium hirsutum*、忍冬属 *Lonicera* 等。水生植物有睡莲 *Nymphaea tetragona*、槐叶苹 *Salvinia natans* 等。北京当时的植物群为常绿落叶阔叶混交林（孔昭宸，1976）。

至新第三纪（距今2500万～1200万年），西北、华北气候越来越干旱，植被也随之发生了变化。以具有大量含柔荑花序的落叶阔叶植物（榆、朴、桦、榛、鹅耳枥、栎）为特征。老第三纪的亚热带成分减少，有的成为了遗种（如紫萁、铁杉、枫香）；松属和草本双子叶植物数量增多，植被属于暖温带落叶阔叶和针叶混交林；后期属暖温带落叶阔叶草原期，以耐寒的栎为主。干燥的土壤上有榆、枸，灌木有杜鹃 *Rhododendron* spp. 、鼠李 *Rhamnus davurica*、蔷薇 *Rosa* spp. 等；草本主要有藜 *Chenopodium album*、菊 *Dendranthema* spp. 、车前 *Plantago asiatica*、莎草 *Cyperus* spp. 、禾本科等；沼泽中有香蒲 *Typha angustifolia*、眼子菜 *Potamogeton distinctus*、狐尾藻 *Myriophyllum spicatum* 等（孔昭宸等，1976）。此时，现代的植被和植物区系基本形成。

第四纪（距今 200 万年）是植物区系继续演化、迁移、重新组合、分化的时期。更新世时，气温急剧下降，冰期和间冰期气温和湿度周期性影响的频率和强度加强，北京植物区系发生变化。周口店猿人化石层的孢粉组合显示，50 万年前，周口店有以桦、朴、榆为主的落叶阔叶林，也夹有桤木、白檀 *Symplocos paniculata* 等喜温树种。推测当时相当于间冰期。在冰期，云冷杉组成暗针叶林，混有松、桦、菊、蒿、藜，繁盛在北京低海拔和平原地区（孔昭宸，1976）。

据孔昭宸（1988）、王荷生（1997）等的研究，北京古植物区系在近 10 000 年来，喜暖的植物群，如松、桑、朴、黄栌 *Cotinus coggygria*、漆、枫杨又重新出现在北京地区。从孢粉组合中进一步说明，有些温带落叶阔叶类的桑、榜、槭、榆、朴、核桃在北京郊区分布，同时保留一些南方热带起源的科属，如黄栌。表明北京地区某些温带落叶阔叶种和热带—亚热带起源的树种，经过冰期到全新世仍然残存，而草原类型的树种分布面积继续扩大。当时北京地区的植物群是森林和草原的植被类型。

据孔昭宸等研究，大约在 12 000 ~ 10 000 年，北京平原植被属于以椴、桦、栎等组成的暖温带落叶阔叶林；大约 10 000 ~ 8000 年，北京平原区被以蒿、菊科等组成的草原所替代。而海拔 500m 以上，仍有以松、云杉 *Picea asperata*、冷杉 *Abies fabri* 等组成的针叶林；大约 8000 ~ 6000 年，以松、栎、桦等组成的暖温带针叶阔叶混交林面积增加。大约 6000 ~ 2000 年，分布以榆、栎、桑、桦等组成的暖温带落叶阔叶林，但 5600 年左右，出现一个短冰期，植被以云杉、冷杉为主的暗针叶林；3500 ~ 3200 年，北京广大地区分布着以松为主的针叶林。大约 2000 年以来，以松为代表的针叶林在平原区退缩，草原得到发展（孔昭宸，1988）。

综合王荷生（1997）、孔昭宸（1976，1988）的研究成果，认为植物区系主要是早第三纪起源和演化发展的，有的发生于晚白垩纪。包括各种古老的木本科属，温带、亚热带成分，如油松、栎、桦、鹅耳枥，它们是现在北京植物的优势种或建群种；热带成分现在多为残遗植物，如臭椿、文冠果、栾树等。草本植物和水生植物区系主要源于晚第三纪植物区系；耐寒和耐干的植物区系主要源于第四纪冰期。

综上所述，北京植物区系主要是本地起源的，也有来源于我国南方热带和亚热带地区；一些旱生植物如盐爪爪 *Kalidium foliatum*、针茅 *Stipa* spp. 和蒿属等来源于中亚—地中海和欧亚草原；此外，一些东北亚、西伯利亚的植物在第四纪冰期侵入北京及华北地区，如华北落叶松就是第四纪冰期时，西伯利亚落叶松侵入华北，演变成华北落叶松。

2.6 植物区系的总体特征

乔曾鉴等（1964）对北京植物区系做了初步分析，认为北京植物区系具有中国—日本植物亚区的特点，第三纪植物区系的后裔是北京植物区系的主要部分，起源可能与当地古热带气候有关。贺士元认为，北京植物区系大部分属于泛北极植物区的中国—日本植物亚区，少数来之于中亚—西亚植物亚区和古热带植物区的东南亚植物亚区。但由于长期的地史变化，人类活动的干扰，种属成分已经发生了很大的变化，目前既有残遗的成分，如臭椿、文冠果、蚂蚱腿子 *Myriponis dioica* 等，也有由热带迁移来的成分，如香椿 *Toona sinensis*、荆条等（贺士元，1992）。

通过对13个调查区的调查资料分析，根据李锡文(1996)的中国种子植物区系统计分析和王荷生等(1997)的华北地区植物区系的研究方法，总结出北京山区植物区系的基本特点如下：

（1）种类比较丰富多样　经统计13个调查区共有野生植物1165种，隶属于503属122科。其中蕨类植物17科26属63种（含变种）；裸子植物3科6属7种（含变种，变型）；被子植物102科471属1095种。

泛热带分布36科，世界分布31科，温带分布19科，热带亚洲、大洋洲和中南美间断分布、旧世界热带分布、旧世界温带分布、欧亚和南部非洲间断分布、东亚分布类型各有1科，热带亚洲、非洲和中南美洲间断分布2科，热带亚洲和热带美洲间断分布3科。其中含有一些古老木本科，如松科、杨柳科、桦木科、壳斗科和槭树科等，它们是北京植被的建群种或优势种。

此外，本区还有一些古老残遗种，如刺榆、青檀、独根草等。

（2）地理成分复杂　北京山区种子植物属的分布区类型占有全国全部15个类型，蕨类植物属的分布区类型有6个。北京山区植物区系成分还包括东西伯利亚森林植物区系成分，如铃兰 *Convallaria majalis*、舞鹤草 *Maianthemum bifolium*、红花鹿蹄草 *Pyrola incarnata* 等；东北地区植物区系成分，如臭冷杉 *Abies nephrolepis*、黄檗、核桃楸、刺五加等；欧亚大陆草原成分，如针茅属 *Stipa*、苜蓿属、黄耆属等；热带亲缘的成分，如荆条、黄栌等。

（3）温带性质明显　此次调查统计出种子植物总属数为477属，温带成分有264属，占总属数的55%；蕨类植物总属数为26属，温带成分10属，占38%。

（4）特有程度低　北京共有中国特有属11属，仅占中国特有属总数的2.3%；有华北特有属6属，为文冠果属、知母属、蝟菊属、蚂蚱腿子属、独根草属、翼蓼属，占华北特有属的50%。北京有4种特有种，为百花山葡萄、北京水毛茛 *Batrachium pekinense*、羽叶铁线莲 *Clematis pinnata* 和槭叶铁线莲 *Clematis acerifolia*。

（5）源于本地古老植物区系　根据古植物学的研究成果，北京植物区系主要是早第三纪起源和演化发展的。北京早第三纪的植物群中占主要地位的植物有栎、桦、桤木、鹅耳枥、榛、榆，它们目前多是北京山区植物群落中的建群种或优势种。早第三纪草本植物柳叶菜、唇形科、槐叶苹和藻类也已出现。作为北京主要树种的油松，在早第三纪的华北地区已经繁盛（王荷生，1997）。臭椿、栾树、文冠果是第三纪残遗的亚热带植物（王荷生，1997）。更多的草原类型的植物，如藜、菊、车前、莎草、禾本科等，还有一些水生植物如香蒲出现在新第三纪（距今约2500万年）（孔昭宸等，1976）。耐寒植物如云冷杉、卷柏主要发生于第四纪冰期。

第3章
植物优先保护级别评定

在世界、国家或地区尺度上评价物种“濒临灭绝危险”的程度（简称濒危程度），并提出保护级别，一直是国际社会和各国生物多样性保护工作的重点之一。最早的评价可追溯到1942年和1945年美国国际野生动物保护委员会分别出版的绝灭与濒于绝灭的旧大陆与新大陆哺乳动物两本书（解焱，1995）。1966年IUCN相继出版了一系列濒危物种的红皮书和红色名录，其中濒危物种的等级标准得到了广泛承认，被许多国家或地区广泛应用。对物种濒危程度的评定是由定性向定量方向逐渐发展的。1994年IUCN制定并通过了《国际濒危物种等级新标准》，突出强调了评价指标的数量化和具体化，2001年正式出版了《IUCN红色名录类型和标准（版本3.1）》。我国也于1992、1997～1998年发布了《中国植物红皮书》、《中国动物红皮书》；1999年国家颁布了《国家重点保护野生植物名录》（第一批）。此后，汪松（2004）等人又主编出版了《中国物种红色名录》，将在中国分布的裸子植物226种（变种）和被子植物4183种划分为极危、濒危、易危、近危、无危5个濒危等级。

一个物种的种群一般分布在相当大的地区内，形成了若干区域种群或亚种群，如何评价一个区域或者省内的物种“濒临消失风险”并提出保护级别是近年来科技工作者一直探索的问题。20世纪90年代，Perring（UNEP，1993）、许再富等人将物种濒危状况评价的指标进行分级、量化和打分，然后计算濒危系数，并采用计算急切保护值的方法对区域性受威胁植物的保护级别进行了定量评价（薛达元，1991）。我们应用国内分布频度、北京地区分布频度、调查区分布频度等9个指标计算各种植物的濒危系数，对北京喇叭沟门自然保护区植物的濒危状况进行了评定，并通过计算急切保护值的方法确定了各物种的保护级别（崔国发等，2000）。国内有些省、自治区、直辖市已提出了省级尺度上的动植物保护名录。而到目前为止，北京市还没有提出野生植物保护名录。本章采用量化的方法，评价了北京山区范围内1165种野生植物“濒临消失风险”的大小，并提出了各种植物的保护级别，以期为北京市保护植物名录的提出和自然保护区的建设及规划工作提供科学依据。

3.1 植物濒临消失风险评价

3.1.1 濒临消失风险指数的计算

评价指标体系要反映出物种自身的适应能力及自然环境、人类活动、社会经济等指标，还要符合物种优先保护的内涵。现在北京山区植物濒临消失风险的大小主要决定于近期人为活动的影响，这种影响主要源于物种利用价值属性和保护措施等方面。通过对物种利用价值高低以及已经采取的保护措施等，可以更客观地反映近期人为因素对物种的影响、潜在影响和物种受威胁程度。根据以上因素，确定出北京山区野生植物“濒临消失风险指数”（简称风险指数）的评定因子及其分级分值如下：

（1）北京地区分布频度　根据某物种在本次调查的13个调查区的分布情况决定。在本次调查小于2个区，10分；3~8个区，6分；大于8个区，1分。这里任何一个指标中用于分级的数值并不代表该指标的实际分值，而是利用分值大小的比较来说明某一指标下，不同植物种之间受威胁程度的差异，以下各指标分值设置的意义类同。

（2）调查区分布多度　应用样地调查资料，估算调查区各物种的分布多度，根据数量的多少而评分。IUCN建议，当一个濒危物种的野生种群数量低于1000时，应当进行人工繁育迁地保护。在《濒危野生动植物种国际贸易公约》的一份文件中也提到，对一些生产力较低但具备评估所需数据的物种，可以将5000或更少的个体数作为构成一个小型野生种群的恰当指标（但不是阈值），据此提出北京山区植物多度分级及分值设定，如表3-1。

表3-1　植物多度分级评分

分值设定	植物多度	数量/株
10	很少	<1000
6	尚多	1000~5000
1	很多	>5000

（3）分布方式　指某植物种在自然界中的分布方式，分3个等级，在分布区域内呈孤立或星散状态分布，10分；在分布区域内以小块状分布为主，6分；在分布区域内有较大面积的成片分布，1分。

（4）药用价值　有些珍贵药材，一旦其特殊的药用价值被发现，即使分布范围再广、种群数量再大，也存在着被采尽挖绝的可能。因此，利用价值应该是评定濒临消失风险指数的最基本指标之一。由于药用植物是一种特殊的经济植物，相对于其他用途的物种更容易受到破坏而导致濒危灭绝（汪年鹤等，1992）。《中国药典》、《中药志》收载的常用种类、具特殊药用价值，并且在市场上具有广泛贸易，10分；各地市场进行贸易的常见种类，已形成商品的民间草药，6分；无药用价值，1分。

（5）其他价值　其他价值也主要指直接使用价值，包括观赏、绿化、用材、食用、工业原料和其他用途。分值设置为：具有重要观赏植物、重要的食用野果或野菜、重要工业原料或其他重要原料植物中1项以上价值，市场上有广泛贸易的植物，10分；只具有1种上述价值，市场上有少量贸易的植物，6分；有一定价值，但是市场上未见贸易的植物，1分。

根据北京山区植物生存的影响因子确定的植物濒临消失风险的指标和各指标量化分级评分结果，用下列公式计算各物种的濒临消失风险指数。

风险指数计算公式为：

$$I_{濒} = \sum_{i=1}^{5} X_i / \sum_{i=1}^{5} X_{\max_i}$$

式中，$I_{濒}$为濒临消失风险指数，i为各评定指标，X_i为第i个评定指标的得分值，

X_{max_i}为第 i 个评定指标最高得分值。

下面以无梗五加 *Acanthopanax sessiflorus* 为例，说明物种濒临消失风险指数的具体计算过程。首先根据各个评价指标赋值：

①无梗五加分布在蒲洼、慕田峪、喇叭沟门、松山、百花山、东灵山、雾灵山、云蒙山 8 个调查区，故根据北京地区的分布频度这一指标，无梗五加的得分为 6 分。

②根据调查区发现无梗五加的数量，估计北京山区分布数量很少，故北京地区分布多度这一指标，无梗五加的得分为 10 分。

③调查发现无梗五加在分布区域内呈孤立或星散状态分布，多与刺五加混生，没有发现大面积的分布，故分布方式这一指标，无梗五加的得分为 10 分。

④从药用价值来讲，无梗五加具有较高的药用价值，药典、药志中有收录，故该项得分为 10。

⑤除药用价值外，无梗五加还可以制肥皂，种子可以榨油，可以做药酒等多项价值，故该项得分为 10 分。

最后根据濒临消失风险指数的计算公式计算得到无梗五加的风险指数为：

$$I_{濒} = (6+10+10+10+10)/50 = 0.92$$

3.1.2 植物濒临消失风险的评定结果

根据对北京山区植物濒临消失风险指数计算结果，把植物濒临消失风险状况分为 4 个等级：极易消失种、容易消失种、可能消失种、安全种，见表 3－2。

（1）极易消失种　一般分布范围极狭窄，仅在 1～2 个调查区有分布，生长环境极为特殊，种群成熟个体数量估计少于 1000，具较高经济价值，自然繁殖较困难，受人为活动影响较多，数量仍在逐年减少，如刺楸，是北京新发现属（种），仅分布在云蒙山的桃源仙谷景区，种群成熟个体仅有 20 多株，受人为影响严重，具有较高的经济价值。

表 3－2　植物濒临消失风险统计表

风险等级	风险指数	种数	代表种
极易消失种	>0.90	7	刺楸、无梗五加、拐枣、北黄花菜、柘树、柽柳 *Tamarix chinensis*、罗布麻 *Apocynum venetum*
容易消失种	0.80～0.89	35	野大豆、刺五加、黄檗、类叶牡丹、北方沙参 *Adenophora borealis*、紫点杓兰、小花蜻蜓兰 *Tulotis ussuriensis*、青杄、勘察加鸟巢兰 *Neottia camtschatea*、刺五加等
可能消失种	0.70～0.79	75	野罂粟、五味子、楤木 *Aralia chinensis*、二叶兜被兰 *Neottianthe cucullata*、大花杓兰、小花火烧兰 *Epipactis helleborine*、沼兰 *Malaxis monophyllos* 等
安全种	<0.69	1048	草芍药、狗枣猕猴桃 *Actinidia kolomikta*、角盘兰、掌叶铁线蕨 *Adiantum pedatum*、沟酸浆 *Mimulus tenellus*、红柴胡 *Bupleurum scorzonerifolium*、水榆花楸 *Sorbus alnifolia*、山杏 *Prunus armeniaca* var. *ansu*、东北天南星 *Acorus amurense*、平榛 *Corylus heterophylla*、北柴胡 *Bupleurum chinense*、核桃楸、糠椴 *Tilia mandshurica*、黄精 *Polygonatum sibiricum* 等
总计		1165	

(2) 容易消失种　分布范围狭窄，一般仅在1~2个调查区有分布，生长环境特殊，个体数量估计少于5000个，分布零散，自然繁殖较困难，具较高的经济价值，目前受外界影响较多。

(3) 可能消失种　分布范围较狭窄，在3~8个调查区有分布，生长环境较特殊，成熟个体数量大于5000，自然繁殖较容易，具有一定的经济价值，受一定的人为影响。

(4) 安全种　分布范围宽，在8个以上调查区有分布，个体数量多，在5000以上，自然繁殖容易，多数利用价值较低。

此外，还有“未见种”和“未予评估种”。对于《北京植物志》（贺士元，1992）中有记载，但本次调查没有见到，尤其是依据该物种的生活史和资料记载的分布地点，在不同季节多次调查后仍未发现的种，但是由于是选点调查，不是拉网式普查，所以出现物种记录的遗漏在所难免，故在此将这些物种定为未见种。通过本次调查结果与《北京植物志》核对，发现58种在《北京植物志》中记载北京山区有野生分布，但本次调查没有发现，即认定为未见种，如三叉耳蕨 *Polystichum tripteron*、网眼瓦韦 *Lepisorus clathratus*、野漆树 *Toxicodendron succedaneum*、松下兰 *Hypopitys monotropa*、洼瓣花 *Lloydia serotina*、河北红门兰 *Orchis tschiliensis*、十子兰 *Habenaria sagittifera* 等。

未予评估种是指人工栽培的果树、药材、观赏等栽培植物，共调查到135种，主要有楸树 *Catalpa bungei*、花椒 *Zanthoxylum bungeanum*、银杏 *Ginkgo biloba*、北京杨 *Populus beijingensis*、华山松 *Pinus armandii*、桃 *Prunus persica*、苹果 *Malus pumila*。

3.2 植物优先保护级别的评定

3.2.1 遗传损失指数的计算

遗传损失指数是表示某一物种在遭到灭绝后，对生物多样性可能产生的遗传基因损失程度，即受威胁植物种潜在遗传价值的定量评价。选用种型情况、种质资源和遗传育种价值、古老残遗情况3个指标计算遗传损失指数。各评价指标量化分级如下：

(1) 种型情况　根据受威胁植物所在属含种的数量评分：植物种所在属仅含1种，10分，如透骨草属的透骨草 *Phryma leptostachya* var. *asiatica*，刺楸属的刺楸等；植物种所在属含2~4种，6分，如鸭跖草属的竹叶子 *Streptolirion volubile*，天南星属 *Aisaema* 的东北南星 *Acorus amurense* 和一把伞南星 *Acorus erubescens* 等；植物种所在属含5种以上的，1分，如隐子草属的北京隐子草 *Cleistogenes hancei*、糙隐子草 *Cleistogenes squarrosa*、丛生隐子草 *Cleistogenes caespitosa*、多叶隐子草 *Cleistogenes polyphylla*、中华隐子草 *Cleistogenes chinensis* 等。

(2) 种质资源和遗传育种价值　根据国家重点保护植物以及重要栽培植物的野生近缘种的价值大小评分：国家重点保护的野生植物物种，包括《中国植物红皮书》(1991) 和国务院颁布的《国家重点保护野生植物名录》(1999年) 中包括的所有植物，10分，如黄檗、野大豆；重要栽培植物的同属的野生种，6分，如桃的同属的野生植物种山桃 *Prunus davidiana*；其他物种，1分。

(3) 古老残遗情况　古老残遗情况是指经过巨大地史变化而保留下来的古老植物区系的孑遗种所发生的地质年代远近。评分级别划分为：第三纪及以前的古老孑遗种，

10分；第四纪孑遗种，6分；其他，1分。

（4）特有情况　北京特有种，10分；华北特有种6分；其他物种，1分。

根据各物种以上指标的得分情况，应用下列公式计算其遗传损失指数。

$$I_{遗} = \sum_{i=1}^{4} X_i / \sum_{i=1}^{4} X_{\max_i}$$

式中，$I_{遗}$ 为遗传损失指数，X_i 为某物种第 i 个指标中的分值，$X_{\max_i}$ 为第 i 个指标的最高分值。

3.2.2　优先保护指数的计算

优先保护指数不仅从物种濒临消失风险的大小进行确定，而且对于一些具有较高利用价值或珍贵遗传价值的物种也考虑了其遗传价值。因此，我们根据物种的优先保护指数来确定北京山区植物优先保护级别。

优先保护指数（$I_{优}$）的计算公式如下：

$$I_{优} = 0.7 I_{濒} + 0.3 I_{遗}$$

式中，$I_{濒}$ 为濒临消失风险指数，$I_{遗}$ 为遗传损失指数，0.7与0.3为 $I_{濒}$ 与 $I_{遗}$ 的权重系数，这也是两个经验值。

3.2.3　优先保护级别的评定结果

通过对所调查植物进行优先保护指数的计算，根据优先保护指数的分布情况，把植物的保护级别分为二级，表3－3，优先保护植物名录见表3－4。

表3－3　北京山区植物优先保护级别统计表

保护级别	优先保护指数	物种数量	代表植物
一级保护种	≥0.6	48	刺楸、无梗五加、北黄花菜、文冠果、黄檗、野大豆、刺五加、类叶牡丹、青檀、野罂粟、小花蜻蜓兰、大花银莲花、麻核桃
二级保护种	0.5～0.59	103	小花火烧兰、草麻黄 *Ephedra sinica*、刺梨 *Ribes burejense*、河北大黄 *Rheum franzenbachii*、小丛红景天 *Rhodiola dumulosa*、党参 *Codonopsis pilosula*、有斑百合 *Lilium concolor* var. *pulchellum*
非保护种	<0.5	1014	油松、水榆花楸、蒙古栎、小红菊、北京隐子草、尼泊尔蓼、东北天南星、北柴胡、平榛
总　计		1165	

从保护级别的确定结果可以看出，一级保护植物主要包括极易消失种及部分容易消失种和可能消失种，二级保护植物包括大部分的容易消失种和可能消失种，非保护种为安全种。需要说明的是，非保护种中还包括这样一类植物种，这类植物在濒临消失风险评价中属于北京市的极易消失种或者是容易消失种，但是从全国范围看，这类植物的分布范围很广，分布数量也很多；北京市域范围内分布稀少是因为北京市并非这类植物的分布区，亦或是这类植物分布区的边缘，如罗布麻、柽柳、拐枣等植物就属于这种情

况，这类植物尽管在北京市域范围内属于极易消失种，但在划分保护级别时一并划归为了非保护种。

评价结果显示，一级保护物种包括国家重点保护野生植物物种，如野大豆、黄檗；也包括《中国植物红皮书》（傅立国，1992）收录的青檀、刺五加。

在《中国植物红皮书》（傅立国，1992）收录的植物名录中还有穿山龙 *Dioscorea nipponica* 和核桃楸，由于穿山龙在北京山区分布范围很广，成熟个体数也比较多，虽然都有较高利用价值，经常被大规模采挖，面临严重威胁，但在北京市目前仍没有消失的可能，其风险指数为 0.56，属于安全种，优先保护指数 0.42，所以列为非保护种，只要严格控制人为破坏，就可达到保护目的；核桃楸出现在 13 个调查区，并成片分布，已经成为较为常见的群落类型，其风险指数为 0.28，属于安全种，优先保护指数 0.36，被列为非保护种。

兰科的部分种，在北京分布范围较广，数量较多。由于其直接利用价值不大，都处于较为安全的状态，故评定为二级保护植物。

3.3　保护措施与建议

根据调查结果，经过科学评价，初步确定了北京市的保护物种，使保护工作有的放矢，增加了保护工作的科学性，提高了保护的有效性。具体保护措施如下：

①对于一级保护植物，应严禁利用，实施严格保护。特级保护物种数量稀少，如黄檗、刺楸等数量很少，而且一些物种分布于风景区，如刺楸分布于桃园仙谷风景区，抗人为干扰能力极差，且部分一级保护植物有较高的使用价值，如黄檗具有较高的药用价值，调查时发现有人扒皮挖根，野大豆被发现用于牲口饲料。因此，对野生种群要严格保护，严禁利用野生植物种群，除了建立自然保护小区，进行严格的就地保护外，对于零星分布的单株还应设置围栏加以保护。此外，还需采取人工扩繁措施，如实施苗圃育苗、林地栽培、迁地保护等人工扩繁措施，建立人工种群，以确保该种的安全存活，不至于在本地区消失。

②对于二级保护植物，限制利用野生种群。二级保护植物在北京市的储量相对较大，可进行适度的开发利用，但过渡的商业开发利用也容易导致其走向濒危和灭绝，因此应加强管理，控制其开采利用野生种群的强度，对物种资源的利用应当建立在人工资源培育的基础上。

③非保护种植物，在北京山区分布较多，一般不需过多关注。

④对一级保护种，有株数较多且集中分布的地方，原有生境与森林群落难以恢复时，则应对这些种分布的地方尽快建立自然保护小区。

⑤对天然林面积大，森林类型多，破坏轻，一级、二级保护植物多的地区，应尽快建立自然保护区或者加强自然保护区的管理。

表 3－4 优先保护植物名录

序号	种 名	学 名	保护级别	
	木贼科	**Equisetaceae**		
1	木贼	*Equiaetum hiemale*		二级
	蕨科	**Pteridiaceae**		
2	蕨	*Pteridium aquilinum* var. *latiusculum*		二级
	中国蕨科	**Sinopteridaceae**		
3	小叶中国蕨	*Sinopteris albofusca*		二级
	球子蕨科	**Onocleaceae**		
4	球子蕨	*Onoclea interrupta*		二级
	槐叶苹科	**Salviniaceae**		
5	槐叶苹	*Salvinia natans*		二级
	松科	**Pinaceae**		
6	臭冷杉	*Abies nephrolepis*	一级	
7	青杄	*Picea wilsonii*		二级
	麻黄科	**Ephedraceae**		
8	草麻黄	*Ephedra sinica*		二级
9	木贼麻黄	*Ephedra equisetina*	一级	
	杨柳科	**Salicaceae**		
10	沙柳	*Salix cheilophila*		二级
11	皂柳	*Salix wallichiana*		二级
12	辽杨	*Populus maximowiczii*	一级	
	胡桃科	**Juglandaceae**		
13	枫杨	*Pterocarya stenoptera*		二级
14	麻核桃	*Juglans hopeiensis*	一级	
15	野核桃	*Juglans cathayensis*		二级
	桦木科	**Betulaceae**		
16	红桦	*Betula albo－sinensis*		二级
	壳斗科	**Fagaceae**		
17	粗齿蒙古栎	*Quercus mongolica* var. *grosseserrata*	一级	二级
18	麻栎	*Quercus acutissima*		二级
	榆科	**Ulmaceae**		
19	青檀	*Pteroceltis tatarinowii*	一级	
	桑科	**Moraceae**		
20	华忽布	*Humulus lupulus* var. *cordifolius*		二级
21	山桑	*Morus mongolica* var. *diabolica*	一级	
22	水蛇麻	*Fatoua villosa*		二级
23	柘树	*Cudrania tricuspidata*	一级	
	荨麻科	**Urticaceae**		
24	麻叶荨麻	*Urtica cannabina*	一级	
25	赤麻	*Boehmeria silvestris*		二级
	桑寄生科	**Loranthaceae**		
26	槲寄生	*Viscum coloratum*		二级
	蓼科	**Polygonaceae**		
27	掌叶大黄	*Rheum palmatum*		
28	习见蓼	*Polygonum plebeium*		二级
29	翼蓼	*Pteroxygonum giraldii*		二级
	苋科	**Amaranthaceae**		
30	喜旱蓬子草	*Alternanthera philoxeroides*		二级
	商陆科	**Phytolaccaceae**		
31	商陆	*Phytolacca acinosa*		二级
	石竹科	**Caryophyllaceae**		
32	狗筋蔓	*Cucubalus baccifer*		二级
	毛茛科	**Ranunculaceae**		
33	细叶白头翁	*Pulsatilla turczaninowii*		二级
34	翼北翠雀花	*Delpinium siwanense*		二级
35	飞燕草	*Consolida ajacis*		二级
36	金莲花	*Trollius chinensis*		二级
37	单穗升麻	*Cimicifuga simplex*		二级
38	大花银莲花	*Anemone silvestris*	一级	
	小檗科	**Berberidaceae**		
39	类叶牡丹	*Caulophyllum robustum*	一级	
40	掌刺小檗	*Berberis koreana*		二级
	罂粟科	**Papaveraceae**		
41	野罂粟	*Papaver nudicaule* var. *chinense*	一级	
42	狭裂齿瓣延胡索	*Corydalis remota* var. *lineariloba*		
	十字花科	**Cruciferae**		
43	豆瓣菜	*Nasturtium officinale*		二级

（续）

序号	种　名	学　名	保护级别
	芸香科	**Rutaceae**	
44	遏蓝菜	*Thlaspi arvense*	二级
45	葶菜	*Rorippa indica*	二级
	景天科	**Crassulaceae**	
46	北景天	*Sedum kamtchaticum*	一级
47	垂盆草	*Sedum sarmentosum*	二级
	虎耳草科	**Saxifragaceae**	
48	刺梨	*Ribes burejense*	二级
49	小叶茶藨子	*Ribes pulchellum*	二级
	蔷薇科	**Rosaceae**	
50	稠李	*Prunus padus*	二级
51	毛叶稠李	*Prunus padus* var. *pubescens*	二级
52	毛叶欧李	*Prunus dictyoneura*	二级
53	毛樱桃	*Prunus tomentosa*	一级
54	樱花	*Prunus serrulata*	二级
55	腺果大叶蔷薇	*Rosa acicularis* var. *glandulosa*	二级
56	甘肃山楂	*Crataegus kansuensis*	二级
	豆科	**Leguminosae**	
57	山绿豆	*Phaseolus minimus*	二级
58	细齿草木犀	*Melilotus dentatus*	二级
59	野大豆	*Glycine soja*	一级
60	野苜蓿	*Medicago falcata*	二级
	亚麻科	**Linaceae**	
61	亚麻	*Linum usitatissimum*	一级
62	白鲜	*Dictamnus dasycarpus*	二级
63	崖椒	*Zanthoxylum Schinifolium*	一级
64	黄檗	*Phellodendron amurense*	一级
	漆树科	**Anacardiaceae**	
65	黄连木	*Pistacia chinensis*	一级
66	漆树	*Toxicodendron vernicifluum*	二级
	省沽油科	**Staphyleaceae**	
67	省沽油	*Staphylea bumalda*	一级
68	文冠果	*Xanthoceras sorbifolia*	一级
	葡萄科	**Vitaceae**	
69	华北葡萄	*Vitis bryoniifolia*	二级
70	桑叶葡萄	*Vitis ficifolia*	二级
	五加科	**Araliaceae**	
71	刺楸	*Kalopannax septemlobum*	一级
72	楤木	*Aralia chinensis*	二级
73	东北土当归	*Aralia continentalis*	一级
74	辽东楤木	*Aralia elata*	二级
75	刺五加	*Acanthopanax senticosus*	一级
76	无梗五加	*Acanthopanax sessiliflorus*	一级
	伞形科	**Umbelliferae**	
77	百花山柴胡	*Bupleurum chinense* f. *octoradiatum*	二级
78	峨参	*Anthriscus sylvestris*	二级
79	蛇床	*Cnidium monnieri*	二级
	山茱萸科	**Cornaceae**	
80	毛梾木	*Cornus walteri*	二级
	鹿蹄草科	**Pyrolaceae**	
81	红花鹿蹄草	*Pyrola incarnata*	一级
82	鹿蹄草	*Pyrola calliantha*	二级
	报春花科	**Primulaceae**	
83	七瓣莲	*Trientalis europaea*	二级
84	黄连花	*Lysimachia davurica*	二级
	蓝雪科	**Plumbaginaceae**	
85	二色补血草	*Limnium bicolor*	二级
	柿树科	**Ebenaceae**	
86	黑枣	*Diospyros lotus*	一级
	木兰科	**Magnoliaceae**	
87	五味子	*Schisandra chinensis*	二级
	木犀科	**Oleaceae**	
88	白蜡树	*Fraxinus chinensis*	二级
89	连翘	*Forsythia suspensa*	二级
	龙胆科	**Gentianaceae**	
90	当药	*Swertia diluta*	二级
	紫草科	**Boraginaceae**	

（续）

序号	种　名	学　名	保护级别
91	砂引草	*Messerschmidia rosmarinifolia*	一级
92	紫筒草	Stenosolenium saxtile	一级
	马鞭草科	**Verbenaceae**	
93	白花荆条	*Vitex negundo* var. *heterophylla* f. *albiflora*	二级
94	三花莸	*Caryopteris terniflora*	二级
	唇形科	**Labiataceae**	
95	地椒	*Thymus mogolicus*	一级
96	大叶糙苏	*Phlomis maximowiczii*	二级
97	尖叶糙苏	*Phlomis dentosa*	二级
98	白花黄芩	*Scutellaria baicalensis* f. *albiflora*	一级
99	活血丹	*Glechoma longituba*	一级
100	白花木本香薷	*Elsholtzia stauntoni* f. *albiflora*	二级
101	兴安益母草	*Leonurus tataricus*	二级
	茄科	**Solanaceae**	
102	枸杞	*Lycium chinense*	一级
103	泡囊草	*Physochlaina physaloides*	一级
104	小酸浆	*Physalis minima*	二级
105	天仙子	*Hyoscyamus niger*	二级
	列当科	**Orobanchaceae**	
106	黄花列当	*Orobanche pycnostchya*	二级
	忍冬科	**Caprifoliaceae**	
107	鸡树条荚蒾	*Viburnum sargentii*	二级
108	陕西荚蒾	*Viburnum shensianum*	二级
109	无梗接骨木	*Sambucus sueboldana*	二级
110	长梗金花忍冬	*Lonicera chrysantha* var. *longipes*	二级
111	丁香叶忍冬	*Lonicera oblata*	二级
112	华北忍冬	*Lonicera tatarinowii*	二级
	川续断科	**Dipsacaceae**	
113	白花华北蓝盆花	*Scabiosa tschiliensis* f. *albiflora*	二级
	葫芦科	**Cucurbilaceae**	
114	土贝母	*Bolbostemma paniculatum*	一级
	桔梗科	**Campanulaceae**	
115	党参	*Codonopsis pilosula*	二级
116	北方沙参	*Adenophora borealis*	一级
117	齿叶紫沙参	*Adenophora paniculata* var. *dentate*	一级
118	雾灵沙参	*Adenophora wulingshanica*	一级
119	杏叶沙参	*Adenophora trachelioides*	二级
	菊科	**Compositae**	
120	金盏银盘	*Bidens biternata*	二级
121	绒背蓟	*Cirsium vlassovianum*	二级
122	款冬	*Tussilago farfara*	一级
123	鳢肠	*Eclipta prostrata*	二级
124	钟霍麻花头	*Serratula cupuliformis*	二级
125	白花蒲公英	*Taraxacum pseudo－albidu*	二级
126	白缘蒲公英	*Taraxacum platypecidum*	一级
127	异鳞蒲公英	*Taraxacum heterolepis*	一级
128	蝟菊	*Takeikadzuckia lomonossowii*	二级
129	一枝黄花	*Solidago virgaurea* var. *dahuica*	一级
	水鳖科	**Hydrocharitaceae**	
130	黑藻	*Hydrilla verticillata*	二级
131	苦草	*Vallisneria asiatica*	二级
	禾本科	**Gramineae**	
132	茭笋	*Zizania latifolia*	二级
133	赖草	*Leymus secalinum*	二级
134	芒	*Miscanthus sinensis*	二级
135	四花苔草	*Carex quadriflora*	二级
	天南星科	**Araceae**	
136	菖蒲	*Acorus calamus*	二级
	百合科	**Liliaceae**	
137	有斑百合	*Lilium concolor*. var. *pulchellum*	二级
138	碱韭	*Allium polyrhizum*	二级

（续）

序号	种　名	学　名	保护级别		序号	种　名	学　名	保护级别	
139	密花小根蒜	*Allium macrostemon* var. *uratensete*		二级	145	小花火烧兰	*Epipactis helleborine*		二级
140	砂韭	*Allium bidentatum*		二级	146	勘察加鸟巢兰	*Neottia camtschatea*	一级	
141	北黄花菜	*Hemerocallis lilioaspho - delus*	一级		147	小花蜻蜓兰	*Tulotis ussuriensis*	一级	
					148	二叶舌唇兰	*Platanthera chlorantha*		二级
	兰科	**Orchidaceae**			149	手参	*Gymnadenia conopsea*	一级	
142	大花杓兰	*Cypripedium macronthum*		二级	150	羊耳蒜	*Liparis japonica*	一级	
143	紫点杓兰	*Cypripedium guttatum*	一级		151	沼兰	*Malaxis monophyllo*		二级
144	二叶兜被兰	*Neottianthe cucullata*		二级					

第4章 植物物种多样性分布规律

物种的分布总是受到外界环境的影响，且随着环境的改变而改变，外界环境包括围绕着植物的一切无机界的和有机界的因素，主要是温度、光照、水、大气、土壤条件、采伐、竞争、捕食与被捕食等。不同植物对环境影响的反映敏感度不同，这里从植物物种丰富度、多样性等方面探讨了北京山区植物物种随主要环境因子（自然因素）变化的分布规律。最后分析了北京市范围内不同调查区之间植物物种的差异性。

4.1 植物物种多样性随主要环境因子的变化

4.1.1 物种多样性随海拔梯度的变化

植物多样性沿环境梯度的变化趋势是生物多样性研究的一个重要议题，而海拔梯度包含了多种环境因子的梯度效应，因此研究生物多样性的海拔梯度格局对于揭示生物多样性的环境梯度变化规律具有重要意义（唐志尧，2004）。这里从 α 多样性和 β 多样性两个方面分析了植物物种多样性沿海拔梯度的分布格局及其成因。

4.1.1.1 海拔梯度对植物 α 多样性的影响

（1）*物种多样性随海拔梯度的变化* 对所调查的1000多块样地按照海拔梯度分段统计，从海拔0m开始，至调查样地分布的最高海拔2200m结束，每100m设为一段，共设置21段，统计每个海拔段内样地数及样地内物种数，计算样地内物种数的平均值，平均的Margalef丰富度指数，Shannon - Wiener指数，Simpson指数。比较不同海拔段内不同群落层次内物种多样性的变化，结果如表4 - 1。

各指数的计算公式如下：

乔木重要值（IV）=（相对密度 + 相对高度 + 相对胸高断面积）/3 （4 - 1）

灌木和草本重要值（IV）=（相对密度 + 相对频度 + 相对盖度）/3 （4 - 2）

Shannon - Wiener指数（H'）：

$$H' = -\sum_{i=1}^{s} P_i \cdot \log_2 P_i \tag{4-3}$$

Simpson指数（D）：

$$D = 1 - \sum_{i=1}^{s} (P_i)^2 \tag{4-4}$$

Margalef丰富度指数（R_m）：

$$R_m = \frac{s-1}{\ln N} \tag{4-5}$$

式中，P_i 为物种 i 的重要值比例，s 为物种数，N 为物种总的个体数。

表4-1 物种多样性随海拔变化

海拔范围（m）	样地总数	乔木样地数	灌木样地数	平均物种数	H'	D	R_m
<100	1	0	1	24.00	5.44	1.59	4.33
100~200	14	5	9	36.21	6.46	1.74	6.66
200~300	22	13	9	31.68	5.98	1.63	6.26
300~400	52	31	21	35.02	6.25	1.68	6.48
400~500	127	76	51	33.86	6.34	1.76	6.49
500~600	83	36	47	33.27	6.28	1.74	6.34
600~700	121	55	66	34.63	6.41	1.75	6.60
700~800	140	88	53	36.58	6.60	1.82	6.80
800~900	141	105	37	36.74	6.72	1.84	7.25
900~1000	172	148	24	35.81	7.28	2.02	7.91
1000~1100	84	71	13	34.01	6.93	1.96	7.33
1100~1200	86	77	9	35.24	6.90	1.94	7.34
1200~1300	58	55	3	38.03	7.44	2.09	9.44
1300~1400	16	16	0	35.69	7.17	1.98	7.29
1400~1500	18	17	1	33.94	7.02	2.00	7.71
1500~1600	17	14	3	36.43	6.73	1.91	7.07
1600~1700	5	5	0	38.13	6.53	1.75	7.04
1700~1800	11	11	0	44.46	5.77	1.60	6.35
1800~1900	3	3	0	37.33	6.65	1.94	6.90
1900~2000	1	1	0	36.00	6.35	1.77	5.37

各海拔段内样地的平均物种数差别不大，大部分海拔段内样地物种数在35种左右。但是也存在一些较小的差异，主要表现为海拔100~700m以下，样地物种丰富度一般低于35种，平均物种数为34.11种，700m以上样地内平均物种数为35种以上。Margalef丰富度指数的变化可以很明显地划分为3段，海拔800m以下，Margalef丰富度指数小于7；800~1700m的范围内，Margalef丰富度指数大于7；1700m以上，Margalef丰富度指数又小于7。Shannon-Wiener指数和Simpson指数的变化趋势基本上与Margalef丰富度指数相同，在海拔700~1600m的范围内两者指数的值均达到了较高的水平，海拔700m以下，1600m以上的范围内，两个多样性指数的值均比较低。

为了能够更好地比较不同海拔与物种多样性的关系，对2000m以下所有样地的平均Margalef丰富度指数、Shannon-Wiener指数、Simpson指数生成折线图，见图4-1。

结果表明北京市在海拔2000m以下，样地物种多样性指数和丰富度指数均在海拔梯度上呈抛物线形的分布状况。Margalef丰富度指数和Shannon-Wiener指数随海拔梯度的变化较为明显，呈现一个较为平缓的抛物线形，其中海拔1300~1500m为物种多样性变化曲线的最高峰，抛物线由此向两侧逐渐降低。Simpson指数随海拔梯度的变化较小，抛物线形不明显。

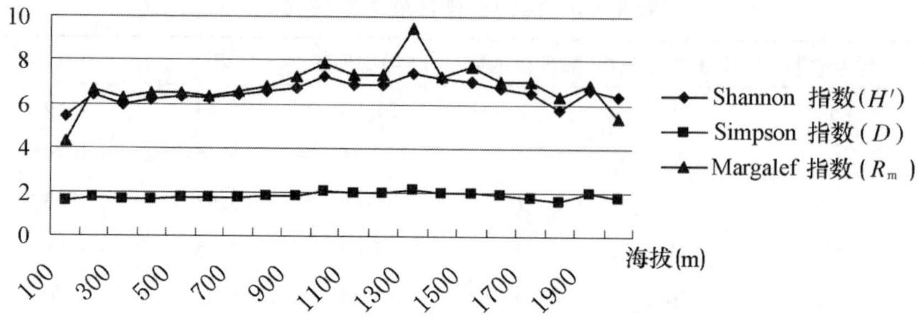

图 4-1 植物物种多样性指数沿海拔梯度的变化

表 4-2 森林群落内物种多样性沿海拔梯度的变化

海拔范围（m）	样地数	平均物种数	H'	D	R_m
100~200	5	56.60	9.47	2.36	12.18
200~300	13	31.00	6.51	1.80	7.38
300~400	31	36.03	6.65	1.78	7.18
400~500	76	36.82	6.93	1.90	7.56
500~600	36	39.81	7.20	1.97	7.77
600~700	55	37.38	7.31	2.00	7.64
700~800	88	39.89	7.36	2.01	7.74
800~900	105	38.65	7.25	1.98	8.02
900~1000	148	36.27	7.62	2.12	8.37
1000~1100	71	34.55	7.33	2.08	7.83
1100~1200	77	35.25	7.23	2.04	7.72
1200~1300	55	38.95	7.63	2.14	9.88
1300~1400	16	35.69	7.21	2.00	7.27
1400~1500	17	34.53	7.09	2.02	7.85
1500~1600	14	36.71	6.93	1.97	7.29
1600~1700	5	36.20	6.45	1.77	6.83
1700~1800	11	38.82	5.77	1.60	6.35
1800~1900	3	37.33	6.65	1.94	6.90
1900~2000	1	36.00	6.34	1.77	5.37

（2）*森林群落物种多样性随海拔的变化* 为了克服乔木样地和灌木样地因面积不同造成的物种数上的差异，对乔木样地和灌木样地分别进行了物种的 Margalef 丰富度指数，Shannon - Wiener 指数，Simpson 指数的统计，森林群落样地内物种数统计见表 4-2。

海拔 300m 以下的两个海拔段内的样地平均物种数分别为整个海拔梯度上的最高值和最低值，但与其他海拔段内的样地平均物种数有较大的差别。在海拔 100~200m 的范围内共调查 5 块样地，平均物种数是 56 种，在 5 块样地中有 3 块样地的调查地点是在慕田峪风景名胜区，另外2块是在十渡风景名胜区均为人工林，分别是旱柳林和加杨林，在海拔200～300m的范围内共调查13块样地，平均物种数是31种，这13块样地分布在喇叭沟门自然保护区、云蒙山自然保护区、十渡风景名胜区、妙峰山风景名胜区、慕田峪风景名胜区、潭戒寺风景名胜区6个地点。群落类型以青檀林、栓皮栎林、油松林为主，人为干扰强度较大。海拔300m以下人为活动强烈，对植物、植被影响较大，物种丰富度变化大，结构不稳定。

在海拔300m以上的各海拔段内，大部分在35种以上，40种以下，乔木样地内物种数与海拔梯度变化总体呈现一个抛物线型。只有在海拔1100～1200m和1400～1500m的海拔范围内，平均物种数稍低，分别为34.55种和34.53种，也接近于35种。总体上讲，森林群落的物种多样性在各个海拔段上高于同时考虑森林群落和灌木群落时的物种多样性，造成这个差值的原因应该是灌丛群落的物种多样性较低。

物种多样性指数和丰富度指数随海拔梯度的变化与综合考虑乔木样地和灌木样地时的变化趋势基本一致，如图4－2，各指数也是呈现出一个抛物线形，但与总体物种多样性随海拔梯度变化表现不同的是，抛物线最高峰的范围扩大，向低海拔方向延伸。高峰的海拔范围由综合考虑乔木样地和灌木样地时的700～800m的范围延伸至500～600m的海拔段。这说明在森林群落中物种的多样性变幅不是很大，森林群落内的物种丰富度相对差别不大。

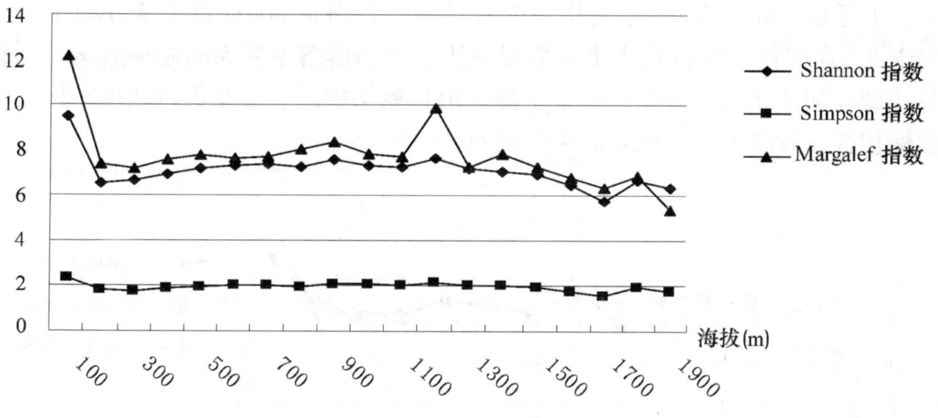

图4－2　森林群落物种多样性指数随海拔的变化

（3）灌丛群落的物种丰富度的变化　对北京山区所调查的344块灌木样地按照海拔梯度分别统计样地内物种数，计算样地内各多样性指数并求均值，结果见表4－3。

表4－3　灌丛群落样地内物种多样性沿海拔梯度的变化

海拔范围（m）	样地数	平均物种数	H'	D	R_m
100～200	9	24.89	5.44	1.58	4.33
200～300	9	32.67	5.26	1.50	4.45
300～400	21	33.52	5.57	1.49	5.42
400～500	51	29.45	5.69	1.54	5.51

（续）

海拔范围（m）	样地数	平均物种数	H'	D	R_m
500～600	47	28.26	5.46	1.54	4.90
600～700	66	32.33	5.39	1.51	4.94
700～800	53	31.15	5.68	1.54	5.76
800～900	37	31.00	5.22	1.47	5.10
900～1000	24	32.83	5.42	1.48	5.33
1000～1100	13	31.08	5.51	1.52	5.50
1100～1200	9	35.22	5.14	1.40	5.08
1200～1300	3	21.33	5.09	1.40	5.26
1400～1500	1	24.00	5.50	1.54	5.10
1500～1600	3	29.33	6.49	1.67	7.58

从调查样地的总体来看，灌木样地内平均物种数一般小于35种，比乔木样地内平均种数低一些，样地内平均物种数与海拔的相关性不大。除了海拔1500～1600m的3个灌木样地的物种多样性指数和丰富度指数较高外，其他海拔段的物种多样性指数和丰富度指数变化不大，如图4－3，Shannon－Wiener指数在5.5上下浮动，Simpson指数在1.5上下浮动，Margalef丰富度指数变幅较大，在海拔800m以上Margalef丰富度指数均大于5。在海拔1200m以上灌丛数量减少，灌丛群落主要为胡枝子灌丛、三裂绣线菊灌丛、刺五加灌丛，调查地点分布于雾灵山自然保护区、百花山自然保护区、喇叭沟门自然保护区、妙峰山自然风景区4个地点。

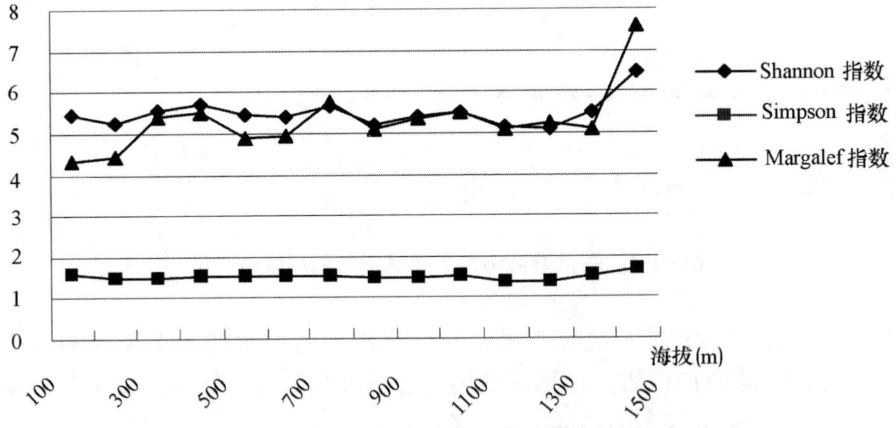

图4－3　灌丛样地的物种多样性指数沿海拔梯度的变化

4.1.1.2　海拔梯度对植物β多样性的影响

β多样性，即在一个梯度上从一个生境到另一个生境所发生的种的多样性变化速率和范围（张金屯，2004），不同群落或者某环境梯度上，不同点之间的共有种越少，β多样性就越大。计算β多样性可以指示生境被物种分隔的程度，可以用来比较不同地段的生境多样性（马克平，1994）。

为了统计的方便，从海拔100~1800m内，每100m设置为一个海拔段，共17个海拔段。在各海拔段内随机抽取10个样地，由于100m以下，1800m以上的各海拔段内调查样地数不够10个，故不再对其进行统计计算。对选取样地内的所有植物物种进行统计，以植物种的存在与否作为定性指标，以Whittaker指数和Wilson指数进行β多样性分析，以各物种的重要值为基础数据计算群落结构变异指数（*CSV*），计算结果见表4-4，并生成各β多样性指数的折线图，见图4-4，图4-5。

表4-4　海拔梯度上β多样性指数的变化

海拔范围(m)	β_{ws}	β	*CSV*	海拔范围(m)	β_{ws}	β	*CSV*
100~200	2.58	0.42	0.24	900~1000	3.16	0.40	0.12
200~300	3.35	0.44	0.18	1000~1100	3.54	0.39	0.11
300~400	3.32	0.37	0.11	1100~1200	3.86	0.44	0.12
400~500	2.69	0.44	0.23	1200~1300	3.64	0.48	0.31
500~600	2.68	0.40	0.20	1300~1400	3.31	0.41	0.17
600~700	2.45	0.49	0.26	1400~1500	3.00	0.38	0.14
700~800	2.44	0.51	0.24	1500~1600	3.01	0.44	0.15
800~900	2.97	0.47	0.14	1600~1700	3.38	0.53	0.19
900~1000				1700~1800			

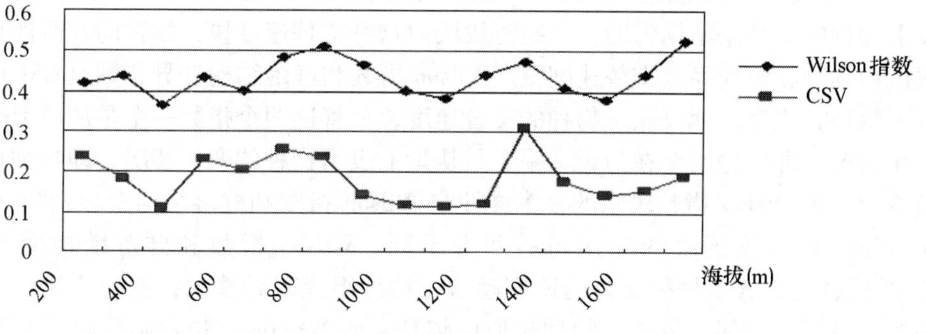

图4-4　基于Wilson指数和群落结构变异指数（CSV）的β多样性

各指数的计算公式如下：

Whittaker指数：

$$\beta_{ws} = S/A - 1 \quad (4-6)$$

式中，S为所研究系统中记录的物种总数，A为各样本或者样地的平均物种数。

Wilson指数：

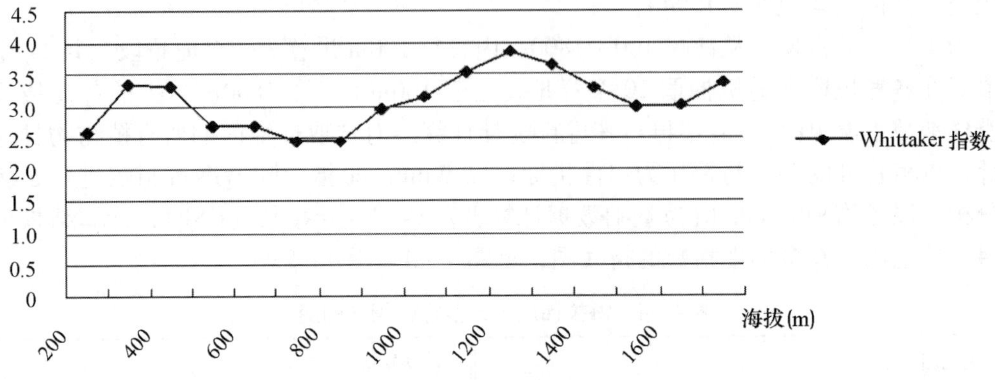

图 4-5　基于 Whittaker 指数的 β 多样性变化

$$\beta = (G+L)/2A \tag{4-7}$$

式中，G 为沿环境梯度增加的物种数，L 为沿环境梯度减少的物种数，A 为环境梯度上所发现物种的平均数。

群落结构变异指数（CSV）：

$$CSV = (I + O)/U \tag{4-8}$$

式中，I 为沿生境梯度增加物种的重要值，O 是沿生境梯度丢失物种的重要值，U 是两个相邻样地或者环境梯度上所有样地物种的重要值之和。

本研究中在每个海拔梯度上选择了 10 个样地，故 U 值为 6000，CSV 指数不但反映了物种数目的空间变异，而且揭示出变异物种在群落中地位和作用的变化。CSV 指数对群落 β 多样性的揭示定量化应更加准确。

β 多样性指数的折线图反映了物种在不同海拔段交替的速度，从图 4-4 和图 4-5 上可以看出，3 条 β 多样性指数折线均不是平滑的直线，而是具有波动性的。说明在海拔梯度上物种的交替是不均匀的，一些海拔段内物种交替速度快，物种的异质性高，一些海拔段内物种相似性高，交替速度慢。Wilson 指数和群落结构变异指数（CSV）的变化具有一致性，更直接地反映了物种的交替速度，尽管这两个指数一个是从质上表示物种的变化情况，即物种的存在与否，一个是从量上表示物种的变化情况，即物种重要值的增减变化。Whittaker 指数表示的 β 多样性与 Wilson 指数和群落结构变异指数（CSV）的表示方法不同，故折线的变化与后两者不同。Wilson 指数和群落结构变异指数（CSV）的值越高，表示物种交替的速度越快，物种组成差异性大；值越低表示物种交替的速度也越慢，相邻海拔段的物种相似性越高。而 Whittaker 指数则反映了在不同海拔段内物种多样性与整个海拔梯度范围内物种多样性的比较情况。

从图 4-4 上可以看出，Wilson 指数和群落结构变异指数（CSV）在海拔 700～900m 和 1300～1500m 的范围呈现出两个高峰，说明两个海拔范围内物种交替速度快，物种间的差异性大。Wilson 指数比群落结构变异指数（CSV）的变化更加平缓一些，说明在只考虑物种的存在与否时，夸大了一些重要值很低的物种的作用，而群落结构变异指数（CSV）能更准确地反映物种随海拔梯度的变化速度。海拔 800m 左右是物种交替的一个关键海拔线，从实际调查中，800m 以下的范围人为活动强烈，天然植被受破坏严重，以灌丛和受干扰严重的次生林为主，800m 以上，人为活动减小，伴人植物、人工栽培植物迅速减少，自然植被的破坏相对减轻，物种多样性增加。因此造成了此海拔段的物种变化速度较快。在海拔 1400m 左右也是物种交替速度较快的海拔段之一，海拔 1400 ~ 1500m 以上，由于海拔较高，温度明显下降，一些地带性植物物种已不能适应高海拔的生长环境，不再在高海拔的山地出现，如荆条、酸枣、苦菜 *Ixeris chinensis* 等，而适于较高海拔生长的植物种开始出现，并不断增加，如六道木、硕桦 *Betula costata*、紫苞风毛菊 *Saussurea iodostegia* 等都开始出现。这应该是造成此海拔段物种交替较快的重要原因。

4.1.2 物种多样性随坡向的变化

坡向是影响水、热、光分布的重要因素之一，根据实际调查的结果，将坡向分为东南、西北、东、南、西、北、东北、西南 8 个方向，每个方向各为 45°（图 4－6），分析不同坡向上样地内物种丰富度、多样性的大小及不同坡向上物种分布的相似性。

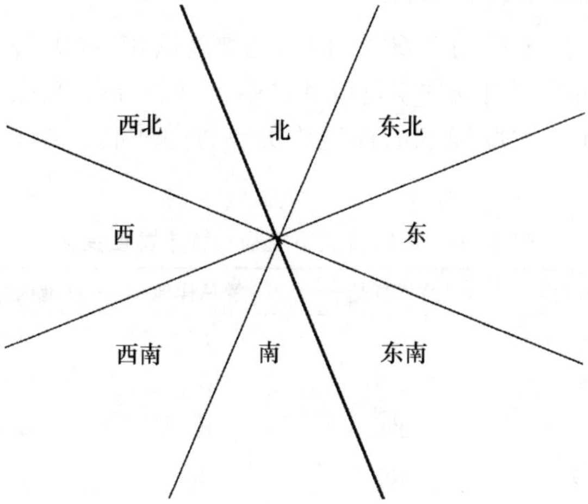

图 4－6 定义的坡向分布图

对调查的所有样地按照上述规定的 8 个坡向进行分类，统计各个坡向样地数和样地内的平均物种数及各多样性指数，结果见表 4－5。

表 4－5 物种多样性随坡向的变化

坡向	样地总数	乔木样地数	灌丛样地数	平均物种数	H'	D	R_m
东	132	77	55	35.22	6.77	1.86	7.23
南	162	74	88	34.14	6.37	1.77	6.56
西	124	84	40	33.73	6.62	1.86	7.10
北	249	196	53	36.22	7.06	1.94	7.73
西北	176	149	27	36.63	6.93	1.92	7.36
西南	78	48	30	35.84	6.48	1.78	7.03
东南	101	47	54	32.58	6.11	1.70	6.33
东北	120	98	22	35.33	6.97	1.93	7.31

从样地内物种数的平均值来看，北坡和西北坡方向上物种较为丰富，平均值在 36 种以上，其次是东北、东和西南方向，平均值在 35 种以上，东南方向上的样地内物种数最少为 32.58 种。样地内物种数最多的方向不是正北方向，而是西北方向，物种数最少的不是正南方向，而是东南方向。从多样性指数上看，各指数的变化不是很大，但是有一定的规律，即阴坡、半阴坡的物种多样性指数都略高于阳坡或者半阳坡的物种多样性指数。各多样性指数均以北坡最高，Shannon - Wiener 指数（H'）为 7.06，Simpson 指数（D）为 1.94，Margalef 丰富度指数（R_m）为 7.73，东南方向上各多样性指数均最低，依次为 6.11、1.70、6.33。

西北方向既有阴坡所应有的水分和土壤，又有阳坡所接受的光照，适合更多的物种生长，所以物种丰富。东南方向光照强烈，而处于阳坡位置，水分和土壤条件差，抑制了许多物种的生长、生存，因此物种较少。

4.1.3 物种多样性随坡度的变化

所有调查样地的坡度范围均在 60°以内，把坡度从 0° ~60°每 10°划分为一级共划分为 6 个级别，分析不同级别内物种丰富度和群落类型的分布情况。

对所有分布于这 6 个坡度级别的样地内的物种数进行了统计，求均值，结果见表 4 -6。

表 4 -6 不同坡度下植物物种丰富度变化

坡度（°）	样地数	乔木样地	灌丛样地	样地内物种变幅	平均物种数
0 ~ 10	152	98	54	11 ~ 82	35.77
10 ~ 20	400	259	141	10 ~ 65	35.52
20 ~ 30	376	275	101	6 ~ 70	35.28
30 ~ 40	157	109	48	12 ~ 76	33.69
40 ~ 50	31	19	12	21 ~ 54	33.29
50 ~ 60	5	4	1	23 ~ 42	33.00

通过统计表可以看出，随着坡度的增加，样地内平均物种数逐渐下降，坡度在 30°以下时，样地内平均物种数在 35 种以上；0° ~30°时，平均物种数变化不大，变化范围没有超过 1 种；坡度大于 30°小于 60°时样地内平均物种数为 33 种左右，变化范围也不超过 1 种。但是在 20° ~30°与 30° ~40°这两档之间，平均物种数差别较大，变化范围为 1.5 种。从样地内物种的变幅来看，以 0° ~10°范围内物种丰富度变化最大，为 71 种，随着坡度的增加，样地内物种数的变化范围逐渐减小，50° ~60°的范围内样地内物种数变幅为 19 种，对样地内平均物种数和样地内物种数变幅与坡度进行相关分析结果见表 4 -7。由此可见，坡度与物种数以及样地内物种数的变幅均存在负的相关性，而且与样地内物种平均数达到了极显著相关的水平，与样地内物种数的变幅也达到了显著相关的水平。样地内物种数与样地内物种变幅之间存在正的显著相关性。

表 4-7 坡度与样地内物种变幅和物种数的相关系数

	坡度	平均物种数	样地内物种变幅
坡度	1		
平均物种数	-0.960**	1	
样地内物种变幅	-0.915*	0.879*	1

注：* 差异显著；** 差异极显著

物种数随坡度的变化说明了环境条件的优劣影响着物种丰富度的变化，坡度越小，水、土、肥等越不容易流失，更适合多种物种的生存，因此坡度较小的地域物种较为丰富。物种数变幅在一定程度上反映了干扰的强度大小，坡度较小的地域，人们容易到达，人为干扰强烈。因此，人为干扰影响较为严重的地区，物种丰富度就低，人为活动影响较小的地域，物种丰富度则受环境影响较大，表现为更适合多种物种的生存，物种丰富度高，因此在坡度较小的地域，物种丰富度变幅较大。坡度大的地域，人为活动影响较小，但同时环境条件也相对较为恶劣，能承载的物种数不多，由于受人为干扰小，因此物种丰富度的变幅也小。因此可以认为坡度在30°以内，坡度越小，样地内物种数越多。在进行物种丰富度高的群落类型选择时，应从坡度小于30°的范围内选择。

4.2 植物物种分布的区域相似性和异质性

13个调查区处于同一个大的生物地理区域，但又分别位于太行山和燕山两个山脉，物种分布既有相似性，同时也存在着差异性。

4.2.1 相似性分析

13个调查区之间的植物物种有很多相似之处。这里以实地调查到的野生维管植物为依据，对不同调查区之间的共有植物物种统计结果见表4-8。

表 4-8 各调查区之间共有种统计表

	喇叭沟门	松山	百花山	东灵山	雾灵山	云蒙山	云峰山	十渡	潭戒寺	慕田峪	妙峰山	石花洞	蒲洼
喇叭沟门	617												
松　山	500	757											
百花山	463	530	684										
东灵山	482	498	594	639									
雾灵山	446	454	469	444	594								
云蒙山	386	417	441	421	399	505							
云峰山	263	280	302	291	272	282	320						
十　渡	314	349	353	341	324	333	248	457					
潭戒寺	189	209	206	198	191	197	159	207	253				
慕田峪	386	426	411	391	378	385	262	347	206	541			
妙峰山	341	392	380	354	339	352	251	328	223	359	491		
石花洞	236	259	276	264	241	269	201	236	153	248	248	300	
蒲　洼	370	402	415	398	387	369	262	331	201	349	342	249	509

运用相似性系数测度群落或生境间的相似程度是植物群落研究常用的手段，常见的相似性系数是早期提出的Jaccard指数和Sorenson指数：

Jaccard指数：

$$C_j = j/(a + b - j) \tag{4-9}$$

Sorenson指数：

$$C_s = 2j/(a + b) \tag{4-10}$$

式中，j为两个群落或样地共有种数；a和b分别为调查区A和调查区B的物种数。

本次计算选取Sorenson指数计算公式计算，结果见表4-9：

表4-9 13个调查区间野生植物物种相似系数统计表

	喇叭沟门	松 山	百花山	东灵山	雾灵山	云蒙山	云峰山	十 渡	潭戒寺	慕田峪	妙峰山	石花洞	蒲 洼
喇叭沟门	1												
松 山	0.728	1											
百花山	0.712	0.736	1										
东灵山	0.768	0.713	0.899	1									
雾灵山	0.737	0.672	0.734	0.720	1								
云蒙山	0.688	0.661	0.742	0.736	0.726	1							
云峰山	0.561	0.519	0.602	0.606	0.595	0.683	1						
十 渡	0.585	0.575	0.619	0.622	0.617	0.692	0.638	1					
潭戒寺	0.434	0.414	0.440	0.444	0.451	0.520	0.554	0.583	1				
慕田峪	0.667	0.656	0.671	0.663	0.666	0.736	0.608	0.695	0.519	1			
妙峰山	0.616	0.628	0.647	0.627	0.625	0.707	0.618	0.692	0.599	0.696	1		
石花洞	0.515	0.490	0.562	0.562	0.539	0.668	0.647	0.624	0.553	0.590	0.627	1	
蒲 洼	0.657	0.635	0.696	0.693	0.702	0.728	0.631	0.685	0.528	0.665	0.684	0.613	1

①东灵山、百花山物种相似性最高，相似系数为0.899，两区同属于太行山余脉，距离近，土壤、水分、地形、地貌相近。

②云蒙山与其他12个区的综合相似性最高，相似系数平均值可达0.65，最低也有0.520，说明云蒙山在北京山区的特殊性，是北京山区植物种的富集区。

③潭戒寺与其他12个区的综合相似性最低，相似系数平均值仅为0.503，最低值0.414，主要是因为潭戒寺植物种类较少，为所调查13个区中最少的，只有253种，因为该区地处山区与平原交界处，最高海拔只有600多米，植被类型十分单一，此处应加强保护，尽快恢复植被、物种多样性。潭戒寺与妙峰山相似性最大，相似系数为0.599，说明其物种相似性高，同属于平原山区交界处，地质土壤水分条件相近，距离近。

④除去物种数极少的潭戒寺、石花洞两个区以外，其他各区之间相似系数都比较高，这也说明了各分区同处于一个生物地理区的大前提，同时各区相似系数，只有2个调查区的相似系数达到0.8以上，其余大部分均分布在0.6~0.7水平，这也说明各区之间物种具有一点差异性。通过计算结果分析，可以把东灵山、百花山合成一个区。

4.2.2 异质性分析

虽然北京山区植被都处于一个大的植被地理区内，但是由于受小气候、地形地貌、土壤、降水量等多种因子综合影响，北京山区各个不同的区域植被物种的种类也有差异，本次研究在北京山区共调查了13个区，每个区的植物编目均分别确定，经汇总对比，得出北京山区野生植物在13个调查区中只出现在1个区的情况，详见表4-10。

表4-10 在北京山区13个调查区中只在1个区出现的野生植物统计表

地 点	总种数	出现1次的种数	植 物 种
喇叭沟门	617	37	碱韭 *Allium polyrhizum*、狭叶黄精 *Polygonatum stenophyllum*、南玉带 *Asparagus oligoclonos*、白花华北蓝盆花、地椒 *Thymus quinquecostatus*、活血丹 *Glechoma longituba*、华水苏 *Stachys chinensis*、大花益母草 *Leonurus macranthus*、兴安益母草、旱稗 *Echinochloa crusgallii* var. *hipidula*、毛节毛盘草 *Roegneria barbicalla* var. *pubinodis*、秋画眉草 *Eragrostis autumnslis*、看麦娘 *Alopecurus aequalis*、赖草 *Leymus secalinum*、粟草 *Milium effusum*、假鼠妇草、齿叶紫沙参、堪察加飞蓬 *Erigeron kamtschaticus*、粗齿蒙古栎、毛脉酸模 *Rumex gmelini*、布郎耳蕨 *Polystichum braunii*、绵马鳞毛蕨 *Dryopteris crassirhizoma*、香鳞毛蕨 *Dryopteris fragrans*、西山委陵菜 *Potentilla sishanensis*、球子蕨 *Onoclea interrupta*、华北忍冬 *Lonicera tatarinowii*、华忽布 *Humulus lupulus* var. *cordifolius*、矮藨草 *Scirpus pumilus*、水葱 *Scirpus tabernaemontani*、朔北林生藨草 *Scirpus sylvaticus*、旋鳞莎草 *Cyperus michelianus*、麻根苔草 *Carex arnellii*、遏蓝菜 *Thlaspi arvense*、疏毛女娄菜 *Silene firma* var. *pubescens*、水麦冬 *Triglochin palustre*、河北蹄盖蕨 *Athyrium brevifrons*、山西玄参 *Scrophularia modesta*
松 山	757	65	黄花葱 *Allium candensatum*、密花小根蒜 *Allium macrostemon* var. *uratensete*、砂韭 *Allium bidentatum*、岩败酱 *Patrinia rupestris*、尖叶糙苏 *Phlomis dentosa*、白花黄芩 *Scutellaria baicalensis* f. *albiflora*、白花木本香薷 *Elsholtzia stauntoni* f. *albiflora*、小花灯心草 *Juncus lamprocarpus* var. *senescensb*、竹节灯心草 *Juncus turczaninowii*、白花歪头菜 *Vicia nijuga* f. *albiflora*、毛蝙蝠葛、西来稗 *Echinochloa crusgallii* var. *zelayensis*、大拂子茅 *Calamagrostis macrolepis*、野燕麦 *Avena fatua*、异燕麦 *Helictotrichon schellianum*、大叶直芒草 *Orthoraphium grandifolium*、小叶茶藨子 *Ribes pulchellum*、蔓金腰 *Chrysosplenium flagelliferum*、羽裂叶堇菜 *Viola fissifolia*、北景天 *Sedum kamtchaticum*、北方沙参 *Adenophora borealis*、砂狗哇花 *Heteropappus meyendorffii*、山蒿 *Artemisia brachyloba*、北方马兰 *Kalimeris mongolica*、芥叶蒲公英 *Taraxacum brassicaefoliam*、异鳞蒲公英 *Taraxacum heterolepis*、全缘橐吾 *Ligularia mongolica*、小花蜻蜓兰、二色补血草 *Limonium bicolor*、卷茎蓼 *Polygonum convolvulus*、两栖蓼 *Polygonum amphibium*、百金花 *Centaurium meyeri*、达乌里龙胆 *Gentiana dahurica*、木贼麻黄 *Ephedra equisetina*、细叶白头翁 *Pulsatilla turczaninowii*、翼北翠雀花 *Delphinium siwanense*、单穗升麻 *Cimicifuga simplex*、丝叶唐松草 *Thalictrum foeniculaceum*、长毛银莲花 *Anemone narcissiflora*、歧枝问荆 *Equiaetum arvense* var. *ramulosum*、山冷水花 *Pilea japonica*、麻叶荨麻 *Urtica cannabina*、光果猪殃殃 *Galium spurium*、六叶葎 *Galium asperoides* ssp. *hoffmeisteri*、毛叶稠李 *Prunus padus* var. *pubescens*、腺果大叶蔷薇 *Rosa acicularis*、细裂委陵菜 *Potentilla multifida*、绣球绣线菊 *Spiraea blumei*、泡囊草 *Physochlaina physaloides*、天仙子 *Hyoscyamus niger*、无梗接骨木 *Sambucus sieboldiana*、葛缕子 *Carum carvi*、山桑 *Morus mongolica* var. *diabolica*、卵囊苔草 *Carex duriuscula*、商陆 *Phytolacca acinosa*、毛假繁缕 *Pseudostellaria japonica*、异花假繁缕 *Pseudostellaria heterantha*、野金丝桃 *Hypericum attenuatum*、柳穿鱼 *Linaria vulgaris* ssp. *sinensis*、小米草 *Euphrasia pectinata*、岩蕨 *Woodsia ilvenesis*、瓜子金 *Polygala japonica*、小扁豆 *Polygala tatarinowii*、白鲜 *Dictamnus dasycarpus*、紫筒草 *Stenosolenium saxatile*

（续）

地　点	总种数	出现1次的种数	植　物　种
百花山	684	13	柳叶鬼针草 *Bidens cernua*、习见蓼 *Polygonum plebeium*、红花鹿蹄草 *Pyrola incarnata*、宽蕊地榆 *Sanguisorba appalanata*、长梗金花忍冬 *Lonicera chrysantha* var. *longipes*、毛梾木 *Cornus walteri*、狗筋蔓 *Cucubalus baccifer*、麦瓶草 *Silene conoidea*、种阜草 *Moehringia lateriflora*、臭冷杉、皱果苋 *Amaranthus viridis*、华北马先蒿 *Pedicularis tatarinowii*、亚洲蒲公英 *Taraxacum asiaticum*
东灵山	639	14	鬼箭锦鸡儿 *Caragana jubata*、全叶马兰 *Kalimeris integrifolia*、铃铃香青 *Anaphalis hancockii*、飞燕草 *Consolida ajacis*、长叶水毛茛 *Batrachium kauffmanii*、百花山葡萄、狼毒 *Stellera chamaejasme*、异型莎草 *Cyperus difformis*、长嘴苔草 *Carex longirostrata*、卵穗苔草 *Carex duriuscula*、针叶苔草 *Carex onoei*、内曲繁缕 *Stellaria infracta*、簇生卷耳 *Cerastium caespitosum*、线叶眼子菜 *Potamogeton pusillus*
雾灵山	593	34	七瓣莲 *Trientalis europaea*、内蒙黄耆 *Astragalus mongholicus*、缘毛鹅观草 *Roegneria pendulina*、龙常草 *Diarrhena mandshurica*、芒 *Miscanthus sinensis*、麻核桃、疏毛东北茶藨子 *Ribes mandshuricum* var. *subglabrum*、光叶东灵绣球 *Hydrangea bretschneideri* var. *glabrescens*、雾灵沙参、卷霞风毛菊 *Sqssurea sclerolepia*、鳍蓟 *Olgaea leucophylla*、紫点杓兰、掌叶大黄、假水生龙胆 *Gentiana pseudo - aquatica*、直立两色乌头 *Aconitum alboviolaceum* var. *erectum*、大花银莲花、砧草 *Galium boreale*、雾灵柴胡 *Buplcurum sibiricum* var. *jeholense*、峨参 *Anthriscus sylvestris*、香根芹 *Osmorhiza aristata*、小叶羊角芹、白磷苔草 *Carex lpolyschoena*、京苔草 *Carex tangiana*、日本苔草 *Carex japonica*、四花苔草 *Carex quadriflora*、雾灵香花芥、乌苏里瓦韦 *Lepisorus ussuriensis*、密云铁角蕨 *Asplenium miyunense*、掌叶铁线蕨、火柴头 *Commelina benghalensis*、大囊岩蕨 *Woodsia macrochlaena*、亚心岩蕨 *Woodsia subcordata*、狭裂齿瓣延胡索 *Corydalis remota* var. *lineariloba*、小叶中国蕨 *Sinopteris albofusca*
云蒙山	505	7	枫杨、珠果黄堇 *Corydalis speciosa*、狐尾藻、刺楸、双稃草 *Diplachne fusca*、北黄花菜、杉叶藻
云峰山	321	0	
十　渡	457	13	长芒棒头草 *Polypogon monspeliensis*、茭笋 *Zizania latifolia*、槐叶苹 *Salvinia natans*、盐地碱蓬 *Suaeda salsa*、齿果酸模 *Rumex dentatus*、陕西荚蒾 *Viburnum schensianum*、毛白花前胡 *Peucedanum praeruptorum* ssp. *hirsutiusculum*、水蛇麻 *Fatoua villosa*、太行藨草 *Scirpus schansiensis*、拐枣、苦草 *Vallisneria asiatica*、类叶牡丹、马来眼子菜
潭戒寺	253	4	柘树、皂荚 *Gleditsia sinensis*、东北堇菜 *Viola mandshurica*、沿阶草 *Ophiopogon japonicus*
慕田峪	540	17	大叶糙苏 *Phlomis maximowiczii*、錾菜 *Leonurus pseudomacranthus*、野苜蓿 *Medicago falcata*、田麻 *Corchoropsis tomentosa*、知风草 *Eragrostis ferruginea*、微药碱茅 *Puccinelllia micrandra*、罗布麻 *Apocynum venetum*、金盏银盘 *Bidens biternata*、北京水毛茛、华北葡萄 *Vitis bryoniifolia*、湖瓜草 *Lipocarpha microcephala*、省沽油 *Staphylea bumalda*、丝石竹 *Gypsophila acutifolia*、黑藻、菖蒲、喜旱蓬子草 *Alternanthera philoxeroides*、穿叶眼子菜 *Potamogeton perfoliatus*

（续）

地 点	总种数	出现1次的种数	植 物 种
妙峰山	491	16	京大戟 *Euphorbia pekinensis*、山绿豆 *Vigna minima*、三齿萼野豌豆 *Vicia bungei*、无芒稗 *Echinochloa crusgallii* var. *mitis*、糙毛野青毛 *Calamagrostis arundinacea* var. *hirsuta*、矛叶荩草 *Arthraxon prionodes*、三芒草 *Aristida adscensionis*、垫状卷柏 *Selaginella pulvinata*、刺穗藜 *Chenopodium aristatum*、东北柳叶菜 *Epilobium cylindrostigma*、毛叶欧李 *Prunus dictyoneura*、樱花 *Prunus serrulata*、小酸浆 *Physalis minima*、凹头苋 *Amaranthus lividus*、掌刺小檗 *Berberis koreana*、妙峰岩蕨 *Woodsia oblonga*
石花洞	300	1	沙参 *Adenophora elata*
蒲 洼	509	9	垂盆草 *Sedum sarmentosum*、杏叶沙参 *Adenophora trachelioides*、麦家公 *Lithospermum arvense*、北山莴苣 *Lactuca sibirica*、三花莸 *Caryopteris terniflora*、细枝唐松草 *Thalictrum tenue*、白蜡树 *Fraxinus chinensis*、华北散血丹 *Physaliastrum sinicum*、黄颖莎草 *Cyperus microiria*

从表4－11可以看出：

①分布频度为1的植物种最多的调查区为松山自然保护区，分析原因：第一，面积较大，海拔约400～2200m，梯度明显；第二，最早建立国家级保护区，保护效果好，人为破坏轻；第三，海陀山顶草甸是北京山区保存最完好的山地草甸，生境具有典型代表性。东灵山、百花山遭受一定的人为干扰、破坏，造成一些少见种消失。

②雾灵山自然保护区和喇叭沟门自然保护区虽然物种总数都在600种左右，没有百花山、东灵山多，但是这里低频物种均达到30种以上，说明这两个区物种的特有性高，是北京应该重点保护的两个区域。

③东灵山、百花山物种总数较多，但是由于两区相距较近，同属一个山系，地形相似，物种相似性因而较高，共有种达594种，所以这里低频物种较少，应该将两区合并，其低频物种将达到49种，仅次于松山，是北京另外一个应该重点保护的地区。

第5章
植被分类及其物种多样性

北京山地是太行山和燕山的交汇地段，地形复杂，植被类型多样。地带性植被为暖温带落叶阔叶林和温性针叶林，主要是以栎属、桦木属、杨属等树种占优势的落叶阔叶林和以油松占优势的温性针叶林。根据实地调查的大量数据，对北京山地植被进行了分类，论述了不同群落的结构特征和物种组成，比较了主要群落的物种多样性状况。此外，本章还对北京地区典型的地带性群落类型和较为稀有的群落类型做了较详细的群落结构分析。

5.1 植被分类

植被是指一地区植物群落的总和。植被分为自然植被和人工植被，自然植被是在过去和现在的环境因素影响下，出现在某一地区的植物长期发展的结果。

植被总是与地理环境紧密相连的，一个地区的植被构成是这个地区气候、土壤以及人为因素等多方面因素的反映。在同一地区可以有不同的植被类型，在不同的地区又可能存在有相同的植被类型，即使在同一地区看似相同的群落外貌，其内部结构也可能差异很大。

5.1.1 分类的原则

植被分类是生态学领域争议较多的问题之一，不同国家或地区的研究方法、研究内容以及对实体的看法不同，形成了不同的学派，其分类原则有很大的差别，有以植物区系组成为分类基础的，有以生态外貌为基础的，还有以动态特征为基础的。本研究采用"群落生态"原则，以群落本身的综合特征作为分类的依据，高级分类单位侧重于外貌、结构和生态地理特征，中级和中级以下的单位则侧重于种类组成。优势度是确定物种在群落中生态重要性的指标，优势层中优势度大的物种就是该群落中的建群种。确定植物优势度时，指标主要是种的盖度和密度（吴征镒，1980）。以优势度确定群落优势种的种类和所占有的相对比例，它可以全面考虑群落各层的优势度，每个群落是根据各层优势种的结合来确定，而不只是强调某一个层。

优势种，尤其是建群种，是植物群落的重要建立者，并创造了特定的群落环境，决定了其他成分的存在。因此，采用优势种原则是符合植被自然分类要求的。

5.1.2 植被的分类单位及命名

本研究中对群落的命名采用中国植被分类系统，该系统是由中国植被委员会编写的

《中国植被》(1980) 中列举出的我国常用的一个植被分类系统。该分类系统是:

植被型组 Vegetation type group
　植被型 Vegetation type
　　群系组 Formation group
　　　群系 Formation
　　　　群丛组 Association group
　　　　　群丛 Association

其中植被型、群系、群丛为主要的植被分类单位。植被型是分类系统中一个最为重要的高级单位,把建群种生活型相同或近似,同时对水热条件生态关系一致的植物群落联合为植被型。群系是一个中级分类单位,凡是建群种或共建种相同的植物群落联合为群系。群丛是植被分类的基本单位,凡是层片结构相同,各层的优势种或共优种相同的植物群落联合为群丛,即属于同一群丛的群落应具有共同的正常种类、相同的结构、相同的生态特征和动态特点,以及相似的生境。

本研究以划分到群系为主要目标,对群系的命名采用优势种命名法,它是直接用群落中各层的优势种的拉丁学名来命名,并在学名之前或之后加上分类单位名称的全称或缩写。

单优群落就直接用优势种来命名,多优植物群落,则依优势度的大小依次列出最主要的优势种,并在优势种之间用加号连结起来。

多层结构的群落各层都有一定的优势植物,通常是逐层列出最主要的优势种,各层之间则以连结号连结起来。

5.1.3 植被分类的方法

(1) *高级分类单位依据群落外貌进行分类* 首先根据群落样方的外貌特征确定其所属植被型组和植被型,如植被型组有针叶林、阔叶林等,如植被型有寒温性针叶林、落叶阔叶林等。

(2) *对中级和中级以下的群落单位的确定采用优势度原则* 对调查的所有群落样方分层计算其重要值,用重要值来确定各群落样方内不同层内不同植物的优势度大小,以确定各层的优势种植物。

重要值的计算公式见第4章的4.1节。

5.1.4 植被分类的结果

对北京山区13个调查区内所有调查样地进行统计合并后,共得到4个植被型组,如针叶林、阔叶林、灌丛和灌草丛、草甸;6个植被型,如寒温性针叶林、温性针叶林、落叶阔叶林、落叶阔叶灌丛、灌草丛、草甸;78个群系,如山杨林群系、白桦林群系、蒙古栎林群系、核桃楸林群系等;其中7个群系的部分或全部为人工植被类型,如人工落叶松林群系、人工刺槐林群系等。结果见附录3北京山区植被分类表。

5.2 主要植被类型结构特征概述

5.2.1 森林植被

北京山区森林群落类型可划分为 2 个植被型组，为针叶林、阔叶林；3 个植被型，为寒温性针叶林、温性针叶林、落叶阔叶林；40 个群系，有油松林、蒙古栎林、山杨林、白桦林等。森林植被类型是北京山区的主要植被类型，尽管受人为破坏较为严重，大面积的单一群落类型已很少存在，但森林植被仍在该区占有很大优势。

对北京山区分布面积大、地域广的主要森林群系类型的结构组成详述如下：

（1）华北落叶松人工林　华北落叶松林在北京海拔较高的山区有较大面积的分布，分布面积约 9270hm^2，但为人工林，因此在落叶松群系的乔木层中，华北落叶松的重要值都较高，一般在 0.8 以上，海拔 1100～1900m 的山地半阳坡均有栽培。林分密度大，不同的调查区生长状况不同，在百花山树高可到 20m，胸径超过 24cm，而蒲洼自然保护区的落叶松平均胸径 8.8m。林下灌木较为稀疏，覆盖度 20% 左右，主要种类有三裂绣线菊、柔毛绣线菊 *Spiraea pubescens*、山楂叶悬钩子 *Rubus crataegifolius*、胡枝子、锐齿鼠李 *Rhamnus arguta* 等；草本层覆盖度达 70%，较多的是野青茅 *Calamagrostis arundinacea*、大油芒 *Spodiopogon sibiricus*、白莲蒿 *Artemisia gmelinii*、白头翁 *Pulsatilla chinensis* 等（表 5－1）。

表 5－1　华北落叶松群系物种数量统计（统计 38 块样地，15 200m^2）

植物名	数量（株）	密度（株/hm^2）	植物名	数量（株）	密度（株/hm^2）
三裂绣线菊 *Spiraea trilobata*	168	2210.5	披针叶苔草 *Carex lanceolata*	1012	26 631.6
柔毛绣线菊 *Spiraea pubescens*	137	1802.6	野青茅 *Calamagrostis arundinacea*	888	23 368.4
毛　榛 *Corylus mandshurica*	116	1526.3	蔓假繁缕 *Pseudostellaria davidii*	683	17 973.7
			舞鹤草 *Maianthemum bifolium*	576	15 157.9
			蛇　莓 *Duchesnea chrysantha*	429	11 289.5
			水金凤 *Impatiens noli－tangere*	328	8631.6
			宽叶苔草 *Carex siderosticta*	327	8605.3

注：表中列出物种数量为前 3 位的灌木植物和前 7 位的草本植物，以下各群系列表同上

（2）油松林　油松林在北京山区分布范围最为广泛，几乎各大调查区都有分布，北京山区分布面积约70 570hm^2。油松主要生长于海拔 600～970m 的阴坡、半阴坡。有天然和人工两种成林方式，有些是早期人工林，现在呈现为半天然状态，如云峰山的油

松林。天然油松林分布区域较小，也有一些数百年的古树。油松林郁闭度0.5～0.8，高度在9～18m不等，平均胸径17cm，云峰山、喇叭沟门等调查区古树可达30～35cm。林中乔木层有少量蒙古栎出现。灌木层在较低海拔处以平榛为主，中山以上阴坡林下胡枝子较多，半阴坡三裂绣线菊与柔毛绣线菊较多。除此以外还有山杏、照山白、钩齿溲疏 *Deutzia hamata*、圆叶鼠李 *Rhammus globosa* 等。草本层覆盖度较小，一般为30%左右，主要有披针叶苔草、野青茅、小红菊、白莲蒿、矮紫苞鸢尾 *Iris ruthenica* var. *nana*、东亚唐松草 *Thalictrumminus* var. *hypoleucum*，还可见二叶兜被兰等（表5－2）。

表5－2　油松林群系物种数量统计（统计69块样地，27 600m^2）

植物名	数量（株）	密度（株/hm^2）	植物名	数量（株）	密度（株/hm^2）
三裂绣线菊 *Spiraea trilobata*	1239	8978.3	野青茅 *Calamagrostis arundinacea*	1968	28 521.7
荆条 *Vitex negundo* var. *heterophylla*	733	5311.6	披针叶苔草 *Carex lanceolata*	1488	21 565.2
柔毛绣线菊 *Spiraea pubescens*	411	2978.3	中华卷柏 *Selaginella sinensis*	741	10 739.1
			紫花野菊 *Dendranthema zawadskii*	605	8768.1
			求米草 *Oplismenus undulatifolius*	495	7173.9
			野古草 *Arundinella hirta*	483	7000.0
			大油芒 *Spodiopogon sibiricus*	465	6739.1

（3）蒙古栎林　蒙古栎林是北京山区地带性的落叶阔叶林顶极群落之一，是北京山区面积最大，分布最广的基本森林类型，总面积约107 825hm^2，从海拔500～1500m均有分布。以800～1200m的阴坡、半阴坡居多。现存的蒙古栎林几乎全是经砍伐后萌生的次生林，树龄30～50年，局部地段仍可见愈百年的大树。蒙古栎林郁闭度0.6～0.8。由于坡向、海拔等生境的差异，不同地段的蒙古栎林中伴生的乔木树种及地被植物亦有一定差异，形成不同的群丛。在海拔800～1000m的半阴坡，林中较多的乔木树种为山杨、春榆、大叶白蜡 *Fraxinus rhynchophylla*、糠椴等，灌木层以三裂绣线菊、钩齿溲疏为主。草本层覆盖度70 %，主要有披针叶苔草、大油芒、歧茎蒿 *Artemisia igniaria*、小红菊、中华卷柏等。而在海拔1000～1300m的阴坡，蒙古栎林中则出现有黑桦 *Betula dahurica*、五角枫、紫椴等，灌木层出现有无梗五加、金花忍冬 *Lonicera chrysantha*、东北鼠李 *Rhamnus schnelderi*、迎红杜鹃 *Rhododendron mucronulatum* 等；藤本植物可见北五味子；草本层覆盖度可达100%，除披针叶苔草、野青茅外，尚可见宽叶苔草、粟草、华北风毛菊 *Saussurea mongolica*、心叶露珠草 *Circaea cordata*、舞鹤草等。至海拔1400m处，蒙古栎林中则出现有白桦、黄花柳 *Salix caprea* 等乔木树种；灌木层则出现毛榛、六道木、华北忍冬等；草本层覆盖度近100%，主要种类有披针叶苔草、野

青茅、山萝花 *Melampyrum roseum*、展枝沙参 *Adenophora divaricata* 等（表5－3）。

表5－3 蒙古栎林群系物种数量统计（统计80块样地，32 000m²）

植物名	数量（株）	密度（株/hm²）	植物名	数量（株）	密度（株/hm²）
三裂绣线菊 *Spiraea trilobata*	1283	8018.8	披针叶苔草 *Carex lanceolata*	2825	35 312.5
钩齿溲疏 *Deutzia hamata* var. *baroniana*	448	2800.0	野青茅 *Calamagrostis arundinacea*	1974	24 675.0
柔毛绣线菊 *Spiraea pubescens*	398	2487.5	紫花野菊 *Dendranthema zawadskii*	1028	12 850.0
			宽叶苔草 *Carex siderosticta*	1009	12 612.5
			银背风毛菊 *Squssurea nivea*	889	11 112.5
			野古草 *Arundinella hirta*	539	6737.5
			大油芒 *Spodiopogon sibiricus*	528	6600.0

（4）白桦林　白桦林在北京山区分布面积约11 677hm²，主要分布于海拔1200～1600m的阴坡、半阴坡，郁闭度一般为0.7，平均树高11.5m，平均胸径13cm，树龄一般在30～50年。在海拔1400m以下的白桦林中伴生的乔木树种有黑桦、山杨等。1400m以上则出现花楸、硕桦。林下灌木有胡枝子、金花忍冬、柔毛绣线菊、刺五加等。藤本植物有山葡萄、穿山龙。草本层有披针叶苔草、野青茅、银背风毛菊、东亚唐松草、歪头菜、蓝萼香茶菜 *Rabdosia japonica* var. *glaucocalyx* 等。在海拔1400m以上的林下出现有裸茎碎米荠 *Cardamine scaposa*、五福花、大花杓兰、类叶升麻 *Actaea asiatica* 等。在一些山坡下部的白桦林下有较多的黑鳞短肠蕨、羽节蕨 *Gymnocarpium jessoense*、荚果蕨等（表5－4）。

表5－4 白桦林群系物种数量统计（统计37块样地，14 800m²）

植物名	数量（株）	密度（株/hm²）	植物名	数量（株）	密度（株/hm²）
山楂叶悬钩子 *Rubus crataegifolius*	392	5297.3	披针叶苔草 *Carex lanceolata*	1870	51 944.4
柔毛绣线菊 *Spiraea pubescens*	319	4310.8	宽叶苔草 *Carex siderosticta*	762	21 166.7
毛榛 *Corylus mandshurica*	299	4040.5	野青茅 *Calamagrostis arundinacea*	756	21 000.0
			银背风毛菊 *Squssurea nivea*	349	9694.4

（续）

植物名	数量（株）	密度（株/hm²）	植物名	数量（株）	密度（株/hm²）
			糙苏 *Phlomis umbrosa*	334	9277.8
			歪头菜 *Vicia unijuga*	311	8638.9
			华北风毛菊 *Squssurea mogolica*	263	7305.6

（5）山杨林　山杨林亦为次生群落，在北京主要的调查区都有分布，面积约19 358 hm^2。分布于海拔800～1400m的阴坡、半阴坡中下部或者沟谷土壤较好的地段，郁闭度可达0.7，平均高度15m，平均胸径24.5cm。林中伴生乔木树种有糠椴、白桦、春榆等；灌木层有毛榛、柔毛绣线菊、蒙古荚蒾 *Viburnum mongolicum*、圆叶鼠李、山楂叶悬钩子等，草本层有披针叶苔草、野青茅、篦苞风毛菊 *Saussurea pectinata*、柴胡、委陵菜 *Potentilla chinensis*、龙芽草 *Agrimonia pilosa* 等；藤本植物可见大瓣铁线莲 *Clematis macropetala*、山葡萄、葎叶蛇葡萄 *Ampelopsis humulifolia* 等（表5－5）。

表5－5　山杨林群系物种数量统计（统计58块样地，23 200m^2）

植物名	数量（株）	密度（株/hm²）	植物名	数量（株）	密度（株/hm²）
毛榛 *Corylus mandshurica*	682	5879.3	披针叶苔草 *Carex lanceolata*	1815	31 293.1
平榛 *Corylus heterophylla*	504	4344.8	野青茅 *Calamagrostis arundinacea*	1146	19 758.6
柔毛绣线菊 *Spiraea pubescens*	336	2896.6	银背风毛菊 *Squssurea nivea*	765	13 189.7
			宽叶苔草 *Carex siderosticta*	444	7655.2
			东亚唐松草 *Thalictrum minus* var. *hypoleucum*	443	7637.9
			铃兰 *Convallaria majalis*	401	6913.8
			玉竹 *Polygonatum odoratum*	301	5189.7

（6）黑桦林　黑桦林是在蒙古栎林遭重复砍伐后发育成的群落类型，大都在海拔800m以上与山杨林、白桦林镶嵌分布，郁闭度0.8，一般树高10m，胸径20cm，最大可达50cm。林中伴生乔木树种以糠椴为多，其次有蒙古栎、山楂 *Crataegus pinnatifida* 等；林下灌木覆盖度达50%，主要种类有胡枝子、柔毛绣线菊、金花忍冬、小花溲疏

Deutzia parviflora 等；藤本植物可见山葡萄、穿山龙、羊乳；草本层覆盖度 80%，除可见的披针叶苔草、野青茅外，还可见紫菀 *Aster tataricus*、展枝沙参、二叶舌唇兰、鹿药 *Smilacina japonica* 等。

（7）核桃楸林　核桃楸林主要分布于海拔 800 ~ 1200m 的沟谷地带，郁闭度 0.9，树高一般为 10m，平均胸径 20cm。林中伴生乔木树种青杨 *Populus cathayana*、野核桃、黄檗等；灌木层有刺五加、东北茶藨子 *Ribes mandshuricum*、东北鼠李、太平花、东陵八仙花 *Hydrangea bretschneideri.*、鸡树条荚蒾 *Viburnum sargentii* 等；盖度一般不大，在 40% ~60% 左右。草本植物有落新妇 *Astilbe chinensis*、绢毛匍匐委陵菜 *Potentilla reptans* var. *sericophylla*、草地早熟禾 *Poa pratensis*、华北剪股颖 *Agrostis clavata*、异鳞苔草 *Carex heterolepis*、东北天南星等。

（8）硕桦林　该群系在北京山区分布较少，只存在于门头沟区的东灵山、百花山地区，分布海拔较高，在 1700 ~ 1900m 的阴坡分布最多，硕桦在乔木层的重要值较高，一般在 0.85 以上，平均树高可达 18m，平均胸径在 15 ~ 20cm，树龄 30 ~ 40 年左右，郁闭度在 0.7 ~ 0.8。少数的伴生种有白桦、中国黄花柳 *Salix caprea* var. *sinica*、百花山花楸；红丁香 *Syringa villosa*、映山红 *Rhododendron mucronatum*、六道木是灌木层的优势种，平均高度在 1.2 ~ 1.8m，盖度在 30% ~60%；草本层主要有华东蹄盖蕨 *Athyrium nipponicum*、宽叶苔草、草地风毛菊、北重楼 *Paris verticillata*、高山露珠草 *Circaea alpina*、舞鹤草等一些低矮的植物，高度一般不超过 0.3cm。

（9）色木槭林　色木槭 *Acer mono* 林是北京山区分布区域较广的森林类型，海拔 700 ~ 1800m 均有分布。以 900 ~ 1100m 的阴坡、半阴坡居多。绝大部分为次生林，树龄30 ~ 50 年，平均胸径 15cm，色木槭林郁闭度 0.6 ~ 0.7。由于坡向、海拔等生境的差异。不同地段的色木槭林中伴生的乔木树种及地被植物亦有一定差异，形成不同的群丛。乔木层中混生树种的比例很大，色木槭林的重要值在 0.3 ~ 0.6 之间，林中较多的混生树种为核桃楸、黑桦、北京丁香 *Syringa pekinensis*、春榆、大叶白蜡、糠椴等，有些地区黑桦的重要值可达 0.3；灌木层以平榛、金花忍冬、毛榛、柔毛绣线菊、小叶鼠李为主，均高为 0.7 ~ 1.2m；藤本植物可见北五味子；草本层覆盖度 70 %，主要有披针叶苔草、大油芒、宽叶苔草、小红菊、蔓假繁缕、玉竹等。

（10）栓皮栎林　栓皮栎在北京分布较少，多为人工林。只有在潭戒寺、云蒙山有一些成片的天然林分布，潭戒寺一带分布在海拔 260m 的西南坡，平均胸径 10.0cm，树高约 8.0m，郁闭度 0.8。林中伴生乔木树种有山杏、栾树、蒙桑 *Morus mongolica*、刺槐等；林下灌木有孩儿拳头 *Grewia biloba* var. *parviflora*、荆条、雀儿舌头 *Leptopus chinensis*、圆叶鼠李、酸枣、山杏等；草本较少，主要有大油芒、北京隐子草、委陵菜、茜草 *Rubia cordifolia*、北京堇菜 *Viola pekinensis* 等。

（11）紫椴林　紫椴林在北京山区的分布范围较广，但面积不是很大，主要生长在土壤和水分条件较好的地方，紫椴在该群落中的重要值为 0.3 ~ 0.6，大部分地区紫椴的胸径为 9 ~ 15cm，紫椴林内伴生种较多，主要有暴马丁香 *Syringa reticulata*、五角枫、核桃楸、大叶白蜡、白桦、山杨、糠椴、黑桦、春榆等。不同地区形成了不同的群丛类型，灌木层主要有小花溲疏、蚂蚱腿子、太平花、映山红、卫矛、六道木、平榛、毛榛，盖度变化幅度较大，为 40% ~90%。草本层植物种类较多，平均超过 20 种，总盖度为70%，主要优势种有披针叶苔草、糙苏、宽叶苔草、升麻、野青茅、华北风毛菊、半钟铁线莲 *Clematis ochotensis* 等。

（12）糠椴林 糠椴林在北京山区的分布较少，只有在慕田峪和云蒙山有一些分布，其他地区见一些散生个体，没有成片的分布。糠椴在该群落中的重要值为0.6～0.9，大部分地区糠椴的胸径在10～16cm，糠椴林内伴生种较多，主要有鹅耳枥、蒙椴 *Tilia mongolica*、五角枫、核桃楸、大叶白蜡、山杨、紫椴、黑桦、春榆等；灌木层以三裂绣线菊、刺苞南蛇藤 *Celastrus flagellaris*、小花溲疏为主，伴生种有锦带花 *Weigela florida*、平榛、大花溲疏、太平花、蚂蚱腿子，盖度变化较大，最高盖度为90%，草本层植物主要有糙苏、披针叶苔草、铃兰、穿山龙、歪头菜等，平均盖度在30%～40%。

（13）青檀林 青檀林在北京山区分布极少，只有在蒲洼、妙峰山、十渡有分布，而且面积较小，青檀林分布在海拔550m左右的阴坡区域，平均胸径8.0cm，树高9.0m，郁闭度0.9，林下灌草丛较少，只有少量的荆条和三裂绣线菊，草本只有一些披针叶苔草。青檀是我国特有珍贵树种，被国家列为三级保护树种，是石灰岩山地的标志树种。

5.2.2 灌丛植被

在北京山区的灌丛主要有两种类型：一种是低山灌丛，如荆条灌丛、酸枣灌丛等；另一种是中山灌丛，如鬼见愁锦鸡儿灌丛、金露梅 *Potentilla fruticosa* 灌丛、银露梅 *Potentilla glabra* 灌丛等。低山灌丛是人为活动影响的结果，这种灌丛类型在北京山区有大面积的分布；中山灌丛是受环境影响的结果，在北京山区分布较少，面积也小。在北京分布面积较大的主要有荆条灌丛、三裂绣线菊灌丛、胡枝子灌丛、柔毛绣线菊灌丛、小叶鼠李灌丛等。

（1）荆条灌丛 荆条灌丛是北京山区分布最为广泛的灌丛，主要分布在海拔800m以下的低山区或高山的基带区，是人为活动干扰的结果。不同调查区的荆条灌丛的生长状况不同，大部分山区荆条灌丛的均高在1～2m之间，盖度30%～70%，最大盖度可达90%，重要值在0.3～0.8之间，主要的伴生种有柔毛绣线菊、酸枣、蚂蚱腿子、胡枝子、三裂绣线菊、太平花等。草本层植物以披针叶苔草为主，有丛生隐子草、野青茅、中华卷柏、蒙古蒿 *Artemisia mongolica*、小红菊、茜草、北京隐子草、蝙蝠葛、白莲蒿等，盖度50%～70%。

（2）胡枝子灌丛 胡枝子灌丛也是北京山区分布较为广泛的灌丛类型之一，面积不大，在海拔900～1500m的范围内都有分布，均高为1.4m，盖度40%～50%，胡枝子在该群落中的重要值都不大，伴生灌木植物种有三裂绣线菊、圆叶鼠李、木本香薷 *Elsholtzia stauntoni*、薄皮木 *Leptodermis oblonga*、山楂叶悬钩子等。草本层主要有披针叶苔草、牛尾蒿 *Artemisia subdigitata*、龙芽草、牡蒿 *Artemisia japonica* 等，盖度在50%～70%。

（3）三裂绣线菊灌丛 主要分布于海拔700m以上的阴坡和阳坡，盖度可达0.8以上，平均高为1.3m，灌丛中可见荆条，还可见蚂蚱腿子、太平花、圆叶鼠李、虎榛子 *Ostryopsis davidiana*、多花胡枝子 *Lespedeza floribunda*、吉氏木兰 *Indigofera kirilowii* 等灌木；草本层有小红菊、异叶败酱 *Patrinia heterophylla*、甘野菊 *Dendranthema lavandulifoli-*

um var. *seticuspe*、假香野豌豆 *Vicia pseudo - orobus*、艾蒿 *Artemisia argyi*、狗哇花 *Heteropappus hispidus*、莓叶委陵菜 *Potentilla fragarioides* 等。

（4）杜鹃灌丛　杜鹃灌丛多分布于海拔1000m以上的林缘山脊部分，面积不大。灌木层中还有蒙古荚蒾、胡枝子、平榛等；草木层以披针叶苔草、野青茅为主，还可见兔儿伞、南牡蒿、大丁草、柴胡等。

（5）平榛灌丛　平榛灌丛多分布于中山林缘砍伐迹地、撩荒地上，面积不大。平榛往往是群落的唯一优势种。在撩荒地上平榛灌丛边缘可见柔毛绣线菊、荆条、钩齿溲疏等灌木；草本层稀疏，有委陵菜、隐子草、狗尾草 *Setaria viridis*、刺儿菜 *Cirsium segetum* 等。在林缘或砍伐迹地上的平榛灌丛中可见美蔷薇 *Rosa bella*、短序胡枝子 *Lespedeza cyrtobotrya*、六道木等；草本层以披针叶苔草、北京隐子草、野青茅为主，还可见小红菊、山柳菊 *Hieracium umbellatum*、大油芒、匍匐委陵菜等。

（6）毛榛灌丛　毛榛灌丛分布于海拔1500m以上的山坡林缘，没有大面积的分布，基本上是以毛榛为单一优势种的群落，密度大，高度2～2.5m。群落中还可见六道木、金花忍冬、华北忍冬；草本层有华北苔草 *Carex hancockiana*、远东芨芨草 *Achnatherum extremiorientale*、华北风毛菊、荫生鼠尾草 *Salvia umbratica*、迷果芹、柳叶芹 *Czernaevia laevigata* 等。

5.2.3　山地草甸植被

草甸群落类型主要存在于东灵山、百花山、大海陀山，群落类型较少，主要有地榆矮紫苞鸢尾群系、野青茅群系等。

（1）地榆 *Sanguisorba officinalis*、矮紫苞鸢尾草甸　该群系主要分布在海拔1700m以上的百花山、东灵山地区，以地榆为主，重要值为0.42左右，其次是矮紫苞鸢尾。草甸群落内有植物种20种以上，除地榆外还有瓣蕊唐松草 *Thalictrum petaloideum*、拳蓼 *Polygonum bistorta*、披针叶苔草、歪头菜、粗根老鹳草 *Geranium dahuricum*、紫苞风毛菊等，盖度达100%。

（2）野青茅禾草草甸　该群系分布于喇叭沟门阴坡、半阴坡采伐迹地上。群落覆盖度可达100%。草甸中散生有美蔷薇、胡枝子、毛榛等灌木，也可见萌生的白桦、黑桦幼树。草本以野青茅为主，也有较多的大叶樟 *Deyeuxia langsdrffii*、京芒草 *Achnatherum pekinense*、肥披碱草 *Elymus excelsus*、紫花野菊、西伯利亚橐吾 *Ligularia sibirica*、大叶龙胆 *Gentiana macrophylla*、草本威灵仙 *Veronicastrum sibiricum*、辽藁本 *Ligusticum jeholense*、藜芦 *Veratrum nigrum*、升麻 *Cimicifuga dahurica*、蓝刺头 *Echinops latifolius*、牛扁 *Aconitum barbatum* var. *puberulum* 等。

（3）以大齿山芹 *Osmorhiza grosseserratum*、梅花草 *Parnassia palustris*、日本乱子草 *Muhlenbergia japonica* 为主的沟谷中生草甸　沟谷中生草甸分布于较为开阔的山谷，群落覆盖度可达100%。草本种类繁多，优势种不易确定，随着海拔高度及季相的变化，优势种的表现亦有不同。主要种类有尖嘴苔草 *Carex leiorhyncha*、细叶苔草 *Carex rigescens*、日本乱子草、华北翦股颖、披碱草 *Elymus dahuricus*、大齿山芹、梅花草、红梗蒲公英 *Taraxacum erythropodium*、烟管蓟 *Cirsium pendulum*、欧亚旋覆花 *Inula britanica*、黄香草木犀 *Melilotus officinalis*、野大豆、花锚、山马兰 *Kalimeris lautureana*、草乌 *Aconitum kusnezoffii*、蚊子草 *Filipendula palmata*、水杨梅 *Geum aleppicum*、疗齿草 *Odontites serotina* 等。水边湿地可见薄荷 *Mentha haplocalyx*、黄莲花 *Lysimachia davurica*、长鬃蓼 *Polygonum longisetum*，沼繁缕 *Stellaria palustris*。在低山沟谷中还可见较多的细灯心草 *Juncus gracillimus*、红鳞扁莎 *Pycreus sanguiolentus* 等。

5.3　主要植被类型的物种多样性比较

不同的植被类型有不同的结构和物种组成。这里选择了北京山区分布较为广泛的 20 个植被类型进行了分析，比较了不同植被类型间的物种多样性状况及相似性程度。

5.3.1　主要植被类型内物种多样性比较

这里选择了北京市分布范围较广的森林植被类型 12 个，灌丛植被类型 8 个，共计 20 个。其中，森林植被类型为白桦林，侧柏林，鹅耳枥林，栓皮栎林，油松林，紫椴林，核桃楸林，黑桦林，华北落叶松林，蒙古栎林，山杨林和以槭、榆及梣 *Fraxinus* spp. 等植物组成的建群种不明显的森林植被类型，称其为杂木林。灌丛植被类型为鹅耳枥灌丛，胡枝子灌丛，荆条灌丛，平榛灌丛，柔毛绣线菊灌丛，三裂绣线菊灌丛，山杏灌丛和以溲疏 *Deutzia* spp.、蚂蚱腿子、薄皮木 *Leptodermis* spp.、绣球 *Hydrangea* spp. 及梣等植物组成的建群种不明显的灌丛植被类型，这里称其为杂灌丛。

统计 20 个植被类型所有样地的平均物种数、乔木层物种数、灌木层物种数、草本层物种数，并计算各植被类型样地内的 Margalef 丰富度指数（R_m），Shannon – Wiener 指数（H'），Simpson 指数（D）及 pielou 均匀度指数（E）。结果见表 5 – 6，表 5 – 7。

表 5 – 6　北京主要森林植被类型物种多样性比较

群系类型	统计样方数	样地内物种变幅	样地内平均物种数	乔木层物种多样性指数				灌木层物种多样性指数				草本层物种多样性指数			
				H'	D	R_m	E	H'	D	R_m	E	H'	D	R_m	E
华北落叶松林	43	17～51	35.74	0.79	0.27	2.69	0.13	2.13	0.68	1.67	0.37	3.57	0.86	4.27	0.43
油松林	139	18～66	38.57	0.48	0.18	1.21	0.08	2.51	0.75	2.38	0.40	3.64	0.86	4.66	0.45
蒙古栎林	126	21～70	34.43	0.88	0.31	0.93	0.15	2.53	0.75	2.02	0.41	3.49	0.86	4.05	0.44
白桦林	47	23～53	37.08	1.28	0.45	1.31	0.22	2.77	0.78	2.48	0.43	3.46	0.86	4.05	0.44
山杨林	104	14～65	37.58	1.24	0.43	1.74	0.21	2.73	0.76	2.53	0.43	3.47	0.85	5.24	0.45
黑桦林	17	28～56	38.88	1.50	0.50	1.61	0.26	2.32	0.66	2.00	0.42	3.55	0.85	4.30	0.42
核桃楸林	48	24～74	41.79	1.38	0.48	2.63	0.26	2.49	0.73	2.21	0.44	3.60	0.86	4.69	0.44
紫椴林	19	24～42	31.47	2.00	0.65	3.39	0.34	2.94	0.82	2.56	0.49	3.12	0.82	3.12	0.44
杂木林	167	18～65	38.1	1.94	0.64	2.14	0.34	2.74	0.78	2.44	0.45	3.47	0.84	4.21	0.44
栓皮栎林	24	14～47	32.54	0.54	0.23	0.49	0.09	2.61	0.79	1.97	0.38	3.45	0.85	4.42	0.46
侧柏林	19	21～48	31.31	0.40	0.14	0.66	0.09	2.38	0.73	1.90	0.35	3.18	0.82	3.60	0.42
鹅耳枥林	16	12～76	37.25	1.44	0.48	1.71	0.25	3.06	0.82	2.75	0.44	3.00	0.78	3.63	0.38

注：杂木林是以槭 *Acer* spp.、榆 *Ulmus* spp. 及梣 *Fraxinus* spp. 等植物组成的建群种不明显的森林植被类型

表 5-7 北京主要灌丛物种多样性比较

群系类型	统计样地数	样地内物种变幅	样地内平均物种数	灌木层多样性指数				草本层多样性指数			
				H'	D	R_m	E	H'	D	R_m	E
荆条灌丛	163	10~52	28.87	2.20	0.68	1.59	0.29	3.19	0.82	3.45	0.43
三裂绣线菊灌丛	38	16~45	29.39	2.31	0.69	1.69	0.30	3.05	0.80	3.35	0.42
柔毛绣线菊灌丛	15	23~49	33.53	2.51	0.75	2.02	0.33	3.41	0.83	3.92	0.43
平榛灌丛	11	30~51	39.54	2.53	0.71	2.44	0.36	3.56	0.86	4.50	0.46
山杏灌丛	39	15~67	35.48	2.39	0.72	1.76	0.34	3.26	0.82	3.41	0.39
鹅耳枥灌丛	27	11~44	29.51	2.42	0.71	1.99	0.33	2.82	0.73	3.19	0.42
胡枝子灌丛	9	16~42	29.11	2.12	0.68	1.48	0.27	2.78	0.73	3.36	0.34
杂灌丛	16	20~53	36.94	2.91	0.81	2.52	0.41	3.40	0.83	4.89	0.43

注：杂灌丛是以溲疏 *Deutzia* spp.、蚂蚱腿子 *Myripnois* spp.、薄皮木 *Leptodermis* spp.、绣球 *Hydrangea* spp. 及樗等植物组成的建群种不明显的灌丛植被类型

pielou 均匀度指数：

$$E = H'/\ln S \qquad (5-1)$$

式中，S 为物种数，H' 为 Shannon-Wiener 指数。

其他多样性指数的计算见第 4 章的 4.1.1 节。

Sorenson 指数：

$$C = 2j/(a+b) \qquad (5-2)$$

式中，C 为相似系数，j 为两个植被类型或样点共有种数；a 和 b 分别为样点 A 和样点 B 的物种数。

5.3.1.1 主要森林植被类型物种多样性比较

分别对 12 个森林植被类型的群落结构、物种多样性及植被类型内的物种相似性进行了比较。计算了各个多样性指数、相似性指数，并求均值比较。

(1) 森林植被类型不同层次的物种多样性比较 从森林植被类型组成的各层次的物种多样性来看，以草本层物种多样性最高，Shannon-Wiener 指数（H'）均在 3 以上，灌木层物种多样性指数在 3 以下，2 以上，而乔木层的 Shannon-Wiener 指数在 2 以下。Simpson 指数（D）乔木层均在 0.7 以下，灌木层的大部分植被类型的 Simpson 指数（D）在 0.7 以上，只有黑桦林和华北落叶松林的 Simpson 指数（D）稍低，分别为 0.66 和 0.68。对植被类型不同层次的各个物种多样性指数用 Matlab6.0 软件进行方差分析，结果可知，Shannon-Wiener 指数（H'）和 Simpson 指数（D）在植被类型的不同层次间均呈现出显著性差异，且不同层次间的多重比较表明各植被类型的乔木层、灌木层、草本层之间均呈现显著性差异。而对 Margalef 丰富度指数（R_m）和 pielou 均匀度指数（E）的分析结果也表现出显著性差异，但是对其进行多重比较表明，Margalef 丰富度指数（R_m）在乔木层和灌木层间表现不显著，只有乔木层、灌木层二者与草本层的 Margalef 丰富度指数（R_m）间表现出显著性差异。与 Margalef 丰富度指数（R_m）类似，pielou 均匀度指数（E）在乔木层与灌木层、草本层之间表现为显著性差异，而在灌木层与草本层之间表现为非显著性差异。

北京市属暖温带落叶阔叶林区，乔木层物种组成简单，种类较少，灌木层和草本层物种相对丰富，而草本层物种又要比灌木层物种丰富一些，因此 Shannon – Wiener 指数（H'）和 Simpson 指数（D）两个多样性指数在植被类型组成的不同层次表现出显著性的差异。尽管 Margalef 丰富度指数（R_m）在乔木层和灌木层间表现为差异不显著，但是乔木层和灌木层间形成显著差异的置信度（a）为 0.07，这说明乔木层和灌木层间物种丰富度指数已接近显著性差异的边缘。

乔木层物种的均匀度要比灌木层和草本层差一些，大部分植被类型内的建群种或者乔木层的优势种均只有一两种，不同植被类型间乔木层物种组成差异性较大。只有很少一部分植被类型内建群种或者乔木层的优势种不明显，这种植被类型在植被分类中被定为杂木林。而草本层和灌木层物种组成比较丰富，分布相对均匀，尤其是在乔木林下，灌木物种有着较好的生存环境，适合多种灌木和草本物种的生长，多个物种能够同时共存于一个较小的范围内（一个样地内），因此得出 pielou 均匀度指数（E）在乔木层与灌木层、草本层之间表现为差异显著性，而在灌木层与草本层之间表现为差异不显著的结论。

（2）不同植被类型间物种多样性比较　不同植被类型间的物种多样性也存在较大的差异性，在统计的 12 个森林植被类型中，以核桃楸林样地内的平均物种数最多，多个样地内平均物种数为 41.79 种，也是唯一一个样地内平均物种数超过 40 种的植被类型，其次是黑桦林、杂木林、油松林、鹅耳枥林、山杨林、白桦林，这些植被类型样地内的平均物种数在 36 种以上，其他植被类型，如华北落叶松林、紫椴林、栓皮栎林、蒙古栎林、侧柏林等植被类型样地内平均物种数在 36 种以下，30 种以上。

山杨林、油松林和蒙古栎林的物种变化较大，分布海拔的变化幅度也较大，但是油松林的分布范围要比蒙古栎林、山杨林的分布范围更向下一些，而且，分布范围也较为宽广，在调查的 13 个自然保护区（风景名胜区、森林公园）内均有分布，这说明油松群系是北京山区适应性最强的群系类型，山杨林也是北京山区适应性较广的群系类型之一，不论是从物种丰富度上、海拔分布的变化范围上，还是从群丛类型与分布区上都可以得到证明。

华北落叶松林、白桦林、黑桦林的分布海拔都比较高，分布的最高上限可达1800 ~ 1900m，一些海拔较低的地区，如石花洞，就没有这些群系类型的分布，而且在分布区其群系类型、群系内物种丰富度上都比油松林、蒙古栎林、山杨林要少一些。

核桃楸林、紫椴林也是北京山区分布较为广泛的群系类型，但是它们与华北落叶松林、黑桦林、白桦林不同，是属于低海拔分布的群系类型，调查到的这两个群系在北京山区的分布上限都在 1400m 以下，而且二者的分布面积要比上面提到的几种群系类型的分布面积小得多。核桃楸林属于低海拔分布区内物种较为丰富的群系类型，而紫椴林无论从分布区的范围上还是群系内物种的丰富程度上都要比核桃楸林差一些。

各植被类型的乔木层中，以紫椴林的物种多样性指数最高，Shannon – Wiener 指数（H'）和 Simpson 指数（D）分别为 2.00，0.65。其次是杂木林、黑桦林、核桃楸林、山杨林、白桦林和鹅耳枥林，这些植被类型的乔木层物种多样性指数都较高，Shannon – Wiener 指数（H'）均在 1.0 以上，Simpson 指数（D）均在 0.4 以上，其他植被类型的物种多样性指数均较低，丰富度指数和均匀度指数与前两个多样性指数的变化相似。乔木层物种多样性指数高的植被类型，其物种丰富度和均匀度也较高。

灌木层中以山杨林、白桦林、紫椴林、杂木林和栓皮栎林的物种多样性指数较高，Shannon - Wiener 指数（H'）均在 2.6 以上，Simpson 指数（D）均在 0.76 以上，其他 7 种植被类型灌木层的物种多样性指数均较低。灌木层物种多样性指数与乔木层的物种多样性指数表现为正相关，但是不显著，其中黑桦林、核桃楸林内灌木层的物种多样性指数明显降低，没有明显的正相关性。说明这两个植被类型内灌木层物种稀少。

各植被类型的草本层的物种多样性差别不大，大部分植被类型草本层的 Shannon - Wiener 指数（H'）在 3.0 至 3.7 的范围内波动，其中以油松林内草本层的物种多样性指数最高为 3.64，鹅耳枥林内草本层的物种多样性指数最低为 3.00，除鹅耳枥林内草本层的 Simpson 指数（D）为 0.78 外，其他植被类型内草本层的 Simpson 指数（D）均在 0.80 ~ 0.90 之间，其中以油松林内草本层的物种多样性指数最高为 0.87，紫椴林内草本层的物种多样性指数最低为 0.82；草本层的物种多样性指数与乔木层、灌木层的物种多样性指数变化相反，对各植被类型的 3 个层次的两个物种多样性指数进行相关分析表明（表 5 - 8），草本层的两个物种多样性指数与乔木层、灌木层的两个多样性指数呈现出负相关性，但均不显著。

表 5 - 8　植被类型各层的多样性指数（H'/D）的相关性

	乔木层（H'/D）	灌木层（H'/D）	草本层（H'/D）
乔木层（H'/D）	1/1		
灌木层（H'/D）	0.42/0.17	1/1	
草本层（H'/D）	-0.28/0.32	-0.19/0.15	1/1

（3）*不同森林植被类型内物种数的方差分析*　为了能够更加准确地判断不同植被类型内物种多样性的差异，对各植被类型随机抽取 10 块样地，以样地内平均物种为基础数据，在 SPSS11.0 软件中进行方差比较，结果表明不同植被类型中物种多样性存在明显差异（$F_a = 3.34 > F_{0.05} = 1.84$，$F_{0.01} = 2.35$），在此基础上进行了多重比较，结果见表 5 - 9，以确定不同植被类型间物种多样性的差异性。

通过对不同森林植被类型样地内物种多样性的统计，可以看出侧柏林和栓皮栎林与其他森林植被类型样地内物种数差别较大，侧柏林与其他 8 个植被类型的样地内物种数存在显著差异（$F_a > F_{0.05}$），其中与 5 个植被类型存在极显著的差异（$F_a > F_{0.05}$），这 5 个植被类型为鹅耳枥林、油松林、杂木林、核桃楸林、黑桦林；栓皮栎林样地物种数与其他 7 个植被类型具有显著的差异，其中与其他 5 个植被类型具有极显著的差异性，这 5 个植被类型为鹅耳枥林、油松林、杂木林、核桃楸林和黑桦林。侧柏林和栓皮栎林内物种较少，样地内平均物种数分别为 31.31 种和 32.54 种，是统计的 12 个植被类型中物种数较少的两个植被类型，他们与其他多个植被类型样地内的物种数存在显著差异。其次是华北落叶松林和紫椴林，这两个植被类型分别与其他 6 个植被类型具有显著差异性，并且紫椴林与华北落叶松林两个植被类型均与鹅耳枥林和杂木林具有极显著性差异。紫椴林和华北落叶松林也是统计的 12 个植被类型中物种数较少的两个植被类型，他们与侧柏林和栓皮栎林间的物种数不存在显著性差异。

表5-9 不同森林植被类型物种多样性的多重比较

	1	2	3	4	5	6	7	8	9	10	11
2	8.30*										
3	5.40	13.70**									
4	8.10*	0.20	13.50**								
5	2.80	11.10**	2.60	10.90**							
6	5.50	13.80**	0.10	13.60**	2.70						
7	5.10	3.20	10.50**	3.00	7.90*	10.60**					
8	3.80	12.10**	1.60	11.90**	1.00	1.70	8.90*				
9	2.40	10.70**	3.00	10.50**	0.40	3.10	7.50*	1.40			
10	5.30	3.00	10.70**	2.80	8.10*	10.80**	0.20	9.10*	7.70*		
11	0.70	7.60*	6.10	7.40	3.50	6.20	4.40	4.50	3.10	4.60	
12	0.10	8.40*	5.30	8.20*	2.70	5.40	5.20	3.70	2.30	5.40	0.80

注：1、2、3……为植被类型编号，1 白桦林，2 侧柏林，3 鹅耳枥林，4 栓皮栎林，5 油松林，6 杂木林，7 紫椴林，8 核桃楸林，9 黑桦林，10 华北落叶松林，11 蒙古栎林，12 山杨林。

* 为差异显著，** 为差异极显著。

华北落叶松林和侧柏林内物种数较少，与多个植被类型的样地平均物种数成显著性差异，主要源于这两个植被类型多为人工纯林，林龄较小，一般林龄在12~13年，且栽植密度较大，这些都严重影响了林下物种的生长，此外，侧柏林大多生长在阳坡、半阳坡，这样的生长环境，也限制了一些喜阴物种的生长；华北落叶松林一般生长在海拔较高的地段，大部分华北落叶松林生长在海拔1500m以上，环境温度较低，也限制了一些物种的生长。

栓皮栎林与侧柏林类似，也主要生长在阳坡，而且分布的海拔较低，主要分布于潭戒寺、十渡一带，大部分海拔在1000m以下。干旱的阳坡和较为强烈的人为活动是造成栓皮栎林物种数较少的主要原因。

与栓皮栎林、侧柏林等4个植被类型样地内物种数成显著性差异的鹅耳枥林、油松林、杂木林、核桃楸林和黑桦林中，除了油松林大多为人工林外，其他植被类型均为自然植被，结构较为复杂，而且分布的海拔范围较广，从500~600m的低海拔至1400~1500m的较高海拔均有分布，因此这些植被类型内的物种较为丰富。

5.3.1.2 主要灌丛植被类型物种多样性比较

（1）植被类型不同层次间物种多样性的比较　统计的8个灌丛植被类型中，草本层的物种多样性指数明显高于灌木层的物种多样性指数，灌木层的Shannon-Wiener指数（H'）均在3以下，其中杂灌丛最高为2.91，其次是平榛灌丛为2.53，胡枝子灌丛最低为2.12；Simpson指数（D）大部分在0.8以下，只有杂灌丛的Simpson指数稍大于0.8，为0.81，也是胡枝子灌丛的Simpson指数（D）最低，为0.68。对灌木层和草本层的Shannon-Wiener指数（H'）做T-检验表明：灌木层和草本层间Shannon-Wiener指数（H'）的相关系数为0.63（$p=0.10$），因此灌木层和草本层间的物种多样性指数（H'）没有显著的相关性。T-检验表明：$|T|=9.38$，$T_{0.01}=3.50$，因此认为

灌木层和草本层间的物种多样性指数（H'）存在显著差异，即草本层的物种多样性明显高于灌木层。

同样对灌木丛层和草本层的 Simpson 指数（D）作 T – 检验表明：灌木层和草本层间 Simpson 指数（D）的相关系数为 0.44（p = 0.28），因此灌木层和草本层间的物种多样性指数（D）也没有显著的相关性。由于 T 检验中 $|T|$ = 4.83，a = 0.02，因此认为灌木层和草本层间的物种多样性指数（D）存在显著差异。

草本层的物种丰富度指数（M_a）远高于灌木层，但是灌木层与草本层丰富度指数（M_a）的变化趋势基本一致，即灌木层物种丰富度指数高的植被类型，其草本层物种丰富度指数相应也较高，均匀度指数（E）的变化与物种多样性指数和丰富度指数变化类似，灌木层物种的均匀度低于草本层。

（2）不同灌丛植被类型的物种多样性比较　从统计的北京山区的这 8 个主要灌丛物种多样性的比较来看（表 5 – 7），群系内物种数量变化范围有一些差别，荆条灌丛、鹅耳枥灌丛、山杏灌丛和杂灌丛内物种变化范围超过了 30 种，平榛、小花溲疏、胡枝子、三裂绣线菊、柔毛绣线菊群系内物种数量的变化范围较小，在这 8 个北京山区分布较为广泛的灌丛群系类型中，有 4 个群系类型内物种数量变化范围较大，明显超过了乔木群系类型内物种数量的变化范围，说明灌丛群系类型在北京山区要比森林群系类型的稳定性差一些。

在统计的 8 个灌丛植被类型中，以平榛灌丛的样地内平均物种数最多，为 39.54 种，其次是杂灌丛，为 36.94 种，植被类型的样地内平均物种数超过 30 种的灌丛植被类型有 4 种，为柔毛绣线菊灌丛、平榛灌丛、山杏灌丛和杂灌丛，其余 4 个灌丛植被类型的样地内平均物种数低于 30 种，其中以荆条灌丛的样地内平均物种数最少，为 28.87 种，其他 3 种灌丛植被类型的样地平均物种数均在 29 种以上，30 种以下。

为了能够更加准确地判断不同灌丛植被类型间物种多样性的差异性，从所选的 8 个灌丛植被类型中各随机抽取 10 个样地，以物种数为基础数据进行方差分析，并进行多重比较，结果见表 5 – 10，方差分析结果表明 8 个灌丛植被类型间存在极显著的差异性（$F_a = 4.537 > F_{0.05} = 2.13$，$F_{0.01} = 2.87$）。多重比较表明：杂灌丛和平榛灌丛均与其他 5 个植被类型具有显著性差异，其中杂灌丛、平榛灌丛均与其他 3 个灌丛植被类型形成极显著差异，这 3 个植被类型为胡枝子灌丛、荆条灌丛和三裂绣线菊灌丛，均是物种数低于 30 种的植被类型；这说明这两个植被类型内物种数显著高于胡枝子灌丛、荆条灌丛和三裂绣线菊灌丛 3 个植被类型内的物种数。三裂绣线菊灌丛与其他 4 个植被类型具有显著相关性，这 4 个植被类型中有 3 个植被类型的样地平均物种数在 30 种以上，另外 1 个植被类型为鹅耳枥灌丛，其样地内平均物种数为 29.51；鹅耳枥灌丛与其他 3 个植被类型，即杂灌丛、平榛灌丛和三裂绣线菊灌丛具有显著的相关性，3 个植被类型的物种数均在 30 种以上。

环境是影响植被类型物种多样性的重要因子之一，荆条灌丛、三裂绣线菊灌丛、胡枝子灌丛等植被类型的样地内平均物种数较少，与它们的生长环境有着较为密切的关系，这 3 个植被类型大部分生长在阳坡。据统计，这 3 个植被类型生长在阳坡的概率均在 50% 以上。平榛灌丛、柔毛绣线菊灌丛、杂灌丛等植被类型的样地内平均物种数较多，这与他们大部分生长在阴坡有关，这 3 个植被类型生在阴坡的概率均在 40% 以上。

表 5-10　不同灌丛植被类型物种多样性的多重比较

	1	2	3	4	5	6	7
2	7.70*						
3	1.20	8.90**					
4	3.70	11.40**	2.50				
5	7.10*	0.60	8.30**	10.80**			
6	2.50	5.20	3.70	6.20	4.60		
7	6.60*	14.30**	5.40	2.90	13.70**	9.10**	
8	0.60	8.30*	0.60	3.10	7.70*	3.10	6.00

注：植被类型编号：1 鹅耳枥灌丛，2 杂灌丛，3 胡枝子灌丛，4 荆条灌丛，5 平榛灌丛，6 柔毛绣线菊灌丛，7 三裂绣线菊灌丛，8 山杏灌丛

* 为差异显著，** 为差异极显著

5.3.2　不同植被类型间物种相似性比较

表 5-11　不同植被类型间物种相似性比较（Sorenson 指数）

	1	2	3	4	5	6	7	8	9	10	11	12	13	14	15	16	17	18	19
2	0.32																		
3	0.42	0.44																	
4	0.19	0.57	0.39																
5	0.47	0.51	0.52	0.43															
6	0.46	0.41	0.48	0.33	0.55														
7	0.50	0.35	0.47	0.27	0.51	0.46													
8	0.42	0.41	0.47	0.39	0.55	0.48	0.48												
9	0.56	0.36	0.48	0.29	0.49	0.50	0.53	0.45											
10	0.51	0.36	0.43	0.27	0.48	0.49	0.50	0.46	0.50										
11	0.50	0.43	0.53	0.34	0.58	0.49	0.49	0.45	0.56	0.53									
12	0.49	0.45	0.48	0.40	0.54	0.47	0.53	0.51	0.53	0.53	0.55								
13	0.40	0.48	0.64	0.47	0.52	0.46	0.47	0.47	0.46	0.42	0.52	0.54							
14	0.43	0.51	0.55	0.44	0.60	0.55	0.44	0.47	0.45	0.42	0.52	0.46	0.58						
15	0.35	0.42	0.42	0.34	0.47	0.45	0.38	0.40	0.38	0.45	0.43	0.43	0.47	0.50					
16	0.28	0.57	0.40	0.51	0.47	0.40	0.29	0.41	0.33	0.34	0.40	0.41	0.47	0.52	0.41				
17	0.38	0.40	0.50	0.33	0.52	0.46	0.43	0.46	0.42	0.43	0.49	0.50	0.53	0.56	0.45	0.39			
18	0.41	0.49	0.52	0.43	0.51	0.47	0.44	0.46	0.43	0.47	0.49	0.50	0.60	0.58	0.50	0.47	0.48		
19	0.34	0.55	0.47	0.47	0.50	0.44	0.37	0.40	0.37	0.44	0.48	0.46	0.53	0.57	0.48	0.55	0.48	0.49	
20	0.35	0.59	0.46	0.49	0.56	0.49	0.38	0.49	0.39	0.40	0.49	0.48	0.48	0.57	0.47	0.56	0.46	0.49	0.54

注：1 白桦林，2 侧柏林，3 鹅耳枥林，4 栓皮栎林，5 油松林，6 杂木林，7 紫椴林，8 核桃楸林，9 黑桦林，10 华北落叶松林，11 蒙古栎林，12 山杨林，13 鹅耳枥灌丛，14 杂灌丛，15 胡枝子灌丛，16 荆条灌丛，17 平榛灌丛，18 柔毛绣线菊灌丛，19 三裂绣线菊灌丛，20 山杏灌丛

为了比较不同植被类型内物种的相似程度，对以上主要植被类型内随机抽取的10个样地进行样地内的物种统计，以样地内物种的存在与否为指标，计算不同植被类型间的相似性（Sorenson 指数），结果见表5-11。

大部分森林植被类型间物种相似性在0.30~0.60之间，但一些森林植被类型间的物种相似性也存在较大差异，其中栓皮栎林和白桦林间的物种相似性最低，仅为0.19，油松林与蒙古栎林间的物种相似性最高，为0.58。

灌丛植被类型间物种相似性较大，大部分灌丛植被类型间的物种相似性在0.45以上，只有平榛灌丛和荆条灌丛间，胡枝子灌丛和荆条灌丛间的物种相似性较低，分别为0.39，0.41。灌丛植被类型间物种相似性最高的两个植被类型为鹅耳枥灌丛和柔毛绣线菊灌丛，二者间的物种相似系数为0.60。

表5-12　不同植被类型的平均相似系数（Sorenson 指数）

编号	植被类型	总平均相似系数	与森林植被类型平均相似系数	与灌丛植被类型平均相似系数
1	白桦林	0.41	0.44	0.37
2	侧柏林	0.45	0.42	0.50
3	鹅耳枥林	0.48	0.47	0.50
4	栓皮栎林	0.39	0.35	0.43
5	油松林	0.52	0.51	0.52
6	杂木林	0.47	0.47	0.46
7	紫椴林	0.44	0.47	0.40
8	核桃楸林	0.45	0.46	0.44
9	黑桦林	0.45	0.48	0.40
10	华北落叶松林	0.45	0.46	0.42
11	蒙古栎林	0.49	0.50	0.48
12	山杨林	0.49	0.50	0.47
13	鹅耳枥灌丛	0.51	0.49	0.52
14	杂灌丛	0.51	0.49	0.55
15	胡枝子灌丛	0.43	0.41	0.47
16	荆条灌丛	0.43	0.40	0.48
17	平榛灌丛	0.46	0.45	0.48
18	柔毛绣线菊灌丛	0.49	0.48	0.52
19	三裂绣线菊灌丛	0.47	0.44	0.52
20	山杏灌丛	0.48	0.46	0.51

森林植被类型与灌丛植被类型间物种相似性差别较大，如荆条灌丛、三裂绣线菊灌丛和胡枝子灌丛与大部分森林植被类型的物种相似性都比较低，胡枝子灌丛与所调查的12个森林植被类型的物种相似性系数均在0.5以下。在三裂绣线菊灌丛和荆条灌丛与所调查的12个森林植被类型的物种相似系数中，它们分别只与其他两个森林植被类型

的物种相似系数超过了0.5，与其他10个森林植被类型的物种相似系数也都在0.5以下。

大部分植被类型间物种相似系数在0.4以上，0.5以下，其中油松林、鹅耳枥灌丛和杂灌丛与其他植被类型的物种相似系数较高，总体平均相似系数均在0.5以上，一方面说明这几个植被类型的物种较为丰富，种类较多，另一方面也说明这几个植被类型内物种具有宽广的生态位，应该是本地区的地带性物种。栓皮栎林与其他植被类型的物种相似性最低，为0.39，说明这个植被类型内物种种类较少或者植被类型内物种的生态位狭窄。

对某一确定的植被类型，通过比较其与所有植被类型的相似系数的平均值、森林植被类型的相似系数的平均值和灌丛植被类型的平均值发现，白桦林、黑桦林、紫椴林、华北落叶松林、山杨林、蒙古栎林、核桃楸林和杂木林这8个森林植被类型的总体相似系数的平均值低于它们与其他森林植被类型的物种相似系数的平均值，说明这些植被类型与其他森林植被类型的物种具有较高的相似性，与灌丛植被类型的物种相似性较低，其中白桦林、黑桦林和紫椴林与其他森林植被类型的物种相似系数明显高于其与灌丛植被类型的相似系数。

油松林、鹅耳枥林、侧柏林和栓皮栎林这4个森林植被类型与其他植被类型的总体相似系数的平均值高于它们与其他森林植被类型的物种相似系数的平均值，说明这些植被类型与其他森林植被类型的物种相似性不高，而与灌丛植被类型的物种具有较高的相似性，在这4个森林植被类型中，油松林与其他森林植被类型的物种相似性系数略低于其与灌丛植被类型的物种相似系数，油松林与其他森林植被类型的物种相似系数为0.51，与灌丛植被类型的物种相似系数为0.52，二者相差仅0.01。侧柏林和栓皮栎林与其他森林植被类型的物种相似性系数远低于这两个植被类型与灌丛植被类型的物种相似系数，其中侧柏林与其他森林植被类型的物种相似系数为0.42，与灌丛植被类型的物种相似系数为0.50，二者相差0.08，栓皮栎林与其他森林植被类型的物种相似系数为0.35，与灌丛植被类型的物种相似系数为0.43，二者相差0.08，因此可以认为这两个植被类型内的物种与灌丛植被类型内的物种具有较高的相似性，而与其他森林植被类型物种的相似性差别较大。

每个灌丛植被类型与其他灌丛植被类型的物种相似性系数均高于其与森林植被类型的物种相似系数。其中平榛灌丛、鹅耳枥灌丛和柔毛绣线菊灌丛与森林植被类型的物种相似性系数和其与灌丛植被类型的相似系数差别不大，差值均不超过0.04，因此认为这几个植被类型的物种组成与森林植被类型的物种组成具有较高的相似性。其他灌丛植被类型，如荆条灌丛、三裂绣线菊灌丛等植被类型的物种组成与森林植被类型的物种组成差别较大。

5.4 森林植被优先保护排序

5.4.1 植被优先保护排序研究的意义

保护珍稀濒危物种，最终的落脚点是保护珍稀濒危物种的生存环境。物种濒危的原因有很多，但栖息地遭破坏是其中最重要的因素，一旦濒危物种的生存环境受到严重干扰，濒危物种就有可能迅速灭绝。因此，保护濒危物种的小生境是有效保护濒危物种的重要手段。进行保护区功能区划的一个重要依据是：区分不同地理单元的重要性，并将其差异进一步量化，在数值上反映出来。近年来，国内一些动物类型自然保护区通过“地理单元赋值—聚类分析”的方法达到了这一目的。但是，这一方法未能推广到生态系统类型的自然保护区：数量庞大、交错分布的植物种类给赋值带来了巨大的困难。更多的生态系统类型自然保护区进行规划时仍然缺乏合理的依据。

生态学中的一个重要概念“确限度”有助于加深我们对于以上问题的理解。确限度是指某一个种局限于某一植被类型的程度。Braun – Blanquet 根据植物种类对群落类型的确限程度，归并为 5 个确限度等级。将这一概念进行引申，建立目标种的确限度指标，通过计算可得出某一目标种在某种群丛类型中的确限度大小，它提供给我们的信息就是：我们关心的保护物种的适宜生境类型有哪些？珍稀濒危植物中哪一些对环境要求更加严格？某种生境类型内可能包含了哪几种珍稀濒危植物？将同一群丛下不同目标种的确限度求和（或是构造一个计算公式），可以反映不同生境在保护价值上的差异。由于这些差异在数值上有具体体现，把它们排序，可获得优先保护的依据。

本节以北京市蒲洼自然保护区内分布的植被类型为研究对象，探讨了植被优先保护排序的方法。

5.4.2 研究方法

（1）选择参与排序的群丛类型　将其分别编号（表 5 – 13），并输入计算机，建立 Excel 数据库。

考虑到草甸与一般森林植被在成分上有着较大的差异，在排序中剔除了灌草丛植被型中的达呼里胡枝子 *Lespedeza davurica*、披针叶苔草、草芦 *Phalaris arundinacea* 灌草丛和绒毛绣线菊 *Spiraea dasyantha*、披针叶苔草灌草丛。

另外，在植被分类时将披针叶苔草、苍术 *Atractylodes lancea*、大叶白蜡、蒙古栎林群丛和披针叶苔草、雀儿舌头、大叶白蜡、蒙古栎林群丛合并为披针叶苔草、大叶白蜡、蒙古栎林群丛。为了比较、验证这种划分方法的科学性，在排序时将它们分开，作为两个不同的群丛来处理。

（2）将蒲洼自然保护区所有样地数据生成的总植物名录与每一群丛的植物名录进行对比　可列出单一物种在所有群丛中出现的频度。这个频度实际上就是此物种在蒲洼自然保护区内的确限度（确限度值大于等于 1 小于等于群丛类型总数，其数值越小说明这种植物面临生境破坏而遭灭绝的可能性越大。）

将所有物种的确限度排序，筛选出确限度值等于 1 ~ 10 的物种数，并记录确限度值为 1 的物种数为 n_1，确限度值为 2 ~ 3 的物种数为 n_2，确限度值为 4 ~ 10 的物种数为 n_3（仅选择确限度值小于 10 的物种进行统计是为了突出珍稀濒危物种在群丛中的地位，同时也避免了下一步加和时某些群丛因含非珍稀濒危物种过多而导致计算指标与实际情况不符合）。

表5-13　参与优先保护排序的群丛分类表

植被型	群系	群丛类型	代码
温性针叶林	油松林	小红菊—绒毛绣线菊—油松林	1
		小红菊—荆条—油松林	2
	侧柏林	碎米桠—绒毛绣线菊—侧柏林	3
寒温性针叶林	华北落叶松林	披针叶苔草—绒毛绣线菊—华北落叶松林	4
		三脉紫菀—绒毛绣线菊—华北落叶松林	5
		披针叶苔草、达呼里胡枝子—华北落叶松林	6
落叶阔叶林	暴马丁香林	披针叶苔草—绒毛绣线菊—暴马丁香林	7
	北京丁香林	披针叶苔草—绒毛绣线菊—北京丁香林	8
	人工刺槐林	野青茅—刺槐林	9
	鹅耳枥林	披针叶苔草—小花溲疏—鹅耳枥林	10
		披针叶苔草—蚂蚱腿子—鹅耳枥林	11
		草乌头—大花溲疏—鹅耳枥林	12
		披针叶苔草—绒毛绣线菊—鹅耳枥林	13
	核桃楸林	三籽两型豆—绒毛绣线菊—核桃楸林	14
		披针叶苔草—绒毛绣线菊、核桃楸林	15
		鸡腿堇菜—小花溲疏—核桃楸林	16
	蒙古栎林	披针叶苔草—绒毛绣线菊—蒙古栎林	17
		小红菊—绒毛绣线菊—蒙古栎林	18
		披针叶苔草—鹅耳枥—蒙古栎林	19
		披针叶苔草—雀儿舌头、大叶白蜡—蒙古栎林	20
		披针叶苔草—苍术、大叶白蜡—蒙古栎林	21
	青檀林	碎米桠—荆条—青檀林	22
	山杨林	披针叶苔草—雀儿舌头—山杨林	23
		披针叶苔草—绒毛绣线菊—山杨林	24
		糙苏—绒毛绣线菊—山杨林	25
	五角枫林	糙苏—刺五加—五角枫林	26
落叶阔叶灌丛	荆条灌丛	披针叶苔草—荆条灌丛	27
	鹅耳枥灌丛	披针叶苔草—鹅耳枥灌丛	28
	木本香薷灌丛	披针叶苔草—木本香薷灌丛	29
	绒毛绣线菊灌丛	披针叶苔草—绒毛绣线菊灌丛	30
	照山白灌丛	银背风毛菊—照山白灌丛	31

（3）分别统计单个群丛中确限度值为1的物种数　记为 q_1，同样，统计确限度值为2~3和4~10的物种数为 q_2 和 q_3。

分别对单个群丛进行累计确限度的计算。构造累计确限度公式如下：

$$Q = (q_1 \times 5 + q_2 \times 3 + q_3 \times 1) / (n_1 \times 5 + n_2 \times 3 + n_3 \times 1) \tag{5-3}$$

式中的参数5、3、1由专家给予赋值确定，不同的研究区域可根据实际情况赋不同的值。

（4）累计确限度排序　将不同群丛的累计确限度排序，就得到整个蒲洼自然保护区不同群丛类型的优先保护顺序。

5.4.3　植被优先保护的排序结果

5.4.3.1　群丛优先保护排序

经统计，在31个群丛类型中，共记录植物293种。其中，确限度值为1的物种有100种，确限度为2~3的有81种，确限度值为4~10的有66种（表5-14）。则$n_1=100$、$n_2=81$、$n_3=66$。

仅确限于一个群丛的物种数为100，占总种数的34.13%，说明蒲洼自然保护区森林植物组成成分呈现出一定的复杂性与独特性。

表5-14　蒲洼自然保护区森林植物种确限度统计表

确限度	1	2	3	4	5	6	7	8	9	10	10~31
物种数	100	49	32	15	15	10	6	10	5	5	46

依照群丛累积确限度公式，计算各个群丛的累积确限度，结果见表5-15。

将31个群丛按照累积确限度从高到低排序，并绘制成柱形图（图5-1）。

表5-15　蒲洼自然保护区群丛累积确限度统计表

群丛类型	物种数	q_1	q_2	q_3	累积确限度	群丛类型	物种数	q_1	q_2	q_3	累积确限度
1	41	3	4	8	0.043	17	103	18	9	33	0.185
2	40	3	1	14	0.040	18	45	2	2	12	0.035
3	25	5	1	9	0.046	19	65	8	6	17	0.093
4	45	5	1	11	0.048	20	39	3	2	6	0.033
5	44	1	1	13	0.026	21	57	6	6	21	0.085
6	51	10	2	18	0.091	22	22	7	4	4	0.063
7	40	5	3	8	0.052	23	45	2	1	14	0.033
8	21	1	2	4	0.019	24	60	6	1	15	0.059
9	36	6	1	10	0.053	25	41	3	3	9	0.041
10	73	16	8	20	0.153	26	29	7	3	7	0.063
11	50	8	8	8	0.089	27	42	2	1	12	0.031
12	35	5	5	6	0.057	28	33	2	0	8	0.022
13	65	11	2	13	0.091	29	39	5	5	14	0.067
14	52	10	3	8	0.083	30	77	11	6	24	0.120
15	71	8	2	23	0.085	31	49	10	4	22	0.104
16	50	11	7	13	0.110						

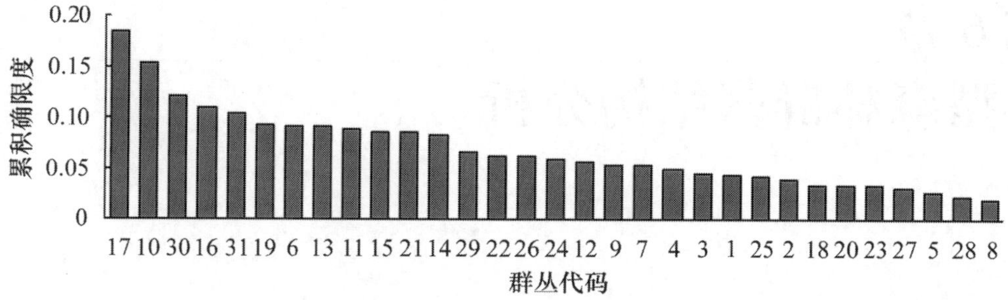

图5－1　群丛累积确限度排序

结果显示，属于同一群系的不同群丛，在保护价值上可能存在很大的差异，如披针叶苔草、绒毛绣线菊、蒙古栎林群丛与披针叶苔草、雀儿舌头、大叶白蜡、蒙古栎林群丛，它们同属于蒙古栎林群系，但在整个排序当中的位置却有很大差距。

排序结果在自然保护区的规划与管理上具有重要的现实意义。以上述分类结果为例，若取0.05和0.1两个值为临界点，整个蒲洼自然保护区的森林按重要性即可划分为3个不同的层次。累积确限度大于0.1的5种群丛最为重要，属于这一植被类型的区域应考虑划为自然保护区的核心区；包含累积确限度值在0.1以下、0.5以上和在0.5以下群丛类型的区域可考虑分别划分为缓冲区和实验区。

5.4.3.2　累积群丛确限度与群丛物种数比较

可能会存在某些群丛，其组成成分十分简单，而这些简单的成分确限度值却很高。最终发现，计算出累积确限度值较高的群丛实际上植被过于单一，造成结果与预期目标差异过大的现象。

基于这一疑问，将群丛物种数作为横坐标，群丛累积确限度作为纵坐标绘制为散点图如下：

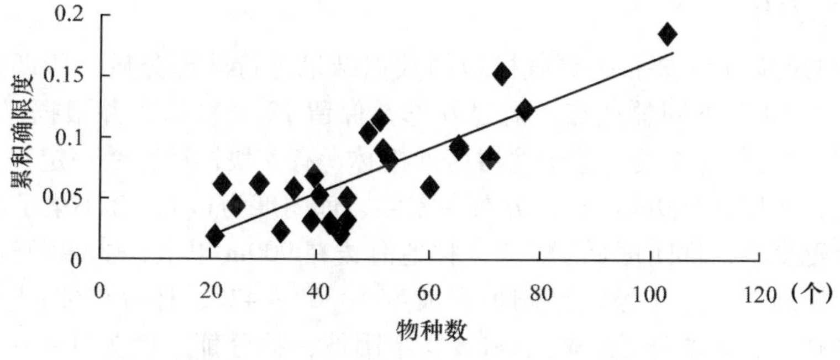

图5－2　物种数—累积确限度散点图

将31个群丛的这两组数据输入SPSS统计软件，进行相关性分析，结果为群丛物种数与其累积确限度在0.01水平上显著相关，相关系数为0.812。

这一结果说明：群丛物种数和累积确限度是成正相关的；通常情况下物种数越大，其累积确限度值越高；在人力物力有限的情况下，大致计数各个群丛的物种数就能衡量出某个群丛在整个保护目标中的地位。

第6章
典型森林群落结构分析

北京山地群落类型多样，群落内部物种丰富。北京地区的地带性植被为暖温带落叶阔叶林，如蒙古栎林、山杨林、白桦林等；针叶林在本区也有较大面积的分布，如华北落叶松林、油松林、侧柏林等。本章选取了典型的植被类型油松林和蒙古栎林进行了群落结构分析，这对研究北京市典型植被的动态和演替规律具有重要作用。此外，北京山地还保存有一些珍稀植物种为建群种的群落，这里分别选取以黄檗和核桃楸为建群种组成的群落进行结构分析，以期对北京市珍稀濒危物种和保护提供参考。

6.1 油松群落结构与更新研究

研究地点是喇叭沟门自然保护区。油松林是喇叭沟门林区主要的植被类型之一，尽管面积相对较小，但是在局部地段由于林龄较大，近些年受人为干扰极轻，呈现出次生林状态，林下更新良好。因此，研究其群落结构和更新状态，对于揭示该区油松林的动态演替规律，制定合理的抚育管理措施，充分利用林木的天然更新的能力，使人工更新与天然更新结合，既对加快山区绿化步伐具有重要意义，也可为北京乃至华北广大山区应用油松作为主要造林树种的植被恢复建设提供参考。

6.1.1 研究方法

对群落结构的研究主要根据调查样地的数据结果进行处理分析。所调查的25个油松样地共分布在10个不同的地点，通过筛选，保留18个样地，并根据微域环境的差异，将这18个样地分为4类：①中榆树店油松林，有5块样地，受一定程度人为干扰，林地坡度较缓，海拔在600m左右，分布在东坡，郁闭度为0.7；②小梁子油松林，有3块样地，林分密度小，郁闭度低于0.2，林地海拔在900m以上；③鸽洞沟、汤泉沟油松林，有4块样地，位于阳坡、半阳坡，坡度为30°~42°，林分郁闭度为0.3~0.6；④鹿角沟油松林，有6块样地，位于阴坡、半阴坡，林分郁闭度为0.4~0.7。各地点油松林基本概况如表6-1。

表6-1 各地点油松林分布状况表

地点	样地数	平均树高（m）	平均胸径（cm）	平均年龄（年）	郁闭度	海拔（m）	坡位	坡度（°）	坡向
小梁子	3	5.8±0.03	9.5±0.02	22.6	<0.2	900~920	上，中，下	20~26	NE，NW，W
鸽洞沟和汤泉沟	4	6.9±0.03	11.3±0.01	18.5	0.3~0.6	840~900	顶，上，中，下	30~42	NW，SW，SW

（续）

地点	样地数	平均树高（m）	平均胸径（cm）	平均年龄（年）	郁闭度	海拔（m）	坡位	坡度（°）	坡向
鹿角沟	6	8.9 ±0.02	13.3 ±0.01	29.2	0.4 ~0.7	750 ~970	顶，上，中，下，中，中	20 ~30	NS，N，E，N
中榆树店	5	10.3 ±0.02	15.2 ±0.01	19.3	0.4 ~0.7	600 ~620	中，中，中，中，下	16 ~30	E，NE，NE，NE

6.1.2 油松林年龄结构分析

年龄结构能够反映出不同年龄组的个体在种群内的比例和配置状况，对深入分析种群动态和进行预测预报具有重要价值。在小梁子、鸽洞沟、鹿角沟、中榆树店4个分布点内，油松林环境因子较为一致，油松起源、年龄、群落外貌、组成结构和所受的人为干扰大致相同，因此，为了便于研究，将油松林样地资料按照群落外貌特征和环境因子（主要是地点因子）分为4组，各组油松林年龄结构组成如图6－1：

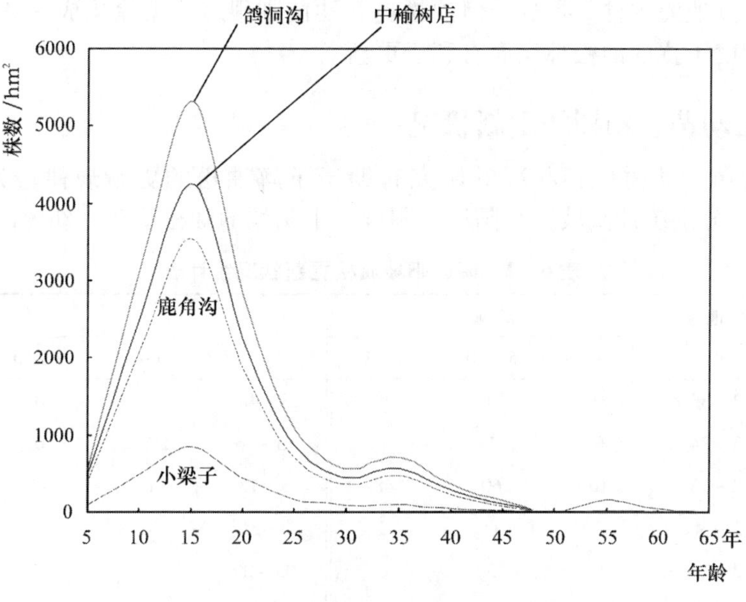

图6－1 不同地点油松年龄结构分布图

从年龄结构图中可以看出：

①本区油松林年龄结构呈偏正态分布（左偏），最高峰为15年左右，然后向两侧下降，反映出油松林在此年龄段数量最多，从15年以下的3个龄阶中，油松数量按11 ~15、6 ~10、1 ~5 3个龄阶依次减少；从年龄结构图可以看出，群落结构以幼体最多，属于增长型种群。

②4个地点之间油松年龄结构相似，但同一龄阶油松幼苗、幼树的数量差异明显，即鸽洞沟各年龄段油松数量最多，其次为中榆树店和鹿角沟，这3个地方的油松各龄阶

数量差异除在最高点较大外，其余各点都较为接近，各龄阶油松数量最少的是小梁子，与前三者的差异较大。

③从龄阶分布曲线中可以看出，各点在30～40年龄段形成一个小的高峰，往后则迅速下降，说明目前油松林的最高层即主林层年龄多为35年左右，起源于人工林，但个别乔木样地仍有年龄在60年的油松老树存在，这些老树应当为早期造林时林地中已经存在的幼树。从中榆树店油松林中残留的腐朽伐桩可以看出，该林分早期经过皆伐，目前的林分为人工造林，但由于更新良好，已经难以判断其起源。

4个地点中各龄阶油松数量的差异从各群落所处的环境状况可以得到解释，鸽洞沟各年龄段油松数量最多，一方面原因在于油松林郁闭度为0.3～0.6，这种郁闭度的林分上层林冠光照增加，林木结实率大，地被物较少，土壤湿润，有利于种子发芽和生长。另一方面，鸽洞沟的油松林林地坡度较陡（30°～42°），这为油松的天然下种提供了方便，这点与马尾松不同。马尾松在坡度为15°左右时，天然下种的苗最多，25°左右次之，超过32°以上的陡坡，天然更新不良，这是马尾松的种子较油松种子小的原故（李景文，1994）。而导致中榆树店油松更新状况比鹿角沟油松更新状况略好的原因很可能与人为干扰有关。中榆树店油松林距离中榆树店村很近，林地下部受放牛的影响，林下空隙大，其他灌木种类很少，但油松更新幼苗则很多。据徐化成（1990）的研究，这种受一定程度干扰的油松林反而有利于更新。

6.1.3 油松幼苗、幼树的更新状况

对油松幼苗、幼树更新状况的研究有助于了解油松的更新规律，为此，利用表6－2、表6－3分别统计阳坡、半阳坡，阴坡、半阴坡的油松幼苗、幼树的更新状况。

表6－2 阴、阳坡油松更新状况统计表

坡向	样地号	龄阶			样地号	龄阶		
		0～5	6～10	11～15		0～5	6～10	11～15
阴坡、半阴坡	2～35	0	0	0	3～48	7	0	0
	3～34	0	1	7	3～7	2	0	0
	2～33	10	60	68	3～13	10	11	0
	2～30	2	11	3	3～30	0	0	3
	2～14	0	3	0	03～29	14	25	5
	2～31	3	14	6	1～55	9	16	25
	1～32	1	2	17	1～56	12	20	46
	1～31	3	3	3	1～57	3	1	0
	1～51	0	0	0	1～58	1	0	1
					1～59	1	0	0
阳坡、半阳坡	2～8	0	0	1	3～33	2	0	0
	1～35	0	0	0	3～32	4	5	8
	1～34	4	6	28	3～34	2	10	39

通过计算分析，结论如下：

①从表 6 – 3 可以看出，油松林在阴坡的更新数量明显多于阳坡。阴坡油松幼苗、幼树每公顷平均总株数达到11 400株，阳坡上每公顷油松幼苗、幼树总株数为 2725 株。

②从表 6 – 3 中可以看出，阴坡和阳坡的油松幼苗、幼树虽属同一个龄阶，但平均高明显有差异，阳坡要高于阴坡。出现以上结果的原因是由于油松为喜光树种，在阳坡上生长比在阴坡上生长要快，但生长快并不意味着阳坡油松的更新要优于阴坡，因为阳坡油松幼苗高生长过快，其径生长相对较慢，这对于幼苗早期缺乏对外界环境变化抵抗力的油松来说极为不利，导致油松生长不稳定，更新幼苗不易成活。

表 6 – 3　阴坡、阳坡更新状况比较

项目	阴坡			阳坡		
龄阶	0 ~ 5	6 ~ 10	11 ~ 15	0 ~ 5	6 ~ 10	11 ~ 15
总株数	85	182	189	12	21	76
每公顷株数	2125	4550	4725	300	525	1900
幼苗、幼树平均高（m）	0. 22 ±0. 03	0. 68 ±0. 03	1. 6 ±0. 01	0. 83 ±0. 02	1. 6 ±0. 02	3. 2 ±0. 02
株数百分比（%）	18. 67	39. 83	41. 5	10. 99	19. 34	69. 67
总更新株数	11 400			2725		
更新评价	更新良好			更新不良		

③从表 6 – 4 分析得知，阴坡、半阴坡和阳坡、半阳坡油松林内部 3 个龄阶之间幼林幼树的高生长差异显著，11 ~ 15 年幼树高于 5 ~ 10 年幼树，5 ~ 10 年幼树又高于 0 ~ 5 年幼苗。

表 6 – 4　阴、阳坡更新层油松高度方差分析与多重比较

坡向	项目	变差来源	平方和 *ss*	自由度 *f*	平均平方和 *MS*	*F* 值
阳坡、半阳坡	方差分析	组间	$ss_1 = 85.84$	$f_1 = 2$	$MS_1 = 42.92$	
		组内	$ss_2 = 1115.12$	$f_2 = 106$	$MS_2 = 10.52$	4. 08 *
		总计	$ss = 1200.96$	$f = 108$		
	多重比较		$y_1 = 3.2$		$y_2 = 1.6$	$y_3 = 0.83$
		$y_3 = 0.83$	2. 37 *		0. 77 *	—
		$y_2 = 1.6$	1. 6 *		—	
		$Xy_1 = 3.2$	—			
坡向	项目	变差来源	平方和 *ss*	自由度 *f*	平均平方和 *MS*	*F* 值
阴坡、半阴坡	方差分析	组间	$ss_1 = 136.15$	$f_1 = 2$		
		组内	$ss_2 = 6130.81$	$f_2 = 453$	68. 08	5. 03 *
		总计	$ss = 6266.19$	$f = 455$		
	多重比较		$y_1 = 1.6$		$y_2 = 0.68$	$y_3 = 0.22$
		$y_3 = 0.22$	1. 38 *		0. 61 *	—
		$y_2 = 0.68$	0. 77 *		—	
		$y_1 = 1.6$	—			

④无论是阳坡还是阴坡，油松更新苗中以11～15龄阶的苗木所占比例最高，其次为6～10龄阶，而1～5龄阶的更新苗木所占比例最低，其原因通过下一节分析予以解释。

6.1.4 油松更新苗种群的空间格局

空间分布格局是植物种群研究的重要内容，是种群的重要结构特征之一。种群的分布格局由种群特性、种群关系和环境条件的综合影响所决定，在某种意义上它与环境条件的相关是因果关系，或者说种群格局是对环境适应和选择的结果。因而种群空间分布格局通常反映了一定环境因子对个体行为、生存和生长的影响。

种群的空间分布格局大致可分为3类，即均匀型、随机型、成群型。其检验方法很多，如Greig－Smith（1952）提出的等级方差分析法、M. D. Hill（1973）的三项估计方差法、B. D. Ripley（1978）的谱分析法、杨持等（1983）的二维网函数差值法，最常用的检验方法是方差/平均数比率，即S^2/m。其中：

$$m = \frac{\sum fx}{n} \tag{6-1}$$

$$S^2 = \frac{\sum (fx)^2 - [(\sum fx)^2/n]}{n-1} \tag{6-2}$$

式中：x表示样方中某种个体数；f表示含x个该物种的样方数；n表示样方总数。

通过对喇叭沟门林区油松林各样方中出现的油松幼苗、幼树数量进行统计分析，按照方差/平均数比率法对油松更新苗种群的空间分布规律进行研究（表6－5）。

表6－5 油松更新苗种群的空间分布检验

	样方数（f）	每样方油松个体数（x）	fx	$(x-\bar{x})^2$	$f(x-\bar{x})^2$
阳坡、半阳坡	15	0	0	0.294	4.410
	5	1	5	0.210	1.050
	4	2	8	2.126	8.504
阴坡、半阴坡	10	0	0	4.890	48.900
	30	2	60	0.045	1.350
	4	3	12	0.621	2.484
	7	5	35	7.773	54.411
	1	8	8	5.788	5.788

对阳坡、半阳坡以及阴坡、半阴坡油松更新苗株数分布进行方差分析，

阳坡：$S^2 = \sum f(x-\bar{x})2/(n-1) = 0.607$，$\bar{x} = \sum fx/\sum f = 0.542$，$S^2/\bar{x} = 1.120 > 1$

阴坡：$S^2 = \sum f(x-\bar{x})2/(n-1) = 2.214$，$\bar{x} = \sum fx/\sum f = 2.212$，$S^2/\bar{x} = 1.001 > 1$

方差分析结果表明，油松幼苗在阴坡和阳坡中均表现为$S^2/\bar{x} > 1$，说明其属于成群分布，即聚群分布。

油松幼苗呈聚群分布的原因在于：①油松种子的传播方式使其以母株为扩散中心；②林地中局部条件的差异，如林地光照、土壤湿度、灌丛盖度等；③球果在球果枝上分布的不均匀性。

6.1.5 油松群落的演替趋势

演替是指在某一地段上一个群落代替另外一个群落的过程。油松林为人工林，油松为群落中的绝对优势树种，当油松林形成后，有阔叶树种黑桦、白桦、坚桦、蒙古栎、春榆、紫椴、核桃楸、大叶白蜡、秋子梨、大果榆、山杨的侵入，而黑桦、白桦、坚桦都处于主林层中，因此，从长远的演替趋势来看属衰退种，即不可能代替油松林而形成黑桦林、白桦林或坚桦林。油松与栎类等阔叶树的演替关系，取决于气候条件和土壤条件。例如，在陕北和秦岭，由于气候的不同，油松和栎类的关系就不同。秦岭地区气候温暖湿润，这里落叶栎类是顶极群落，而油松是不稳定的，而在陕北黄土高原，降水偏小，温度偏低，栎林的发展受到限制，油松林具有一定稳定性，故这里顶极群落被认为是松林（钱国禧，1960）。

在同一气候下，如果不考虑外界其他环境因子如气候变动、火灾、人为干扰等的作用，油松林的稳定性则决定于地形和土壤条件。在土壤干燥瘠薄的条件下，乔木层只有油松能够生长，其他栎类及阔叶树因对土壤水分和肥力要求高，不能生长，这时油松林是相对稳定的，在这种立地条件下，油松林受到破坏后就退化为灌丛群落；相反，如果立地条件较好，即土壤水分和肥力既能够满足油松生长的需要，也能满足栎类等的要求，这时油松林不稳定，有可能被栎林所代替。

在对喇叭沟门油松林群落演替趋势分析中，对外业调查的16个样地中的林下阔叶树种的更新调查数据进行统计，每个样地中包括5个样方（取样的位置为样地中央及四角附近）。将阔叶树种出现的样方数与样地中样方数之比计为频率，统计结果如表6－6。

表6－6 更新层阔叶树种分布频度统计表

样地号	春榆	蒙古栎	紫椴	核桃楸	大叶白蜡	秋子梨	大果榆	山杨
1～32		100						
1～51		100						
2～8		20			40			
2～14		50			80			
2～30								
2～31		80			20			
2～33	60	80			20			40
2～34					60	40	20	
2～35		40	20	20				
3～13		80						
3～32								
3～30		60						
3～48		40						
3～29								
3～7		60			40			
3～33	60							
平均频率（%）	7.5	44.4	1.3	1.3	16.3	2.5	1.3	2.5

由统计结果可知：蒙古栎出现的频度较其他种出现的频度高，平均频率达44.4%，其次为大叶白蜡和春榆，分别为16.3%和7.5%，其他种出现的频率很低。但是蒙古栎和大叶白蜡的耐荫性不同，出现在各个林地中的频率和种类也有差异。蒙古栎幼苗主要出现于阴坡样地中，频率很高，而在阳坡或较低海拔阴坡郁闭度低的样地中频率很低或没有出现，而大叶白蜡或其他阔叶种类相对丰富。这种分布状况对各个样地油松群落的演替有可能会产生不同方向，即在局部地段油松林下蒙古栎幼苗较多，更新状况良好，蒙古栎幼苗比油松幼苗更耐荫，如果排除人为干扰等外因影响，将最终演化为蒙古栎群落，而另外一些地段由于不适合于蒙古栎的生长，将会在较长时期内被油松林占据，形成相对稳定的群落。

6.2 蒙古栎群落结构研究

研究地点是喇叭沟门自然保护区。一种群落的存在，是其长期适应其分布区内气候及自然环境的结果，也是对生长环境的气候、土壤等因子的综合反映。喇叭沟门自然保护区是北京市蒙古栎林面积最大，保存最完好的地段，对该区蒙古栎群落结构组成及分布范围等方面的研究，对于研究北京市栎类的分布，正确进行植被区划和生产规划，对于研究华北及其周围地区的植被分布，开展植物区系分析等科研活动，都具有重要意义。

6.2.1 群落的物种组成

经统计，组成蒙古栎群落的维管植物有50科119属168种，其中包含种数最多的科为菊科（含31种），其次为蔷薇科（含13种），其他含种较多的科有豆科、禾本科、百合科（均7种），其余均为少种科及单种科。蔷薇科是我国温带地区植物区系和植被组成的特征科，菊科、禾本科植物广布于全球，在喇叭沟门蒙古栎林下较为常见，但主要是一些温带属。蒙古栎群落中包含种数最多的属为蒿属（7种）和风毛菊属（4种），其次为鼠李属、委陵菜属、沙参属和苦荬菜属（均含3种）；总的组成中双子叶植物有37科98属142种，单子叶植物有6科13属17种，蕨类植物有6科6属7种，裸子植物1科2属2种。群落中乔木14种，占总种数的8.4%，灌木35种，占总种数的20.8 %，草本119种，占总种数的70.8%。

6.2.2 群落物种的生活型谱分析

生活型是植物通过对环境条件适应后在其生理、结构，尤其是外部形态上的一种具体反映，是群落学研究中植物生态功能群（ecological groups）或生态种组（ecological-species groups）的划分基础。通过生活型谱的比较，可以洞察控制群落的重要气候特征（王伯荪等，1996）。

分析方法主要根据丹麦生态学家Raunkiaer提出的生活型系统，即在植物活动处于最低潮的季节，按更新芽距土壤表面的位置对苗端提供保护的程度而划分类型，同时参考了高贤明等（1998）对暖温带生活型系统的修正意见，即把维管植物分为中高位芽植物、矮高位芽植物、地上芽植物、地面芽植物、地下芽植物、1年生植物。蒙古栎群落生活型统计如表6-7。

表6-7 蒙古栎群落物种生活型统计

生活型	Ph				Ch	N	G	Th	合计
	Maph	Meph	Miph	Nph					
种数	0	8	22	17	6	55	51	9	168
所占比例	0	4.8	13.1	10.1	3.6	32.7	30.4	5.4	100

注：Ph. 高位芽植物；Maph. 大高位芽植物；Meph. 中高位芽植物；Miph. 小高位芽植物；Nph. 矮高位芽植物；Ch. 地上芽植物；N. 地面芽植物；G. 地下芽植物；Th. 1年生草本

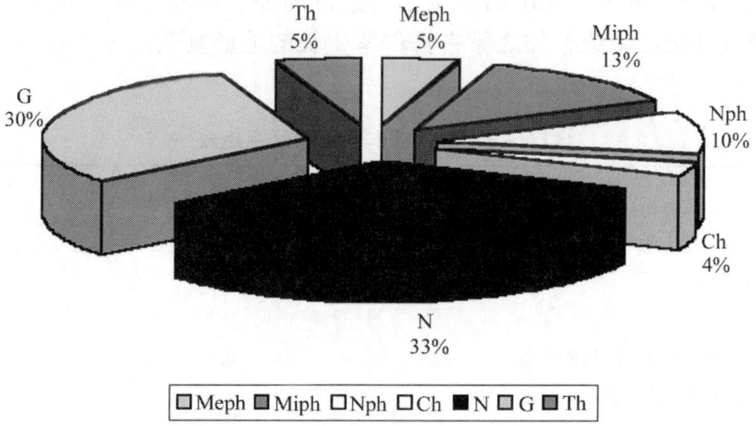

图6-2 蒙古栎群落生活型谱

结果表明，喇叭沟门自然保护区蒙古栎群落植物的生活型中，以地面芽植物占优，为32.7%，地下芽植物次之，为30.4%，接下来依次为小高位芽植物（13.1%）、矮高位芽植物（10.1%）、1年生植物（5.4%）和中高位芽植物（4.8%）。该群落中无大高位芽植物出现，与暖温带地区水、热不足和人为活动频繁等因子有关。地面芽和地下芽植物数量在该群落生活型谱中最高，说明了地面芽和地下芽是对冬季酷寒天气适应最成功的生活型，也基本反映出该区夏季温暖多雨、冬季寒冷干旱的中纬度气候特征。

高贤明等（1998）对我国暖温带森林植物生活型的研究结果表明，暖温带森林植物中地面植物芽为33.9%，与蒙古栎群落的地面芽植物比例相差不大，地下芽植物为19.7%，比本区蒙古栎群落地下芽植物30.4 %的比例要低，这种情况与喇叭沟门自然保护区位于较高海拔、较高纬度，这与蒙古栎群落所在的位置处于较冷生境相符合。

表6-8 不同地区蒙古栎群落生活型比较

地点	Maph + Meph	Miph + Nph	Ch	N	G	Th
河北省老岭	12.1	17.8	0.8	33.5	25.1	1.8
白石砬子保护区	14.3	16.9	2.0	30.6	27.6	7.2
丰林自然保护区	18.5	9.2	3.1	32.3	27.7	3.1
喇叭沟门保护区	4.8	23.2	3.6	32.7	30.4	5.4

从喇叭沟门自然保护区与周围3个地区的蒙古栎生活型谱（于顺利等，2000）比

较分析可以看出（表6－8），喇叭沟门自然保护区的中高位芽植物低于其他地方，小高位芽和矮高位芽植物高于其他地方，其他类型基本接近，反映出喇叭沟门自然保护区蒙古栎林乔木层种类较其他地区单调，但灌木种类相对丰富的特点。

6.2.3 群落内物种区系分析

从组成蒙古栎群落属、种的分布区类型可以看出，该群落植物区系的地理成分比较复杂，除编号3和编号6两种类型外，其余13种分布区类型在该群落中都有存在（表6－9），这与该区所在的燕山山脉位于内蒙古高原、华北平原、黄土高原的交汇地带，各种地理成分交汇渗透，加之蒙古栎群落生长的地形复杂、小生境多样等自然条件相关联。

表6－9 蒙古栎群落植物区系组成

编号	分布区类型	属数		种数	
		数量	百分比	数量	百分比
1	世界分布	16	—	23	13.7
2	泛热带分布	1	0.8	3	1.8
3	热带亚洲和热带美洲间断分布	0	0.0	0	0.0
4	旧世界热带分布	2	1.7	3	1.8
5	热带亚洲至热带大洋洲分布	1	0.8	1	0.6
6	热带亚洲至热带非洲分布	0	0.0	0	0.0
7	热带亚洲分布	1	0.8	3	1.8
8	北温带分布	52	43.7	75	44.6
9	东亚和北美间断分布	5	4.2	6	3.6
10	旧世界温带分布	19	16.0	26	15.5
11	温带亚洲分布	8	6.7	10	6.0
12	地中海区、西亚及中亚分布	1	0.8	1	0.6
13	中亚分布	1	0.8	1	0.6
14	东亚分布	9	7.6	12	7.1
15	中国特有	3	2.5	4	2.4

尽管地理成分较为复杂，但各种类型的比例差别显著，其中北温带成分、旧世界温带成分及温带亚洲成分占绝对优势，在属的分布区类型中三者所占比例之和达66.4%，在种的分布区类型中三者之和为66.1%，反映出蒙古栎群落明显的温带性质。

蒙古栎群落区系组成与喇叭沟门自然保护区及北京市种子植物区系组成都存在一定差异。表现为：泛热带分布属在蒙古栎群落中所占比例仅为0.8%，而在喇叭沟门区系中为8.93%，北京市区系中为11.5%；北温带成分在蒙古栎群落中所占比例达43.7%，而在喇叭沟门区系和北京市区系中仅为38.4%和29.9%，比例降低；地中海区、西亚及中亚分布类型在蒙古栎群落中所占比例为0.8%，在喇叭沟门区系和北京市区系中分别为1.44%和3.15%；其他区系成分变化不大。以上这种变化反映了蒙古栎群落区系组成比喇叭沟门自然保护区和北京市种子植物区系组成更为明显的温带性质，其群落中的物种组成更趋向于具有耐寒、旱的类型，这与蒙古栎群落在喇叭沟门处于较高海拔、高纬度的阴坡地段的生态环境是相符合的。也正因为如此，泛热带成分在蒙古栎群落中更难以生存，所占比例更小，明显低于在喇叭沟门自然保护区和北京市种子植物区系中所占比例。同样，泛热带成分所占比例在喇叭沟门植物区系小于在北京市植物区系中。

曾宪锋（1998）认为，地带性植被可以作为当地区系研究的典型材料，窥一斑而见全貌，同时他认为不同区系的比较可通过对各地典型地带性植被的区系分析来进行。通过对蒙古栎群落、喇叭沟门自然保护区和北京市种子植物三者之间的区系组成分析可以看出，典型群落的区系分析更能揭示该群落所处小生境的气候、环境状况和该群落的性质，而对该地区物种的区系组成只能是一个粗略的反映。原因在于：①由于受栽培种类和人为干扰的影响程度不同，典型植被中物种的分布区类型和该地所有物种的分布区类型之间的组成比例差异较大，尤其在对一个地区物种的统计编目中，因为对栽培物种的收录情况不同，会影响到该区植物区系的组成及比例；②地带性植被通常具有特定的小生境，其物种组成难以代表全区的物种区系组成，如在喇叭沟门地区，油松林和蒙古栎林都为地带性植被，但由于分布的海拔、坡向和人为干扰的影响，两种群落之间相似性系数很低。油松林主要分布于低山阳坡、半阳坡，蒙古栎林则分布于中山阴坡，两个群落之间共有种少，如果用蒙古栎林或山杨林作为喇叭沟门自然保护区种子植物区系分析的代表，都具有一定的片面性和局限性。

6.3　黄檗群落结构分析

研究地点是雾灵山自然保护区。黄檗为落叶乔木，树皮淡灰褐色，不规则网状纵裂，外层厚，木栓层发达，内层薄，鲜黄色，小枝橙黄色或黄褐色，无毛。花小，5数，雌雄异株，成聚伞状圆锥花序，顶生。浆果状核果，球形，熟成紫黑色，直径约1cm，花期5~7月，果期7~10月。主要分布区是寒温带针叶林区和温带针阔叶混交林区，多属湿润型季风气候，冬夏温差大，冬季长而寒冷，极端最低气温约-40℃，夏热多雨，年降水量400~800mm，本种是喜光树种，根系发达，萌发能力较强，能在空旷地更新。对土壤适应性较强，适生于湿润、通气良好、含腐殖质丰富的中性或微酸性土壤上。在河谷两侧的冲击土上生长最好。本种在北京雾灵山有野生种群分布，但是种群已经很小。

6.3.1　研究方法

6.3.1.1　调查方法

黄檗的调查按照生态学上最常用的典型样地法，样地记录项目包括：样地的各生态因子，如海拔、坡向、坡位和土壤条件等。样地大小为20m×30m，按5m的间距将样地分成24个小格，调查小格内黄檗及其他物种的情况。黄檗记录其所有个体的胸径（地径）、树高，同时按样地情况合理地定出一个原点，记录黄檗及其幼苗所处位置的坐标值，其他物种同黄檗，但不记录幼苗。各小格内设置2m×2m的灌木样方和1m×1m的草本样方，灌草样方记录所有灌木（包括木质藤本及乔木更新苗），草本（包括草质藤本）植物的种类、株数、盖度指标。

为了比较黄檗与其他乔木种的分布格局，采取中心点四分法对白桦进行了同步调查，即沿坡的方向拉一条样线，相隔5m设一个样点，在样点处划分4个象限，在每个象限内选取距中心点最近的植株（胸径 >4cm，距离 <7m），记录其到中心点的距离、种名、树高、胸径等指标，如果胸径 >4cm 的植株距离中心点 >7m，则此象限内记为无乔木出现。当然，除了这些内容，还要记录样地的海拔、坡度、坡向、透光度以及土壤情况等环境因子。根据白桦出现的频率，可以计算其分布格局。

黄檗的各项计算主要是依据其年龄，但是因为乔木的年龄比较难于估计，所以，采用生长锥钻取一定量（7 株）的黄檗，根据其胸径的值进行回归，得出北京雾灵山整个黄檗种群的胸径对年龄的方程，从而得出调查到的所有黄檗的年龄，然后进行计算。

以黄檗年龄为分级特征，可以分为 5 年以下，5 ~ 10 年和 10 年以上共 3 级，根据所调查到的每株黄檗所处的坐标，可以得到黄檗的分布图。

根据黄檗在小格内出现的情况可以按照泊松方差/均值比率法计算其分布格局，用t检验法检验，还可以进一步计算其他分布格局的指标。与非濒危物种白桦的分布格局进行对比，可以初步从分布上得到黄檗的濒危原因。

为了进一步断定黄檗的濒危原因，可以计算黄檗种群内的物种间关联度，找出其正关联和负关联的物种，为以后保护措施的制定提供依据。

6.3.1.2 多样性计算方法

黄檗群落的物种多样性采用丰富度指数、多样性指数、均匀度指数来表征，指数选取参照马克平等的方法。具体指标及计算方法如下：

Gleason 丰富度指数：

$$R_{Gi}=\frac{s}{\ln A} \tag{6-3}$$

Margalef 丰富度指数：

$$R_{Mi}=\frac{s-1}{\ln N} \tag{6-4}$$

Gini 多样性指数：

$$G_i=1-\sum_{i=1}^{s}P_i^2 \tag{6-5}$$

Shannon - Wiener 多样性指数：

$$D_i=-\sum_{i=1}^{s}P_i\cdot\log_2 P_i \tag{6-6}$$

Pielou 均匀度指数（基于 Shannon—Wiener 指数）：

$$P_{Di}=\frac{D_i}{\log_2(N)} \tag{6-7}$$

在上式中，s 为样地中植物物种数目，N 为样地中植物总个体数，A 为样地面积，P_i 为第 i 种的株数和总株数的比值，R_{Gi}为 Gleason 丰富度指数，R_{Mi}为 Margalef 丰富度指数，G_i 为 Gini 多样性指数，D_i 为 Shannon - Wiener 多样性指数，P_{Di}为基于 Shannon - Wiener 指数的 Pielou 均匀度指数。

6.3.1.3　分布格局的计算及检验方法

种群分布格局采用以下指标来进行测定：方差/均值比（$S^2/\bar{x}$）的 t 检验法、负二项参数（K）、丛生指数（I）、Cassie 指标（C_a）和聚块性指标（m^*/m）。

（1）扩散系数

$$C = \frac{S^2}{\bar{x}} \tag{6-8}$$

式中，S^2 为黄檗出现频次的方差，$\bar{x}$ 为黄檗出现频次的平均数。当 $C=1$ 时为随机分布，$C>1$ 时为聚集分布，$C<1$ 时为均匀分布。

检验统计量 $t = \dfrac{\left(\frac{S^2}{\bar{x}} - 1\right)}{\sqrt{2\ (N-1)}}$，其中 N 为方格数，若 $t_{0.01}\ (N-1)\ > t > t_{0.05}\ (N-1)$，则认为检验结果为显著，若 $t > t_{0.01}\ (N-1)$，则认为检验结果极显著。

（2）负二项指数

$$K = \frac{\bar{x}^2}{S^2 - \bar{x}} \tag{6-9}$$

K 值越小聚集度越大，K 值越大，则聚集度越小，K 值达到无穷大（即 8 以上），为随机分布。

（3）Cassie 指标 $C_a = \dfrac{1}{K}$　　(6-10)

$C_a=0$ 为随机分布，$C_a>0$ 为聚集分布，$C_a<0$ 为均匀分布。

（4）丛生指标 $I = \dfrac{S^2}{\bar{x}} - 1$　　(6-11)

$I=0$ 为随机分布，$I>0$ 为聚集分布，$I<0$ 为均匀分布。

（5）聚块性指标 $m^*/m = 1 + \dfrac{1}{K}$　　(6-12)

$m^*/m=1$ 为随机分布，$m^*/m>1$ 为聚集分布，$m^*/m<1$ 为均匀分布。

6.3.1.4　种间关联度的计算及检验方法

种间关联度可以用共同出现百分率 PC 法、联结系数 AC 法等计算，这里采用联结系数 AC 来表征，卡方检验法检验。

首先将样地调查的数据排成 2×2 列联表，用 a 表示两个种均出现的样方数，b、c 表示两个种分别出现的样方数，d 表示两个种均不出现的样方数（表 6-10），为使符号统一，设定 $c>b$。

表 6-10　物种出现频次列联表

		种 B		
		有	无	Σ
种 A	有	a	b	$a+b$
	无	c	d	$c+d$
	Σ	$a+c$	$b+d$	N

若 $ad \geqslant bc$，则 $AC = (ad - bc) / (a + b)(b + d)$ （6－13）

若 $bc > ad$ 且 $d \geqslant a$，则 $AC = (ad - bc) / (a + b)(a + c)$ （6－14）

若 $bc > ad$ 且 $d < a$，则 $AC = (ad - bc) / (b + d)(d + c)$ （6－15）

AC 的值域为 $[-1, 1]$。AC 值越趋近于 1，表明物种间的正联结性越强；AC 值越趋近于－1，表明物种间的负联结性越强；AC 值为 0，物种间完全独立（王伯荪等，1985；郭志华等，1997）。

用卡方检验法检验其联结强度：

$$\chi^2 = ((|ad - bc| - 0.5N)^2 - N) / (a + b)(a + c)(b + d)(d + c) \qquad (6-16)$$

若 $\chi^2 < \chi^2_{0.05}(1)$，则认为结果不显著，若 $\chi^2_{0.05}(1) < \chi^2 < \chi^2_{0.01}(1)$，则认为结果显著，若 $\chi^2 > \chi^2_{0.01}(1)$，则认为结果极显著。

6.3.2 黄檗群落结构的基本状况

6.3.2.1 通天峪黄檗情况

通天峪处于雾灵山自然保护区的核心区，没有人为破坏，黄檗虽然数量不多，但是长势良好。

其生长环境中土壤的特征是含水量大，石砾含量多，根系范围 20～55cm，含量较大，土壤质地疏松，为壤土，营养物质丰富，适合植被生长。其具体特征如表 6－11 所示。

表 6－11 通天峪黄檗群落的土壤情况

层次	深度（cm）	剖面特征	含水率（%）
O	0～1	半腐的枯枝落叶	30.63
A_1	1～22	腐殖质层，须根发达，含量 5%，土壤湿，疏松，浅黑色，过渡不明显，壤土	16.33
A_2	22～45	主根多，达 10%，石砾含量 30%（石英岩），土壤湿，疏松，褐色，壤土	17.61
B	45～65	根极少，石砾少，土壤湿，较紧实，壤土	17.43

通天峪黄檗分布的大环境是在其南沟海拔 1100m 处北坡中，坡度 30°，乔木郁闭度 0.65 左右，乔木总密度 1525 株/hm²，其中核桃楸 319 株/hm²，平均胸径 9.6cm，伴生种紫椴密度 531 株/hm²，平均胸径 5.4cm，黄檗密度 175 株/hm²，平均胸径 6.2cm，其他有北京丁香、蒙古栎、糠椴、榆、五角枫、春榆等，密度都很小，胸径也不大。

在 7 月进行调查，林下灌木有小花溲疏、毛榛、五味子、大叶白蜡等，密度 2 株/m²；林下草本有披针叶苔草、草芍药、黄花油点草 *Tricyrtis maculata*、东北南星、笔龙胆 *Gentiana zollingeri* 等 33 种，密度 9.38 株/m²。黄檗的长势不如紫椴、核桃楸等，竞争进入乔木层的有 35 棵，其余为幼树和幼苗。乔木层黄檗平均胸径 6.2cm，高度大约 10m，与核桃楸持平。

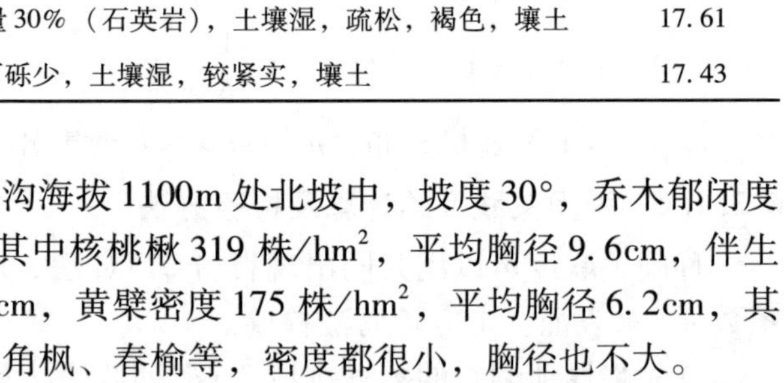

图 6－3 黄檗种群胸径与年龄回归分析图

在 10 月进行再调查，林下灌草

许多已落叶，灌木密度为2.13株/m^2，草本为20株/m^2。乔木保存较好，状况与7月一致。

由于乔木的年龄估算比较困难，所以采取以胸径代年龄的方法，将黄檗的胸径值回归为年龄值，以通天峪黄檗为例，其胸径对年龄的回归方程为：$y = 1.6803x + 1.0125$，$r^2 = 0.9748$，结果如图6－3所示。

依照回归方程，3个级别黄檗的分布情况如图6－4所示。

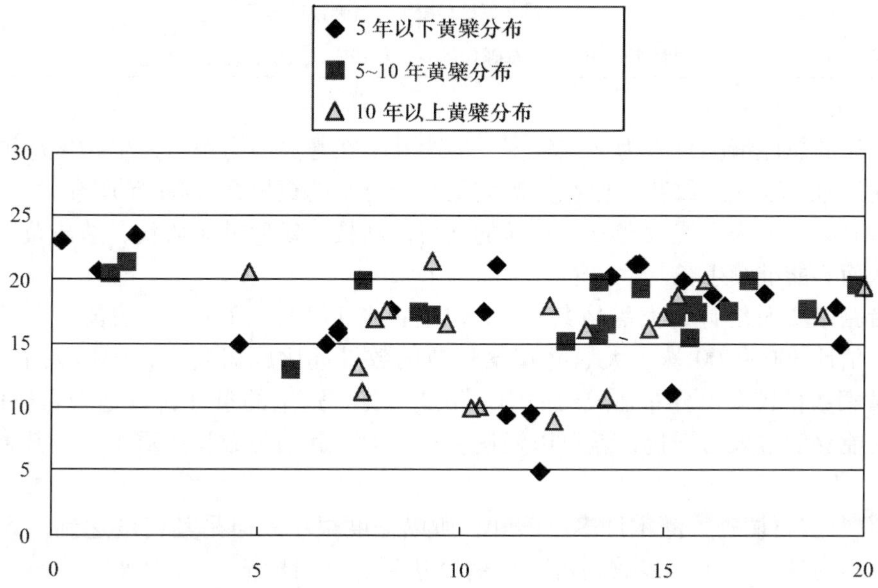

图6－4　通天峪黄檗分布格局图（纵、横坐标单位：m）

经计算，通天峪10年以上生黄檗为19棵，5～10年生黄檗为21棵，5年以下生黄檗为23棵（图6－5）。

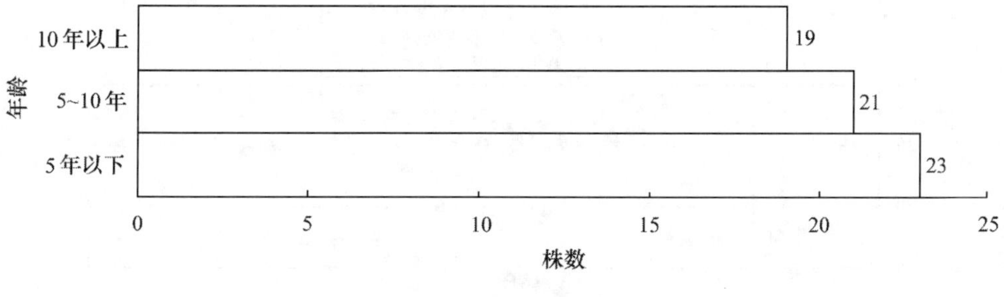

图6－5　通天峪黄檗年龄金字塔

注：纵坐标1为5年生以下的黄檗，2为5～10年生的黄檗，3为10年生以上的黄檗

6.3.2.2　大黑峪黄檗情况

大黑峪一条沟均有黄檗的零星分布，黄檗群落土壤的总体特征是含水量大，石砾多，根量中，质地疏松。具体特征如表6－12所示。

表 6-12　大黑峪黄檗群落的土壤情况

层次	深度（cm）	剖面特征	含水率（%）
O	0~0.2	为湿润的枯枝落叶，黄棕色	—
A_1	0.2~22	腐殖质层，须根多，含根量5%，褐色，壤土；分散，碎土，石砾含量中等，约5%~10%，土壤湿，疏松	19.07
A_2	22~47	须根，侧根多，须根占10%，侧根10%；土壤湿，疏松，壤土，石砾含量60%	13.38
B	47 以下	根量少，约5%，石砾含量多，为70%，壤土，疏松，褐色	13.49

大黑峪的总体情况是人为干扰较多，因为其不在雾灵山市级自然保护区范围内，村民可以随意进入砍伐及放牧。原在大黑峪最高处分布的黄檗在2004年调查时已经消失，当地村民介绍是人为干扰太严重，不断的砍伐，新枝萌发后继续砍伐，造成黄檗根系的死亡，从而不能继续生长。

据沿路踏查及统计，大黑峪共有2m以上黄檗177株，2m以下幼苗的数量无法精确统计，估计300~500株。大黑峪黄檗幼苗的数量远比成树要小，中等大小（5~10年）的黄檗数量较多，分布在成树周围。由此可见，这里的条件比较适合黄檗的生长，只要幼苗能够躲过人为干扰，就可以慢慢生长。但是其幼苗数量严重不足，其种群正在萎缩。

在10月进行调查，灌木许多已落叶，所以盖度很小，但是其密度达到了5株/m^2；林下的草本与灌木一样，多数凋落，但密度达到了24株/m^2，其中披针叶苔草占绝对优势，还有穿山龙、黄花油点草数量较多。与通天峪的黄檗相比，这里阳光更充足，黄檗种群更大些，林下的灌草也比较茂盛，土壤湿度更大。样地内胸径大于4cm的黄檗有65株，平均胸径为6.1cm，密度1083株/hm^2；胸径小于4cm的有41株。

根据上述胸径与树龄的回归方程，大黑峪黄檗的分布如图6-6所示。

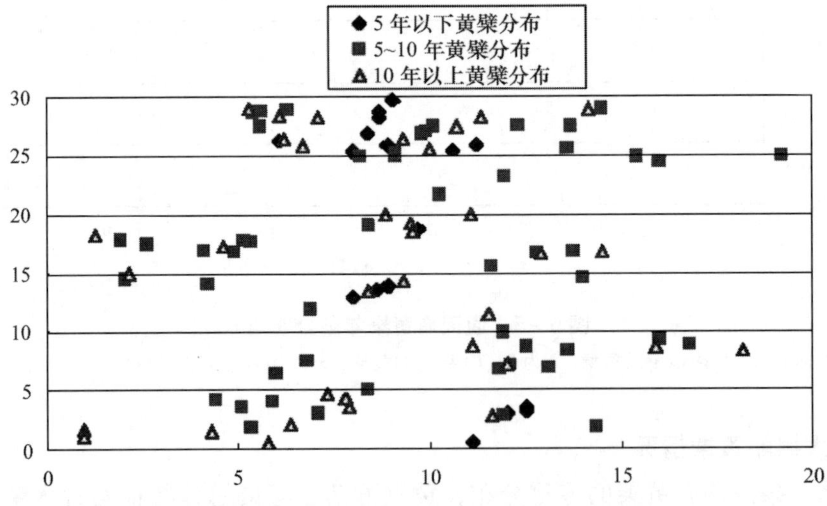

图 6-6　大黑峪黄檗分布格局图（纵、横坐标单位：m）

与通天峪的黄檗不同，大黑峪的黄檗幼苗数量严重不足，幼树数量较多，到成树阶段数量又下降（图6－7）。

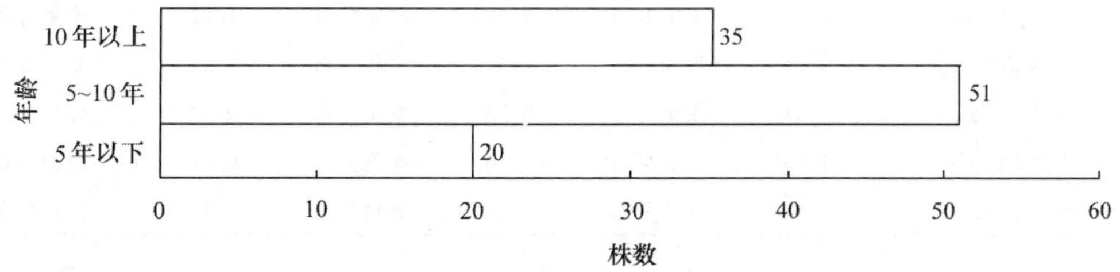

图6－7 大黑峪黄檗年龄金字塔

6.3.2.3 通天峪和大黑峪两地的黄檗群落比较

① 两处黄檗群落的土壤有相似之处，都很湿润，质地疏松，石砾含量多，可能是黄檗的竞争优势比较小，只能生长在条件差，石砾较多，阴坡及半阴坡的地方。另外，黄檗要求土壤通气性好，石砾含量多可以保持土壤较高通气性，这也可能是黄檗如此分布的原因。

② 通天峪地处北京雾灵山市级自然保护区内，无人为干扰，这里的黄檗幼苗有向外扩展的趋势，属于成长型种群，调查中其幼苗都为成树的根生，并无种子繁殖现象，幼苗多在成树周围。而大黑峪的黄檗在自然保护区外，受破坏严重，黄檗的生长受到严重的威胁，幼苗数量很少。

③通天峪和大黑峪黄檗群落的灌木多样性比较一致，多样性指数都比较高；而草本的相差较大，通天峪黄檗群落下草本非常稀疏，密度也小，多样性低，而大黑峪因为自然条件稍好些，所以草本多样性稍高，但总体来讲，灌木的多样性高于草本（表6－13）。

表6－13 通天峪和大黑峪黄檗群落的灌木和草本多样性比较表

地点	项目	Gleason	Margalef	Simpson	Shannon－Wiener	Pielou（Simpson）
通天峪	灌木	4.01	4.32	0.90	3.80	0.94
	草本	2.67	2.04	0.22	0.85	0.23
大黑峪	灌木	4.17	3.88	0.81	3.25	0.85
	草本	4.34	3.92	0.53	2.18	0.55

6.3.3 黄檗种群分布格局

黄檗在北京雾灵山的分布很少，结合实际情况，外业调查按照黄檗的分布调查20m×30m的2个样地和10m×15m的1个样地。分别将样地划分成5m×5m的格子后进行调查，总共为54个格，为计算方便，任意舍掉其中的4个，按照50个格子进行计算。

按照所选取的5个指标计算黄檗的分布格局并进行检验，结果如表6－14所示。

表 6－14 黄檗分布格局结果表

	5 年生以下	分布	5～10 年生	分布	10 年生以上	分布
扩散系数 C	2.53	聚集分布	3.76	聚集分布	1.72	聚集分布
负二项指数 K	0.65	聚集分布	2.57	聚集分布	2.58	聚集分布
Cassie 指标	1.53	聚集分布	0.39	聚集分布	0.39	聚集分布
丛生指标 I	1.53	聚集分布	2.76	聚集分布	0.71	聚集分布
聚块性指标 m*/m	2.53	聚集分布	1.38	聚集分布	1.38	聚集分布

经过检验，3 个年龄阶段的黄檗都是聚集分布，聚集程度 5 年生以下黄檗 > 5～10 年生黄檗 >10 年生以上黄檗。这说明虽然有些黄檗幼苗，但由于其非常聚集，所以其成活率不高，更新效果不好。

用中心点四分法调查，与黄檗同样的计算方法计算了该区白桦的分布格局，白桦的扩散系数 $C=0.99$，经检验为随机分布，说明白桦的更新良好，种子可以自由扩散。与黄檗相比，其生长能力更好，所以能够在适宜的生境上大面积的繁殖生长。

黄檗呈聚集分布首先与其自身的生物学、生态学特性有关，另一方面也与群落的环境有密切的关系，具体表现为资源竞争、土壤、气候、立地条件等因素。在大黑峪，黄檗只在沟中及沟边生长，在两边的坡上很少，可能是这里的环境条件让黄檗得以生长，其他的条件不适合其生长和繁殖。

调查中发现，由于人为干扰及其他物种的竞争，黄檗在一些小格子样方中的分布数量为 0，这使黄檗的聚集分布更显著。

黄檗的集群分布说明其种群的扩散能力很差，种群不容易变大，而白桦为随机分布，扩散能力很强。为了更好地保护黄檗，使其繁殖，可以采取扩繁、改良生境等措施，使黄檗的聚集程度下降，种群扩大。调查中发现，黄檗的幼苗都为母树萌蘖，并未调查到有种子繁殖，所以目前来讲，保护好这些母株是当务之急，然后考虑进行人工培育。

6.3.4 黄檗种群乔木的种间联结度

按照上述方法，计算黄檗种群乔木层的种间联结度，并且经过检验，得其种间联结强度半矩阵表（表 6－15）。

表 6－15 黄檗种群乔木种间联结半矩阵表

	白桦	白蜡	北京丁香	鹅耳枥	核桃楸	黑桦	黑榆	华北落叶松
白桦	白桦							
白蜡	---	白蜡						
北京丁香	--	--	北京丁香					
鹅耳枥	-	-	-	鹅耳枥				
核桃楸	-	-	-	-	核桃楸			
黑桦	---	---	--	-	-	黑桦		
黑榆	+	--	-	-	-	--	黑榆	
华北落叶松	--	--	-	-	+	--	-	华北落叶松

（续）

白桦														
-	-	-	-	---	-	-	-	黄檗						
+	-	-	-	-	+	+	+	-	蒙古栎					
--	--	-	-	-	+	-	-	-	+	山柳				
---	---	--	-	-	---	--	--	+	-	--	山杨			
-	-	-	-	+	-	-	-	-	+	-	-	五角枫		
---	---	--	-	+	---	--	--	-	-	--	---	-	榆	
+	+	-	-	-	+	+	+	--	+	-	-	+	+	紫椴
白桦	白蜡	北京丁香	鹅耳枥	核桃楸	黑桦	黑榆	华北落叶松	黄檗	蒙古栎	山柳	山杨	五角枫	榆	紫椴

注：+表示不显著正联结，++表示显著正联结，+++表示极显著正联结
-表示不显著负联结，--表示显著负联结，---表示极显著负联结

由联结度的计算及检验得知，黄檗群落里黄檗与其他物种的关系多数为负联结，只与山杨有不显著的正联结，其与紫椴、核桃楸有显著的负联结。

黄檗群落里的核桃楸和紫椴数量较多，特别是在通天峪，核桃楸和紫椴的重要值已经超过了黄檗，对黄檗的生长构成了一些威胁，它们的存在有可能成为黄檗扩散的阻力。为了使黄檗种群扩大，可以考虑在保护区的其他地方人工培育一些黄檗。在考虑人工培育黄檗选址时，可以避开核桃楸和紫椴。

山杨与黄檗为正联结，这可能是由于它们对综合环境条件具有相同或相似的需求与适应，生态习性相似，却都避免相同的生态因子。在大黑峪，黄檗与山杨都分布在乔木层的第一层，由于利用光资源能力的相似性较大，两种群和睦共处，共享资源（如光照、土壤、水分条件等）丰富而形成一定的正关联关系。但经检验其联结并不显著，并且在通天峪存在较少，只在大黑峪有零星的生长，所以并不能断定其与黄檗的关系，要经过仔细的调查及试验才能决定其关系是否有实际意义。所以可以考虑在以后进行黄檗人工繁育时进行这方面的试验，得出确切的结论后再制定最终的措施。

6.4 核桃楸群落结构研究

研究地点是雾灵山自然保护区。核桃楸为落叶高大乔木，属胡桃科，核桃属植物，属第三纪孑遗植物，被《中国植物红皮书》列为三级保护植物。核桃楸树型优美，材质良好，果实可食，具有很好的观赏和经济价值，主要分布于东北、华北、河南和山西，北京雾灵山自然保护区是北京地区核桃楸分布较为集中的地区之一。

6.4.1 研究方法

6.4.1.1 样方设置与调查

对北京雾灵山自然保护区的核桃楸群落采用传统的典型性样方法。在核桃楸群落分布较为集中的云岫谷景区（雾灵山自然保护区内）进行了调查，共调查10块样地，每个样地面积为20m×20m，其内四个角和中心各做灌木小样方1个，共5个，面积为2m×2m，草本小样方10个，面积为1m×1m。乔木物种记录种类、胸径、高度以及整

个群落的郁闭度；灌木和草本植物记录种类、数量、盖度和高度。

6.4.1.2 统计与计算方法

根据吴征镒（1991）《中国种子植物属的分布区类型》进行核桃楸群落的植物区系的研究；根据 Raunkiaer 生活型分类系统，进行核桃楸群落的生活型谱分析。

重要值的计算公式见第 4 章的 4.1 节。

物种多样性的测定多样性指数采用 Shannon 指数：

$$H = -\sum P_i \ln P_i \quad (i=1,\ 2,\ 3.\ldots.s) \tag{6-17}$$

式中，P_i 是第 i 个种的个体数 N_i 占总个体数的比例。

丰富度采用 Margalef 丰富度指数：

$$O = (S-1)/\ln N \tag{6-18}$$

式中，S 是群落中的总种数，N 为观察到的个体总数。

均匀度用观察多样性和最高多样性的比来表示：

$$J = H/\ln S \tag{6-19}$$

式中，S 是群落中的总种数，H 为 Shannon 指数。

6.4.2 群落内物种的区系组成

北京雾灵山自然保护区核桃楸群落内共有维管束植物种 156 种，隶属于 55 科 111 属，其中蕨类植物 5 科 5 属 5 种；裸子植物 1 科 1 属 1 种；双子叶植物 45 科 92 属 130 种；单子叶植物 4 科 13 属 20 种。核桃楸群落是保护区内物种数较多的群落类型之一，群落内物种比同区域内蒙古栎、蒙椴群落内物种丰富得多，其科、属、种数分别占北京雾灵山自然保护区内植物科、属、种总数的 54.46%，30.66%，22.22%。

按照吴征镒（1991）《中国种子植物属的分布区类型》的方法，划分了核桃楸群落的植物区系组成（表 6－16）。该群落维管束植物分布区类型有 11 个，占全国全部分布区类型的 73.33%，这反映了该群落植物区系分布类型丰富多样。以北温带成分的属占绝对优势，有 39 属，占总属数的 35.14%，主要有槭属、乌头属、升麻属、风毛菊属、铃兰属、黄精属，绝大多数是草本，这与区系地理位置是一致的。其次是旧世界温带种类相对较多，20 属，占 18.02%，主要有香薷属、梨属、丁香属、蓝刺头属、盘果菊属、益母草属、隐子草属、芨芨草属等；中国特有属只有 1 属，为蚂蚱腿子属；热带、东亚等成分所占比重均很少。

表 6－16 维管束植物属的分布区类型

序号	分布类型	核桃楸群落内属数	占群落内属数（%）	保护区内属数	群落内属数占保护区属数（%）
1	世界分布	16	14.41	45	35.56
2	泛热带分布	14	12.61	37	37.84
4	旧世界热带分布	2	1.80	5	40.00
5	热带亚洲至热带大洋洲分布	1	0.90	3	33.33
7	热带亚洲分布	1	0.90	3	33.33
8	北温带分布	39	35.14	118	33.05

（续）

序号	分布类型	核桃楸群落内属数	占群落内属数（%）	保护区内属数	群落内属数占保护区属数（%）
9	东亚和北美洲间断分布	5	4.50	17	29.41
10	旧世界温带分布	20	18.02	45	44.44
11	温带亚洲分布	3	2.70	18	16.67
12	地中海区、西亚以中亚分布	9	8.11	33	27.27
15	中国特有分布	1	0.90	5	20.00
合计	-	111	100.00	329	33.74

核桃楸群落内物种的分布类型与整个北京雾灵山自然保护区的植物属的分布类型基本一致，这是因为该区地处暖温带北缘山地，气候条件制约了热带成分在该区的分布。群落内植物总属数占北京雾灵山自然保护区内相应分布类型的植物总属数的33.74%，群落内植物属的旧世界热带分布、旧世界温带分布占保护区内相应植物属分布类型的比例较大，在40%以上，温带亚洲分布、中国特有分布占保护区内相应植物属分布类型的比例较低，在20%以下，其他各分布类型所占保护区内相应植物属分布类型的比例基本与群落总属数所占比例一致，在33%左右。

6.4.3 群落结构

（1）*群落乔木层植物的数量特征* 乔木层共出现植物13种，隶属于9科11属，对乔木层所出现的13种树种进行出现频度、数量、平均胸径、重要值进行了统计计算（表6－17）。

表6－17 核桃楸群落乔木层树种数量特征

树种	密度（棵/hm^2）	频度	平均胸径（cm）	平均高度（m）	重要值
核桃楸 *Juglans mandshurica*	497.5	1	12.2	7.5	65.48
油松 *Pinus tabulaeformis*	42.5	0.3	13	11.2	9.11
大叶白蜡 *Fraxinus rhynchophylla*	82.5	0.8	5.3	5.5	6.19
大果榆 *Ulmus macrocarpa*	80	0.4	6.5	5.6	6.15
北京丁香 *Syringa pekinensis*	50	0.4	8.2	5.7	3.93
榆 *Ulmus pumila*	47.5	0.2	7.6	6.3	3.74
鸡爪槭 *Acer palmatum*	30	0.1	7.2	6.4	2.30
鹅耳枥 *Carpinus turczaninowii*	15	0.2	5.2	6.3	1.14
蒙古栎 *Quercus mongolica*	10	0.1	8	6	0.75
山定子 *Malus baccata*	5	0.1	6.6	5.3	0.46
紫椴 *Tilia amurensis*	5	0.1	5	5	0.35
五角枫 *Acer mono*	2.5	0.1	6.8	7.5	0.21
山杏 *Prunus armeniaca* var. *ansu*	2.5	0.1	4.2	4.5	0.16

通过表6－17可以看出，在核桃楸群落中，乔木种类量很少，而且在分类群上分布的较为分散，除大果榆和榆、鸡爪槭和五角枫这4个种分属2属外，其余的9种分属于7科9属。核桃楸在整个乔木层中占有绝对优势，重要值为65.48，远远大于重要值排在第二位的油松；从频度上来看，核桃楸的频度最高为1，其次是大叶白蜡为0.8，而其重要值仅为6.19，在13种植物中有6种的频度为0.1，说明这些物种与核桃楸群落的相关性不大；在平均胸径和树高上，核桃楸的平均胸径和树高仅次于油松，排在第二位，而油松的频度和密度远不及核桃楸，因此油松也不可能取代核桃楸的优势地位。

（2）*生活型多样性* 主要根据丹麦生态学家Raunkiaer（1903）提出的生活型系统，在植物活动处于最低潮的季节，按更新芽距土壤表面的位置对苗端提供保护的程度而划分，把维管植物分为高位芽植物（Ph）、地上芽植物（Ch）、地面芽植物（H）、隐芽（地下芽）植物（G）、1年生植物（Th）五类（表6－18）。

表6－18 核桃楸群落生活型统计表

生活型	种数	百分比（%）
高位芽植物（Ph）	34	21.80
地上芽植物（Ch）	8	5.13
地面芽植物（H）	53	33.97
生活型	种数	百分比（%）
隐芽植物（G）	29	18.59
1年生草本（Th）	32	20.51
合计	156	100

由表6－18可以看出在核桃楸林群落内的156种维管束植物中，地面芽植物、隐芽（地下芽）植物和1年生植物共占73.08%，地上芽植物占5.13%，高位芽植物占21.80%。生活型是对环境的适应，特别是对气候的适应，该保护区地面芽植物的比例在5种生活型中最大，地面芽植物中主要是多年生草本，以披针叶苔草、短尾铁线莲、蓝萼香茶菜、益母草*Leonurus japonicus*、龙芽草、野青茅等为优势种，平均高度在20cm左右，盖度变化较大。高位芽中中小高位芽植物主要是乔木层的植物，以核桃楸为优势种，均高7.5m，平均胸径12.2cm，平均密度497.5株/hm^2（表6－17），伴生种有北京丁香、大叶白蜡、大果榆、油松等；矮高位芽中以绣线菊属、溲疏属、胡枝子属为优势属，平均盖度在40%左右，说明该群落内草本层对群落的物种多样性具有重要的影响，同时也说明该群落所处环境较为寒冷。

6.4.4 群落内物种多样性与物种相关性

（1）*群落不同层次的物种多样性特征* 对所调查样方进行汇总，分别计算群落内不同层次的多样性指数、丰富度指数和均匀度指数（表6－19）。

由表6－19可知，无论是Shannon指数、Margalef丰富度指数，还是均匀度指数，乔木层均是最低的，草本层均是最高的。从这3个指数的量上来看，Margalef丰富度指数变幅最大，草本层的丰富度指数为14.30，而乔木层只有2.05，说明草本层的植物种远比乔木层的植物种丰富，灌木层在丰富度上与乔木层接近。均匀度指数在群落的3个层次上变幅最小，乔木层为0.61，灌木层的均匀度与草本层相同，均为0.72，因此，认为在核桃楸群落内植物种的分布较为均匀，不同层次上植物种分布均匀度情况也较为接近。Shannon指数在群落的不同层次上变幅居中，比丰富度指数的变幅小，比均匀度的指数变幅大。灌木层的Shannon指数更接近于草本层，鉴于其丰富度指数与乔木层较为接近，因此可以判断，灌木层中种类少而个体数量较多。

表6-19 核桃楸群落各层物种多样性比较

层次	多样性指数（H）	丰富度指数（O）	均匀度指数（J）
乔木层	1.56	2.05	0.61
灌木层	2.60	5.68	0.72
草本层	3.44	14.30	0.72

（2）不同样方的物种多样性特征　对10个核桃楸群落样方分别求其多样性指数、丰富度指数和均匀度指数（表6-20）。

表6-20 10个样方内各指数计算表

样方号	重要值（I）	多样性指数（H）	丰富度指数（O）	均匀度指数（J）
1	39.67	3.31	8.10	0.86
2	45.00	2.57	5.72	0.72
3	41.50	3.32	7.34	0.87
4	34.55	2.95	6.16	0.82
5	52.92	3.12	7.65	0.82
6	97.91	2.46	5.49	0.69
7	85.94	3.17	7.19	0.84
8	85.38	2.72	5.44	0.78
9	94.64	2.99	5.61	0.87
10	43.94	2.33	5.53	0.66

表6-20所列重要值（I）是指各样方中核桃楸的重要值，尽管各样方内核桃楸的重要值不同，但在每一块样方中核桃楸都是最重要的，均是以核桃楸为建群种的群落。可以看出不同样方的I值、H值、O值、J值均不同，但群落的H值、O值、J值变化趋势基本相同，这说明三者之间存在相关性。均匀度指数J值变化幅度较小，这说明在该群落内物种分布较为均匀，丰富度指数O值变化幅度较大，说明不同样方内物种丰富度差别较大，用SPSS软件对重要值、多样性指数、均匀度指数和丰富度指数进行相关分析，结果表明核桃楸的重要值与其他3个指数之间呈现负相关（$R<0$），但均不显著，其中以重要值与丰富度指数负相关性较大，达-0.40。说明核桃楸群落的植物多样

性丰富程度与核桃楸在群落内的重要程度呈现一定的负相关，验证了核桃楸对生物多样性具有抑制作用的结论。丰富度指数、多样性指数和均匀度指数之间存在正的相关性（$R>0$），多样性指数与丰富度指数的相关系数为0.85，达到了极显著相关（$P<0.01$）；多样性指数与均匀度指数的相关系数为0.94，也达到了极显著相关（$P<0.01$）；均匀度指数与均匀度指数的相关系数为0.62，但不显著（$P=0.054>0.05$）。

（3）物种的相关性分析　不同物种在10个样方内出现的频度不同，对核桃楸群落内所有物种的频度分布进行统计，在10个核桃楸群落样方内频度为A（1%～20%）的植物种有80种，占到植物总数的69.29%；频度为B（21%～40%）的植物有57种，占18.59%；频度为C（41%～60%）的植物有9种，占5.75%；频度为D（61%～80%）的植物有2种，占1.26%；频度为E（81%～100%）的植物有8种，占5.11%。这样的频度分布与Raunkiaer频度定律是相吻合的。其中频度为100%的物种有6种，为乔木层的核桃楸，灌木层的小花溲疏和草本层的龙芽草、穿山龙、披针叶苔草、三籽两型豆。由于核桃楸在各样方中的重要值不同，又对出现频度为100%的6种植物在各自样方内的重要值进行了统计（表6－21）。

表6－21　6种植物的重要值

样方号	1	2	3	4	5	6	7	8	9	10
核桃楸 *Uglans mandshurica*	39.67	45	41.5	34.55	52.92	97.91	85.94	85.38	94.64	43.94
小花溲疏 *Deutzia parviflora*	2.05	29.55	41.23	46.9	21.87	46.77	18.94	30.66	72.54	49.43
龙芽草 *Agrimonia pilosa*	0.89	2.89	5.64	0.7	0.65	2.98	3.41	6.13	3.89	4.88
穿山龙 *Dioscorea nipponica*	0.89	8.45	6.06	3.71	3.37	5.3	4.25	12.54	7.7	7.62
三籽两型豆 *Amphicarpaea trisperma*	6.95	3.08	4.67	1.61	10.55	1.31	2.26	4.61	8.63	2.76
披针叶苔草 *Carex lanceolata*	23.67	36.38	10.93	10.99	8.89	18.68	12.3	43.25	25.42	44.52

分别以这6种植物所在样方内的重要值为基本数据，进行相关分析（用SPSS软件），结果如表6－22。

表6－22　6种植物的相关系数

R	核桃楸	龙芽草	穿山龙	三籽两型豆	披针叶苔草	小花溲疏
核桃楸	1					
龙芽草	0.34	1				
穿山龙	0.36	0.79**	1			
三籽两型豆	－0.01	－0.22	－0.15	1		
披针叶苔草	0.07	0.52	0.72*	－0.15	1	
小花溲疏	0.31	0.36	0.42	－0.11	0.13	1

注：*表示显著相关，**表示极显著相关

由表6－22可以看出6种植物与核桃楸群落的相关系数依次为0.34、0.36、－0.01、0.07、0.31。其中龙芽草、穿山龙、小花溲疏与核桃楸在数量分布上具有一定的相关性，但均没有达到显著相关的程度。在上述6种植物中，龙芽草和披针叶苔草达到了显著相关（$P<0.05$），龙芽草和穿山龙达到了极显著相关（$P<0.01$），因此认为核桃楸群落内物种存在具有相关性的物种，但是没有与核桃楸存在显著相关的植物种。

6.4.5 群落动态分析

从核桃楸群落的乔木层来看，核桃楸在群落中占有重要地位，无论是数量还是高度均占有优势，其他 12 种乔木树种中，北京丁香、山定子、山杏、鹅耳枥、大果榆和鸡爪槭 6 种为小乔木，处于亚优势层的地位，不会取代核桃楸的优势地位，剩下的 6 种乔木中只有大叶白蜡和油松的频度相对较大。大叶白蜡的频度为 0.8，油松的频度为 0.4，大叶白蜡多为伴生种，尤其是在华北地区，多与其他种混生，很少独立成林。油松同核桃楸一样，也是构成华北地区的地带性植被的重要物种，而且与核桃楸同处于乔木层，其平均高度（11.2m）高于核桃楸的平均高度（7.5m），因此油松是核桃楸目前唯一的种间竞争者。从林下乔木种的幼苗来看，共调查到高度大于 10cm，胸径小于 4cm 的幼苗 9 种，共计 48 株，其中大果榆、北京丁香、山定子为小乔木种，共计 17 株，占总数的 35.42%。此外还有大叶白蜡 17 株，核桃楸 5 株，春榆 3 株，榆、五角枫和蒙古栎各 2 株，没有发现油松的幼苗，认为油松的更新不良，不会取代核桃楸成为建群种。可见，大叶白蜡在幼苗中占有重要地位，将来可能是核桃楸群落中的重要伴生种。

从群落内物种的分布频度来看，核桃楸群落符合 Raunkiaer 频度定律，即 A > B > C > D，D < E，这说明核桃楸群落是一个稳定性高而种数分布比较均匀的群落。

因此，在外界环境条件不变且不受人为干扰的情况下，核桃楸群落将保持一个较为长期稳定的状态。

最后，需要指出的是在物种出现频度的统计中，A 级的植物种有 108 种，占近 70%，频度分布与 Raunkiaer 的标准频度稍有差异，A 级的比例较大，分析原因可能是调查样方面积较小，或是群落内核桃楸的不同重要值导致物种相似性差别较大，有待进一步研究。

第7章 植被的分布规律

环境条件的变化影响着植物物种的分布，植被是多个物种或种群的结合，是物种生存的小环境，同时也是对自然环境的综合反映。根据实地调查数据，本章选择了北京市分布范围较广的20个植被类型，从海拔、坡度、坡向3个方面分析了植被的分布规律，比较了不同植被类型在海拔、坡度、坡向等环境条件下植被分布及其物种组成的相似性。最后简述了植被类型在北京市域范围内的水平分布情况。

7.1 主要植被类型随环境因子的分布规律

本节选择了北京市20种主要的植被类型，从海拔、坡度、坡向3个方面分析了植被类型的分布规律。

7.1.1 海拔梯度对植被类型分布的影响

北京市最高峰为位于门头沟区的东灵山，海拔2303m，其他海拔较高的山峰有雾灵山（北京部分）海拔1732m，喇叭沟门自然保护区的南猴顶，海拔为1697m，也是怀柔区的最高峰。位于延庆县的松山自然保护区的最高峰海陀山海拔2241m，门头沟区的百花山最高峰白草畔海拔2049m。而北京市的最低海拔仅20m左右，最大相对高差达2000多米。相对较大海拔高差在一定程度上影响着植被的分布格局。

7.1.1.1 主要植被类型沿海拔梯度的变化

统计主要植被类型分布的海拔范围，及其在各海拔段分布的频度，结果见表7－1，并对不同植被类型在海拔梯度上分布的相关性进行了分析（表7－2），以确定各植被类型分布的相关性。

由表7－1可知，在海拔1000m以下分布的植被类型主要有荆条灌丛、鹅耳枥灌丛、山杏灌丛、鹅耳枥林、栓皮栎、侧柏林，调查中发现荆条灌丛分布的海拔最低，在海拔100多米的地段就有分布，鹅耳枥灌丛、山杏灌丛分布的海拔最高，不超过1100m。而白桦林、黑桦林、华北落叶松林、胡枝子灌丛和紫椴林分布的海拔则较高，大部分分布于海拔700～800m以上的地段，其中华北落叶松林分布的海拔最高，为1900m。此外还有一些植被类型分布的海拔范围比较广，从200～300m的低海拔到1500～1600m的高海拔均有分布，如核桃楸林、蒙古栎林、三裂绣线菊灌丛、油松林和山杨林。

表7-1 不同植被类型随海拔的分布频率

海拔(m)	白桦林	侧柏林	鹅耳枥林	栓皮栎林	油松林	杂木林	紫椴林	核桃楸林	黑桦林	华北落叶松林	蒙古栎林	山杨林	鹅耳枥灌丛	杂灌丛	胡枝子灌丛	荆条灌丛	平榛灌丛	柔毛绣线菊灌丛	三裂绣线菊灌丛	山杏灌丛
100	0	0	0	0	0	0	0	0	0	0	0	1	0	0	0	3.27	0	0	0	0
200	0	0	0	8.33	0.74	0	0	0	0	0	1.92	0	0	7.14	0	5.23	0	0	2.7	0
300	0	38.89	3.7	12.5	4.44	0	0	2.22	0	0	0	1	0	0	0	9.15	0	0	0	0
400	0	16.67	11.11	62.5	20.74	4.38	0	0	0	0	2.88	5	12.5	7.14	0	18.95	0	13.33	5.41	8.33
500	0	0	22.22	16.67	8.15	1.88	0	4.44	0	0	2.88	3	0	7.14	0	22.88	0	0	5.41	11.11
600	0	16.67	22.22	0	5.93	3.75	10	2.22	0	2.33	12.5	3	12.5	21.43	0	19.61	63.64	26.67	8.11	11.11
700	6.38	22.22	14.81	0	14.07	8.13	0	24.44	0	6.98	15.38	15	25	21.43	0	9.8	18.18	20	10.81	27.78
800	2.13	5.56	18.52	0	11.85	14.38	15	15.56	5.88	4.65	15.38	17	6.25	7.14	0	9.8	0	6.67	16.22	22.22
900	6.38	0	7.41	0	15.56	26.88	15	22.22	0	9.3	21.15	14	37.5	14.29	37.5	1.31	9.09	20	16.22	8.33
1000	10.64	0	0	0	2.22	13.75	30	8.89	17.65	23.26	4.81	9	6.25	0	0	0	0	6.67	13.51	11.11
1100	19.15	0	0	0	5.93	14.38	25	6.67	23.53	20.93	13.46	6	0	14.29	25	0	0	6.67	13.51	0
1200	31.91	0	0	0	4.44	6.25	0	6.67	5.88	4.65	5.77	15	0	0	37.5	0	0	0	5.41	0
1300	4.26	0	0	0	2.96	3.13	5	6.67	0	6.98	0	4	0	0	0	0	0	0	0	0
1400	6.38	0	0	0	0.74	0	0	0	0	9.3	0.96	7	0	0	0	0	0	0	2.7	0
1500	0	0	0	0	2.22	2.5	0	0	17.65	2.33	2.88	0	0	0	0	0	9.09	0	0	0
1600	4.26	0	0	0	0	0.63	0	0	0	4.65	0	0	0	0	0	0	0	0	0	0
1700	8.51	0	0	0	0	0	0	0	29.41	0	0	0	0	0	0	0	0	0	0	0
1800	0	0	0	0	0	0	0	0	0	4.65	0	0	0	0	0	0	0	0	0	0

表7-2 不同植被类型在海拔梯度上的相关性(Pearson Correlation)

	1	2	3	4	5	6	7	8	9	10	11	12	13	14	15	16	17	18	19
2	-0.26																		
3	-0.32	0.37																	
4	-0.26	0.35	0.26																
5	-0.05	0.38	0.62**	0.59**															
6	0.32	-0.12	0.19	-0.13	0.56*														
7	0.29	-0.17	0.04	-0.23	0.14	0.74**													
8	0.22	0.14	0.38	-0.23	0.60**	0.78**	0.40												
9	0.39	-0.29	-0.33	-0.23	-0.24	0.16	0.42	-0.09											
10	0.48*	-0.27	-0.25	-0.32	-0.02	0.59**	0.84**	0.36	0.40										
11	0.22	0.10	0.50*	-0.18	0.63**	0.85**	0.54*	0.83**	0.02	0.36									
12	0.49*	0.04	0.33	-0.12	0.58*	0.72**	0.39	0.83**	-0.07	0.38	0.74**								
13	-0.05	0.23	0.42	0.08	0.73**	0.71**	0.24	0.78**	-0.24	0.14	0.78**	0.57*							
14	-0.04	0.31	0.66**	0.04	0.60**	0.46	0.28	0.57*	-0.14	0.12	0.80**	0.38	0.68**						
15	0.74**	-0.23	-0.15	-0.17	0.25	0.64**	0.30	0.41	0.12	0.33	0.52*	0.52*	0.37	0.20					
16	-0.42	0.49*	0.88**	0.59*	0.56*	-0.10	-0.15	0.03	-0.39	-0.43	0.17	0.01	0.20	0.50*	-0.29				
17	-0.18	0.32	0.55*	-0.14	0.15	0.05	0.09	0.12	-0.16	-0.10	0.42	0.02	0.38	0.67**	-0.06	0.44			
18	-0.07	0.37	0.61**	0.13	0.67**	0.54*	0.34	0.57*	-0.17	0.16	0.77**	0.44	0.83**	0.87**	0.19	0.45	0.75**		
19	0.29	0.00	0.45	-0.07	0.60**	0.90**	0.77**	0.77**	0.13	0.59*	0.90**	0.78**	0.63**	0.63**	0.44	0.16	0.19	0.63**	
20	-0.13	0.32	0.76**	0.07	0.65**	0.44	0.25	0.74**	-0.17	0.11	0.65**	0.66**	0.60**	0.64**	-0.13	0.51*	0.33	0.64**	0.67**

注:1 白桦林、2 侧柏林、3 鹅耳枥林、4 栓皮栎林、5 油松林、6 杂木林、7 紫椴林、8 核桃楸林、9 黑桦林、10 华北落叶松林、11 蒙古栎林、12 山杨林、13 鹅耳枥灌丛、14 杂灌丛、15 胡枝子灌丛、16 荆条灌丛、17 平榛灌丛、18 柔毛绣线菊灌丛、19 三裂绣线菊灌丛、20 山杏灌丛

*为显著相关，**为极显著相关

由表7－2可以看出，统计20种植被类型在海拔梯度上的分布，表现为3种类型，一是植被类型间表现为负相关性，但负相关均不显著；二是植被类型间表现为正相关，但是相关性不显著；三是植被类型间表现为显著性的正相关性。白桦林与侧柏林、荆条灌丛、鹅耳枥灌丛、鹅耳枥林、平榛灌丛、杂灌丛、栓皮栎林、柔毛绣线菊灌丛、油松林和山杏灌丛10个植被类型在海拔梯度分布上表现为负相关；黑桦林与侧柏林、鹅耳枥林、栓皮栎林、油松林、核桃楸林、山杨林、鹅耳枥灌丛、杂灌丛、荆条灌丛、平榛灌丛、柔毛绣线菊灌丛和山杏灌丛12个植被类型在海拔梯度分布上表现为负相关；华北落叶松林与侧柏林、鹅耳枥林、栓皮栎林、油松林、荆条灌丛、平榛灌丛6个植被类型表现为负相关；胡枝子灌丛与侧柏林、鹅耳枥林、栓皮栎林、荆条灌丛、平榛灌丛、山杏灌丛6个植被类型具有负相关性。油松林、蒙古栎林、核桃楸林、山杨林、杂木林、三裂绣线菊灌丛等分布海拔范围较广的植被类型，大部分植被类型与9个及以上的其他植被类型形成显著相关性。仅分布于低海拔的植被类型或者仅分布于高海拔的植被类型与其他植被类型间表现为正相关的较少，一般与6个以下植被类型间表现为显著正相关。

总之，仅分布于低海拔的植被类型与分布于较高海拔的植被类型间多表现为负相关；分布于低海拔的植被类型之间或者分布高海拔的植被类型之间均表现为正相关，相关的植被类型较少，分布海拔范围较广的植被类型与其他多个植被类型具有显著的相互性。

7.1.1.2　主要植被类型在各海拔段间的相似性

以各植被类型的分布频度为基础，每100m设置为一个海拔段，并以一个整数表示该海拔段，如海拔100～199m的范围记为100，海拔200～299m的范围记为200，依此类推……，用SPSS11.0软件分析了不同海拔段的植被类型分布的相似性，结果见表7－3。

各海拔段之间植被类型的相似系数可以较为明显分为3个类群，第一类是海拔700m以下各海拔段间的相似系数，在海拔700m以下大部分海拔段间表现为正的相关性，一些海拔段间甚至表现出极显著的相关性，如海拔500m段与海拔100m，200m，400m段均表现出显著的相关性。海拔600m段与其以下的海拔段表现出正负两种相似性，说明在这个海拔段内，植被类型开始出现变化。

第二类为海拔1000m以上各海拔段间的相似系数，在海拔1000m以上各海拔间的植被类型的相似系数以正相关为主，一些海拔段间的植被类型的相似系数也达到了显著相关的程度，如海拔1000m段与1100m段，1100m段与1200m段，1300m段与1400m段的相关系数均达到了显著相关的程度。同时，在一些海拔段间也存在一些负相关性，但是这些海拔段间的负相关系数都非常小，其中海拔1200m段与1500m段间植被类型的负相关性最强，相关系数为－0.14，而在正相关的海拔段中，海拔1600m段和1700m段间的相关性最小，相关系数为0.11，可以看出在这个海拔1000m以上的类植被类型中，负相关最强的海拔段间的相关系数的绝对值与正相关性最弱的海拔段间相似系数的大小相当，因此可以认为在海拔1000m以上，各海拔段间植被类型的分布具有较高的相似性。

表7-3 不同海拔段间植被类型的相似性

海拔(m)	100	200	300	400	500	600	700	800	900	1000	1100	1200	1300	1400	1500	1600	1700
200	0.32																
300	0.13	0.15															
400	0.14	0.67**	0.44*														
500	0.52*	0.55**	0.15	0.56**													
600	0.07	-0.01	0.03	-0.1	0.05												
700	-0.05	-0.13	0.15	-0.08	0.05	0.4											
800	0.09	-0.16	-0.15	-0.17	0.33	-0.15	0.38										
900	-0.27	-0.3	-0.45*	-0.33	-0.41	-0.13	0.14	0.04									
1000	-0.21	-0.39	-0.37	-0.45*	-0.45*	-0.37	-0.38	0.18	0.02								
1100	-0.27	-0.19	-0.41	-0.52*	-0.53*	-0.45*	-0.64**	-0.15	0.22	0.61**							
1200	-0.07	-0.24	-0.21	-0.3	-0.3	-0.42	-0.37	-0.24	0.31	-0.05	0.52*						
1300	-0.1	-0.29	-0.19	-0.31	-0.3	-0.25	-0.24	-0.16	0.08	0.53*	0.25	0.02					
1400	0.01	-0.21	-0.2	-0.28	-0.29	-0.3	-0.23	-0.15	-0.11	0.43	0.3	0.31	0.59**				
1500	-0.14	-0.22	-0.19	-0.28	-0.31	0.12	-0.32	-0.37	-0.19	0.28	0.22	-0.14	0.42	0.12			
1600	-0.1	-0.18	-0.14	-0.22	-0.24	-0.26	-0.24	-0.26	-0.17	0.36	0.39	0.38	0.28	0.72**	-0.08		
1700	-0.08	-0.14	-0.11	-0.19	-0.2	-0.24	-0.36	-0.17	-0.34	0.26	0.4	0.16	-0.1	-0.01	0.61**	0.11	
1800	-0.06	-0.11	-0.09	-0.15	-0.16	-0.16	-0.15	-0.15	-0.1	0.4	0.28	-0.03	0.26	0.62**	-0.01	0.72**	-0.06

注：* 为显著相关，** 为极显著相关

第三类为海拔800m以下和1000m以上的海拔段间的相似系数，这两个海拔范围内的相似系数绝大部分为负值，即两个海拔范围内的植被类型表现为负相关性。说明这两个海拔范围内的植被类型分布具有较大的差异性，而海拔700m以上，1000m以下是一个过渡地带，这个海拔范围内，除了海拔700m段和1000m段间表现为负相关，其他两两之间均表现为正相关。

从相邻海拔段间的相似系数来看，在17个相关系数中，大部分相邻海拔段间表现为正相关，只有海拔1500m段和1600m段、海拔1700m段和1800m段间的两个相关系数表现为负相关性，但负相关不显著。在剩余的15个正相关系数中，有4个相关系数较小，分别为海拔500m段与600m段间的相似系数0.05，海拔800m段与900m段间的相似系数0.04，海拔900m段与1000m段间的相似系数0.02，海拔1200m段与1300m段间的相似系数0.02。

由表7-3可以看出，海拔500m段与600m段间的相似系数较小，是因为在海拔500m段内，没有调查到侧柏林、鹅耳枥灌丛、柔毛绣线菊灌丛的分布，而在海拔400m段和600m段均有这3种植被类型的分布，这些植被类型的间断分布是造成这两个海拔段间相似系数较小的原因之一，但是这种间断分布不应是自然分布的间断，应是调查样地的间断。此外也有些植被类型在此终止，或者从此开始出现，如栓皮栎林的分布在500m段终止，而紫椴林、平榛灌丛、华北落叶松林4个植被类型在600m段开始出现。

与海拔500m段与600m段间植被类型分布的类似，海拔1200m段与1300m段间紫椴林、黑桦林、蒙古栎林、三裂绣线菊灌丛4个植被类型出现了间断分布，即在海拔1300m以上，1200m以下均有这些植被类型的分布，因此，认为这些植被类型在这个海拔段的间断不是自然分布的间断。

在海拔800m段与900m段、海拔900m段与1000m段间，除去3个非自然分布间断的植被类型外，还有7个植被类型在这3个海拔段内结束分布或者开始出现分布。因此，可以认为海拔800~1000m是北京山区植被类型交替的分界区域。

7.1.2 坡度对植被类型分布的影响

对北京市分布的20个主要植被类型按照其分布的坡度进行统计，统计不同植被类型在各个坡度段上的分布频率，结果见表7-4。

大部分植被类型分布在坡度10°~20°和20°~30°这两个坡度段内，其中栓皮栎林、白桦林、油松林、华北落叶松林、杂灌丛、三裂绣线菊灌丛、荆条灌丛、柔毛绣线菊灌丛等植被类型分布频率的最高值在10°~20°的坡度范围内，这个范围内这些植被类型的分布频度在40%以上，蒙古栎林、核桃楸林、鹅耳枥林、杂木林、山杏灌丛等植被类型分布频率的最高值在20°~30°的坡度范围内，这个范围内这些植被类型的分布频度接近40%或40%以上。坡度在10°以下，30°以上时，大部分植被类型分布的概率明显减少。北京市坡度小于10°的地域一般是人类生产生活的区域，大部分成为了农田或者建设用地，自然植被很少存在，坡度30°以上的山地，坡度较大，土层较薄，不利于植物的生长，各植被类型出现在坡度大于30°山地的频率不超过30%。

表 7－4 植被类型在不同坡度出现的频率

编号	植被类型	0°～10°	10°～20°	20°～30°	30°～40°	40°～50°
1	白桦林	14.28	50.00	26.19	4.76	4.76
2	侧柏林	11.11	33.33	27.78	16.66	11.11
3	鹅耳枥林	6.67	6.67	46.67	33.33	6.67
4	栓皮栎林	26.08	56.52	17.39	0	0
5	油松林	10.29	40.44	33.82	12.50	2.94
6	杂木林	7.23	28.28	45.39	15.79	3.29
7	紫椴林	10.52	5.26	31.57	52.63	0
8	核桃楸林	17.94	28.20	38.46	15.38	0
9	黑桦林	31.25	31.25	25.00	12.50	0
10	华北落叶松林	21.42	50.00	21.42	4.76	2.38
11	蒙古栎林	7.43	29.75	38.84	19.00	4.95
12	山杨林	19.56	36.95	33.69	7.61	2.17
13	鹅耳枥灌丛	11.11	22.22	44.44	14.81	7.41
14	杂灌丛	0	45.45	36.36	0	18.18
15	胡枝子灌丛	50.00	0	33.33	16.67	0
16	荆条灌丛	16.77	40.64	24.51	14.83	3.22
17	平榛灌丛	20.00	40.00	40.00	0	0
18	柔毛绣线菊灌丛	26.66	40.00	13.33	13.33	6.67
19	三裂绣线菊灌丛	16.12	45.16	38.71	0	0
20	山杏灌丛	2.85	31.43	42.85	20.00	2.85

尽管各植被类型大部分分布在坡度 10°～30°的范围内，但是不同植被类型在各坡度范围内分布频率的相似性不同，以不同的植被类型为变量，不同坡度上植被类型分布的频率为变量值，用 SPSS11.0 软件进行相似性分析，结果见表 7－5。

大部分植被类型在各坡度等级上呈现正相关，即相似系数大于 0，但是一些植被类型间也表现为负相关，相似系数小于 0，与其他植被类型间表现为负相关的植被类型主要有 3 个，为鹅耳枥林、紫椴林和胡枝子灌丛，但表现为负相关的植被类型间负相关性均不显著。

在统计的 20 个植被类型中，有 2 个植被类型分别与其他 8 个植被类型在坡度分布上具有显著的相似性，分别为白桦林和油松林，也是具有相似植被类型最多的两个植被类型。

与其他 6 个及以上的植被类型具有显著或者极显著相关性的植被类型有 9 个，它们是白桦林、油松林、侧柏林、核桃楸林、华北落叶松林、蒙古栎林、山杨林、荆条灌丛和三裂绣线菊灌丛。其中 7 个植被类型在各坡度段的分布频率表现为：$P_{10\sim20} > P_{20\sim30} > P_{0\sim10} > P_{30\sim40} > P_{40\sim50}$，即这些植被类型在坡度为 10°～20°的范围内分布的频率最大，其次是在坡度为 20°～30°的范围内。其他 2 个植被类型在各坡度段的分布频率表现为：$P_{20\sim30} > P_{10\sim20} > P_{0\sim10} > P_{30\sim40} > P_{40\sim50}$，即这些植被类型在坡度为 20°～30°的范围内分布的频率最大，坡度为 10°～20°的范围内次之。在这 9 个植被类型中，有森林植被类型 7 个，灌丛植被类型 2 个，说明森林植被类型在各种坡度的地形中，以10°～20°的范围内分布较多，植被类型在各坡度段具有较为相似的分布。

表7-5 植被类型在不同坡度上分布的相关性

	1	2	3	4	5	6	7	8	9	10	11	12	13	14	15	16	17	18	19
2	0.90*																		
3	-0.11	0.29																	
4	0.94*	0.7	-0.36																
5	0.92*	0.98**	0.29	0.76															
6	0.61	0.85	0.7	0.36	0.87														
7	-0.31	0.05	0.81	-0.43	0.03	0.33													
8	0.68	0.8	0.57	0.54	0.88	0.93*	0.29												
9	0.7	0.53	0	0.8	0.67	0.48	-0.05	0.76											
10	0.97**	0.79	-0.24	0.99**	0.84	0.48	-0.35	0.63	0.8										
11	0.66	0.90*	0.67	0.41	0.90*	0.99**	0.37	0.91*	0.47	0.53									
12	0.91*	0.86	0.19	0.83	0.94*	0.8	-0.1	0.91*	0.84	0.88*	0.8								
13	0.48	0.72	0.76	0.23	0.76	0.98**	0.32	0.90*	0.42	0.35	0.93*	0.73							
14	0.84	0.87	0.08	0.62	0.84	0.7	-0.34	0.57	0.29	0.7	0.71	0.74	0.62						
15	-0.21	-0.28	0.27	-0.06	-0.11	0.09	0.24	0.34	0.51	-0.08	-0.02	0.17	0.22	-0.44					
16	0.95*	0.91*	0.04	0.90*	0.94*	0.66	-0.05	0.78	0.79	0.95*	0.73	0.91*	0.52	0.7	-0.08				
17	0.88*	0.83	0.18	0.79	0.91*	0.8	-0.18	0.89*	0.81	0.85	0.77	0.99**	0.76	0.77	0.19	0.85			
18	0.82	0.55	-0.44	0.96*	0.61	0.18	-0.33	0.42	0.81	0.92*	0.25	0.69	0.03	0.38	0	0.84	0.63		
19	0.94*	0.89*	0.14	0.83	0.95*	0.79	-0.2	0.86	0.77	0.89*	0.79	0.99**	0.72	0.83	0.05	0.90*	0.99**	0.67	
20	0.63	0.89*	0.69	0.36	0.88*	0.98**	0.39	0.88*	0.41	0.49	0.99**	0.76	0.92	0.71	-0.07	0.7	0.73	0.2	0.75

*为显著相关，** 为极显著相关。

注：1 白桦林，2 侧柏林，3 鹅耳枥林，4 栓皮栎林，5 油松林，6 杂木林，7 紫椴林，8 核桃楸林，9 黑桦林，10 华北落叶松林，11 蒙古栎林，12 山杨林，13 鹅耳枥灌丛，14 杂灌丛，15 胡枝子灌丛，16 荆条灌丛，17 平榛灌丛，18 柔毛绣线菊灌丛，19 三裂绣线菊灌丛，20 山杏灌丛

与其他6个以下的植被类型具有显著或者极显著相关性的植被类型有6个，其中与其他5个植被类型具有显著相似性的植被类型2个，为平榛灌丛和山杏灌丛，与其他4个植被类型具有显著相似性的植被类型2个，为杂木林和栓皮栎林，与其他3个植被类型具有显著相似性的植被类型1个，为鹅耳枥灌丛，与其他2个植被类型具有显著相似性的植被类型1个，为柔毛绣线菊灌丛。从植被类型上可以看出，这6个植被类型中有森林植被类型2个，灌丛植被类型4个，与前9个植被类型相比，灌丛植被类型的数量增加，森林植被类型的数量减少，可以认为灌丛植被类型与其他植被类型的相似性较低，与这些植被类型相似的植被类型主要集中在白桦林、油松林、胡桃楸林和蒙古栎林等森林植被类型中。

与其他任何一个植被类型都没有达到显著相关性的植被类型有5个，它们是鹅耳枥林、紫椴林、黑桦林、杂灌丛、胡枝子灌丛，其中鹅耳枥林、紫椴林和胡枝子灌丛与其他大部分植被类型呈现出负相关性。

7.1.3 坡向对植被类型分布的影响

不同植被类型在不同坡向的分布频率不同，以调查样地为基本单位，统计主要植被类型在东、西、南、北、东南、东北、西南和西北这8个方向的出现频率，坡向划分见图4-6，统计结果如表7-6。

表7-6 主要植被类型在不同坡向出现的频率

编号	植被类型	西南	西	西北	北	东北	东	东南	南	阴坡	阳坡	其他
1	白桦林	0	6.81	31.81	38.64	14.63	4.54	3.27	0	85.08	3.27	11.35
2	侧柏林	0	22.22	0	0	0	16.67	27.78	33.33	0	61.11	38.89
3	鹅耳枥林	13.33	6.66	26.66	0	26.66	6.67	6.66	13.33	53.32	33.32	13.33
4	栓皮栎	37.5	8.33	4.17	0	0	0	20.83	29.16	4.17	87.49	8.33
5	油松林	6.38	19.15	19.15	22.69	8.51	11.34	7.09	5.67	50.35	19.14	30.49
6	杂木林	0	8.28	21.02	27.38	15.92	10.19	3.82	13.37	64.32	17.19	18.47
7	紫椴林	0	5.26	36.84	26.31	0	21.05	5.26	5.26	63.15	10.52	26.31
8	核桃楸	0	7.89	7.89	31.57	15.7	20.94	5.46	10.02	55.16	15.48	28.83
9	黑桦林	0	31.25	12.50	25.00	12.50	0	6.25	12.50	50.00	18.75	31.25
10	华北落叶松林	7.14	4.76	23.81	21.05	28.57	11.52	0	2.38	73.43	9.52	16.28
11	蒙古栎林	10.48	11.29	18.54	22.58	13.71	9.67	4.81	8.87	54.83	24.16	20.96
12	山杨林	3.15	6.31	22.1	46.31	7.36	5.26	5.26	4.21	75.77	12.62	11.57
13	鹅耳枥灌丛	7.4	25.9	11.11	22.22	14.81	3.7	14.81	0	48.14	22.21	29.6
14	杂灌丛	9.09	0	0	45.45	0	27.27	9.09	9.09	45.45	27.27	27.27
15	胡枝子灌丛	0	0	11.11	22.22	0	11.11	11.11	44.44	33.33	55.55	11.11
16	荆条灌丛	9.98	8.97	6.41	12.82	5.13	16.02	16.02	25.64	24.36	51.64	24.99
17	平榛灌丛	9.09	9.09	0	18.18	27.27	18.18	0	18.18	45.45	27.27	27.27
18	柔毛绣线菊灌丛	14.28	0	14.28	21.43	7.14	21.42	0	21.42	42.85	35.7	21.42
19	三裂绣线菊灌丛	8.11	10.81	0	8.11	10.81	18.91	21.62	21.62	18.92	51.35	29.72
20	山杏灌丛	17.14	17.14	5.71	0	2.85	8.57	8.57	40	8.56	65.71	25.71

不同植被类型对坡向的要求不同，但是大部分植被类型以分布于阴坡为主，尤其是森林植被类型，如华北落叶松林、杂木林、紫椴林、白桦林、山杨林、油松林、核桃楸林、黑桦林、紫椴林、鹅耳枥林等植被类型，它们在西北、北、东北这3个坡向上的分布频度在50%以上。森林植被类型中侧柏林和栓皮栎林在阳坡的分布频率在50%以上，说明这两个植被类型更适于在阳坡生长。灌丛植被类型在阴坡的优势则不明显，在统计的8个灌丛植被类型中没有一个植被类型在以上3个坡向的上分布频度在50%以上，而在阳坡则有荆条灌丛、三裂绣线菊灌丛、山杏灌丛、胡枝子灌丛的分布频率在50%以上。

以植被类型在8个方向上出现的频率为变量，在SPSS11.5软件中对20个植被类型进行聚类分析，结果见图7－1。

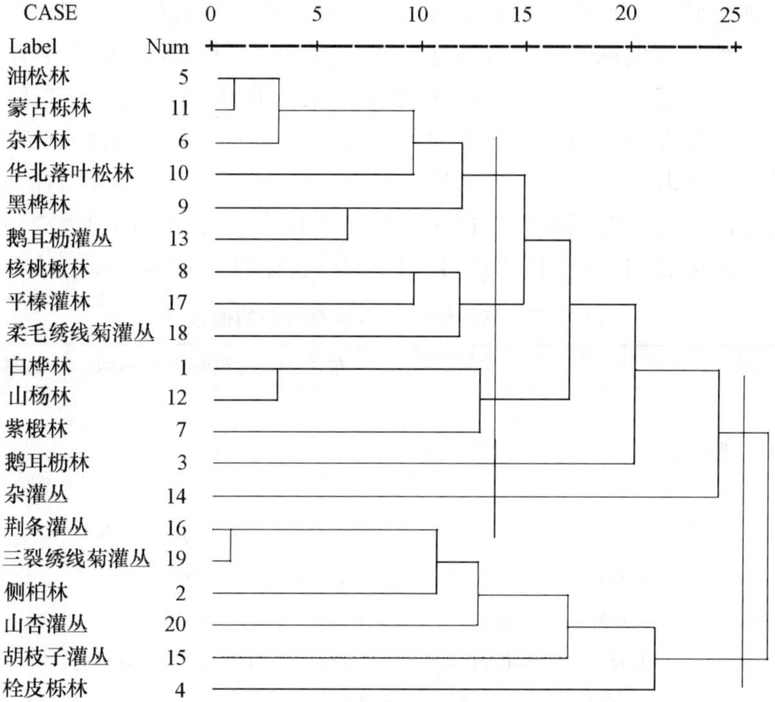

图7－1　不同植被类型在坡向上的聚类图

20个植被类型很明显地分为两组，一组是以荆条灌丛、三裂绣线菊灌丛、侧柏林、山杏灌丛、胡枝子灌丛和栓皮栎林6个以生长在阳坡为主的植被类型，这6个植被类型内物种较少，在阳坡分布的频率大于50%，属于耐干旱的一类植被类型。另一组则是以分布于其他坡向为主的大多数植被类型，这一组在CASE 10～15之间的又可以分为5个小类别。油松林、蒙古栎林、杂木林、华北落叶松林、黑桦林、鹅耳枥灌丛这6个植被类型为一小类，这一类植被类型在各个坡向的分布频率差别不大，没有特别明显的坡向依赖性，主要表现为：一是这些植被类型在多个方向上有分布，这6个植被类型中，除黑桦林只分布于6个坡向以外，其他5个植被类型均分布于7个及以上坡向上，二是每种植被类型在某个方向上分布的频率都较小，其中以黑桦林在西坡上分布的频率最高为31.25%，其余各植被类型在某一坡向上的分布均不超过30%。第二小类是由核桃楸林、平榛灌丛、柔毛绣线菊灌丛组成，这一小类植被类型主要分布在北坡、东北坡和东坡3个方向上，在这3个坡向上分布的频率在50%以上，此外，这一小类植被类型在阳坡上也有一些分布，但分布的比例不大。第三小类由白桦林、山杨林和紫椴林3个森林植被类型组成。这3个植被类型属于典型的阴坡生长植被类型，在西坡和西北坡两个坡向上的分布频率均达到60%以上，其他坡向上分布频率大多在10%以下。第四小类和第五小类分别为鹅耳枥林和杂灌丛，每一小类只有一种植被类型组成。鹅耳枥林和杂灌丛仍以阴坡分布的频率最高，鹅耳枥林在各个坡向上的分布频率差别不大，除正北坡上没有调查到鹅耳枥林的分布外，其他坡向上均调查到鹅耳枥林的分布，但西北坡和东北坡分布的频率较高，两个坡向上的鹅耳枥林的分布频率之和为52.32%。杂灌丛在坡向上的分布呈现出两极化，在阴坡和阳坡、半阳坡上均有较大量的分布。

分别以各植被类型出现的频率为基础，在SPSS11.0软件中统计8个方向上植被类型的相似性，结果见表7-7。通过相关系数可知北方向上植被类型与东南、西南、南方向上的植被类型存在显著或者极显著的负相关性，其中与南方向上的植被类型存在极显著的负相关性，西北方向上的植被类型与东南、南方向上的植被类型存在极显著的负相关。而东南与南方向上的植被类型存在正的显著相关。这与前面植被类型在不同坡向上的频率统计是相吻合的。不同坡向具有相异的环境条件，形成了不同的植被类型。

表7-7 不同坡向上植被类型的相似性

	北	西北	东北	东	东南	西	西南	南
北	1							
西北	0.292	1						
东北	-0.011	0.229	1					
东	0.205	-0.318	-0.141	1				
东南	-0.489*	-0.583**	-0.502*	0.002	1			
西	-0.284	-0.152	0.032	-0.447*	0.291	1		
西南	-0.521*	-0.242	-0.115	-0.278	0.172	-0.085	1	
南	-0.599**	-0.569**	-0.465*	0.071	0.488*	-0.062	0.273	1

注：*为显著相关**为极显著相关

7.2 植被的水平分布

由于北京山区森林总体上处于同一个大的气候带上，受气候的影响，北京山区各调查区植被类型存在着一定的相似性；另一方面，从小的地域特征上来看，北京处于两大山脉的交汇处，不同调查区的地理地形、土壤条件以及人为干扰程度不同，各调查区又有自己的独特性。

北京市的森林主要分布在北京市的北部和西部，属于太行山和燕山两大山脉的交接范围内。由于处于同一个大的气候带内，北京山区主要植被类型为落叶阔叶林，但由于受人为活动的强烈干扰，只有在偏远且交通不便的深山上才保留有森林植被。北京森林植被破坏较为严重，大面积的单一植被类型已存在不多，各种小的植被类型板块交错分布。主要的阔叶林有蒙古栎林、白桦林、黑桦林、山杨林以及一些杂木林和灌丛，针叶林有油松林和华北落叶松林。

7.2.1 不同调查区植被类型的相似性

一些植被类型在北京13个调查区都有分布，而有些植被类型只在某一个或者几个调查区分布，以本次研究调查的各个调查区为单位，从植被类型的层次上进行不同调查区之间的相似性比较，以确定不同调查区之间植被分布的连续性。

分别对各调查区植被类型数量以及不同调查区间共有植被类型进行统计并计算它们之间的相似性系数，结果如表7-8、表7-9所示。根据相似性系数对各调查区进行了列表整理（表7-10）。

通过13个地区的植被类型相似性比较可知，云峰山与其他调查区的相似性较小，这与该地区的植被类型有很大关系，云峰山是以油松林为主要植被类型的调查区，其他植被类型很少。因为不同地区植被类型的相似性是以植被类型的多少为基础的，植被类型少就会与植被类型多的调查区产生较大的差异，造成相似性系数较小。

云蒙山和雾灵山这两个地区与其他地区的相似性较大，说明这两个区的植被类型较多，而且与整个北京地区所处气候类型下的植被类型相符合，认为这两个区是北京山区植被类型的代表区。

东灵山和百花山之间具有很高的相似性，因为这两个区同处于太行山山脉，不仅地理位置接近、土壤条件一致，同时这两个调查区的海拔高度也较为接近，百花山最高峰海拔2050m，东灵山主峰2303m，这使得它们的垂直植被结构有很大的相似性，相似系数达0.667。

表7-8 不同调查区间共有植被类型统计

植被类型数量	喇叭沟门	松山	百花山	东灵山	雾灵山	云蒙山	云峰山	十渡	潭戒寺	慕田峪	妙峰山	石花洞	蒲洼
喇叭沟门	27												
松山	10	24											
百花山	5	7	12										
东灵山	4	7	8	12									
雾灵山	11	12	6	6	21								
云蒙山	7	9	6	5	9	15							
云峰山	2	2	1	0	1	1	2						
十渡	5	4	2	1	7	3	1	20					
潭戒寺	2	3	3	2	4	2	1	8	13				
慕田峪	10	11	3	3	11	9	1	7	4	24			
妙峰山	6	7	4	3	8	6	1	7	7	8	15		
石花洞	3	4	3	2	4	4	1	3	1	4	3	5	
蒲洼	5	7	3	4	8	4	1	5	3	6	4	4	14

表 7－9 不同调查区间森林植被类型的相似性

相似系数	喇叭沟门	松山	百花山	东灵山	雾灵山	云蒙山	云峰山	十渡	潭戒寺	慕田峪	妙峰	石花洞	蒲洼
喇叭沟门	1												
松山	0.392	1											
百花山	0.256	0.389	1										
东灵山	0.205	0.389	0.667	1									
雾灵山	0.458	0.533	0.364	0.364	1								
云蒙山	0.333	0.462	0.444	0.370	0.5	1							
云峰山	0.138	0.154	0.143	0	0.087	0.118	1						
十渡	0.213	0.182	0.125	0.063	0.341	0.171	0.091	1					
潭戒寺	0.100	0.162	0.240	0.160	0.235	0.143	0.133	0.485	1				
慕田峪	0.392	0.458	0.167	0.167	0.489	0.462	0.077	0.318	0.205	1			
妙峰山	0.286	0.359	0.296	0.222	0.444	0.400	0.118	0.400	0.467	0.410	1		
石花洞	0.188	0.276	0.353	0.235	0.308	0.400	0.286	0.240	0.100	0.276	0.300	1	
蒲洼	0.244	0.368	0.231	0.308	0.457	0.276	0.125	0.294	0.207	0.316	0.276	0.381	1

潭戒寺、妙峰山、石花洞、十渡这一带基本上属于北京的低山区，最高海拔在1000m左右，人为活动强烈，大的植被类型存在很少，如蒙古栎林、黑桦林、白桦林、山杨林在这几个调查区存在很少或者没有存在。同时，由于这几个区距离较近，土壤条件较为一致，形成了一些小的共有植被类型，如栓皮栎林、槲栎林、栾树林、黄栌林等。

表 7－10 植被类型相似调查区的比较

地点	与其植被类型相似的调查区
喇叭沟门	雾灵山
松山	雾灵山、云蒙山、慕田峪
百花山	东灵山、云蒙山
东灵山	百花山
雾灵山	喇叭沟门、云蒙山、慕田峪、妙峰山、松山、蒲洼
云蒙山	雾灵山、百花山、慕田峪、妙峰山、松山、石花洞
云峰山	
十渡	潭戒寺、妙峰山
潭戒寺	十渡、妙峰山
慕田峪	雾灵山、云蒙山、松山、妙峰山
妙峰山	雾灵山、云蒙山、慕田峪、潭戒寺、十渡
石花洞	云蒙山
蒲洼	雾灵山

7.2.2　不同调查区植被类型的差异性

在进行不同调查区之间植被类型的相似性比较中也发现了各调查区植被类型的特有性。最具有特点的是以下几个调查区。

（1）云蒙山　云蒙山是一个植被类型较为齐全的调查区，除了像油松林、白桦林、蒙古栎林等一些分布广泛的植被类型以外，还有一些特殊的植被类型。黄檗林是该区一个特殊的植被类型，黄檗林在该区有成片的分布，形成了特殊的植被类型，此外，在该区的其他植被类型中也散生有黄檗个体，一些个体胸径达20cm以上；猕猴桃群落是该区的另一个特点，其主要分布于该区的桃源仙谷内，这里猕猴桃不仅有大面积的分布，而且植株巨大，一些单株的覆盖面积超过了60m^2，地径达18cm，这在其他调查区是没有的。枫杨林的分布是该区的另一个特色，枫杨林分布在该区的天门涧一带，主要沿河沟的两岸分布，一些胸径超过了20cm，高度可达10m以上，经研究，最后认定为天然林。

（2）东灵山、百花山　这两个区相似性较大，而且有北京地区的第一高峰，这使得它们与其他调查区有了一些差别，形成了这两个调查区共有的特色。首先山地草甸是这两个区的特色，这种植被类型是海拔上升到一定高度的产物，山地草甸在这两个调查区都分布在海拔1700m以上，在百花山的白草畔，草甸以地榆、矮紫苞鸢尾为建群种形成了纯草甸植被类型，在东灵山草甸主要分布于海拔2000m以上的主峰，其间有一些高山灌丛的分布如金露梅灌丛、鬼见愁锦鸡儿灌丛等；硕桦林是这两个调查区的另一特色，在1700～1900m的阴坡分布最多，硕桦在乔木层的重要值较高，一般在0.85以上，这在其他调查区是比较罕见的。一些调查区，如雾灵山，仅有一些单株的分布。

（3）云峰山　这是一个较小调查区，该区与其他区的相似性较低，该区的特点就是植被类型单一，油松林是该区唯一的森林植被类型，这个植被类型尽管在北京各大调查区均有分布，但是该区油松林的面积之大、分布之集中、林分之纯在北京山区是一大特色。

（4）潭戒寺　潭戒寺一带属于北京的低山区，这里人为活动频繁，如山杨林、白桦林、蒙古栎林等大的植被类型在这里几乎没有分布，栓皮栎的集中分布成为该区的特色。这种植被类型北京山区分布较少，除潭戒寺外，云蒙山还有少量的分布，潭戒寺一带分布在海拔260m的西南坡，平均胸径10.0cm，树高约8.0m，郁闭度0.8。

（5）十渡、妙峰山　青檀林的分布是这两个调查区的一大特色，分布海拔较低，而且分布面积较小，但是青檀林的存在就是区别于其他调查区的一个重要标志。该植被类型在十渡分布较为多一些，生长状况一般，有一些青檀林成灌木状，这可能是受人为干扰的影响。

（6）喇叭沟门　大面积的落叶阔叶林在该区分布，以蒙古栎林和白桦林为代表，分布面积大，植被类型也较多，其他一些小的植被类型在这里分布较少。因此，该区相对于其他调查区来讲，景观破碎化程度较轻，能够形成较大的斑块。

阴山胡枝子灌丛和达乌里胡枝子灌丛在该区的分布是本区的另一个特殊点，阴山胡枝子的平均株高在0.2～0.4cm，但是相对密度较大，在75%～90%之间，其他伴生种有小叶鼠李、北京锦鸡儿 *Caragana pedinensis*、酸枣、荆条等，草本层以披针叶苔草、丛生隐子草为主，二者的相对盖度超过了40%。达乌里胡枝子在该区也有较大面积的分布，它和阴山胡枝子相似，都具有较大的相对密度，大都在90%以上，平均高度在0.2~0.6cm，草本层以丛生隐子草、委陵菜属植物为主，其他伴生种还有细叶鸦葱*Scorzonera albicaulis*、白头翁、小花鬼针草*Bidens parviflora*、披针叶苔草等。这两种灌丛类型在其他调查区没有发现大面积的分布。

(7) 雾灵山　雾灵山是植被类型较为齐全的调查区之一，该调查区与其他多个调查区具有较高的相似性，在该区也有两个特点，一是该区有大面积的核桃楸林的分布，无论分布面积，还是从树龄上都是其他调查区无法比拟的，该区的核桃楸林主要分布于云岫谷内，核桃楸平均株高9m，平均胸径15cm，平均密度400株/hm^2。绣线菊属和溲疏属是灌木层的优势属，平均盖度在50%左右，草本层以披针叶苔草、短尾铁线莲等为优势种，平均高度在20cm左右，盖度变化较大。二是在该区有天然青杄的分布，而且树龄较大，胸径在15cm以上。

(8) 蒲洼　大面积的鹅耳枥林是该区的一大特色。鹅耳枥在北京的其他地区多呈灌木状，散生于其他林分中，在蒲洼地区海拔900m以上，分布着北京地区面积最大、林相最好的鹅耳枥林，郁闭度高达0.85，平均胸径13.7cm，其最大胸径达到了23cm。乔木层伴生有蒙古栎、五角枫、大叶白蜡、核桃楸、卫矛、紫椴等多种乔木，灌木层大花溲疏占优，其余常见种有小花溲疏、绒毛绣线菊、刺五加、南蛇藤、金花忍冬、五味子等，盖度20%。草本层植被稀疏，常见北京堇菜、蓖苞风毛菊、穿山龙、升麻、类叶升麻等。

7.2.3　主要植被类型在北京山区的分布

(1) 华北落叶松林的分布　华北落叶松林是属于高海拔地带的植被类型，在北京山区均为人工林，北京的云蒙山为华北落叶松分布的最低海拔(750m)，百花山、雾灵山、喇叭沟门、云蒙山均有大面积的栽培。百花山的落叶松林主要分布通向百草畔的海拔1300~1700m的阴坡、半阴坡。雾灵山分布在南横岭一带，妙峰山、十渡有少量分布；云峰山、石花洞、慕田峪这几个调查区基本没有华北落叶松的栽培。

(2) 油松林的分布　华北地区是油松林的主要分布区，在北京各大调查区都有油松的分布，但是大部分也是后期的人工林，天然油松林只有在少数的几个地区有分布。雾灵山的油松人工林主要分布在南横岭一带，云蒙山油松人工林分布较少，主要在鬼谷子山寨附近有油松的分布，年龄也较小，20~30年左右。喇叭沟门的油松林在孙栅子、中榆树店、北辛店等地，海拔600~970m的阴坡、半阴坡有大面积分布。以人工林为主，现在呈现为半天然状态。帽山附近有一部分天然油松林的分布，云峰山有大面积的天然油松林分布，主要集中在古石域的头道沟和二道沟。松山国家级自然保护区也是油松林的主要分布区之一，有天然油松的分布，而且树龄较大，有上百年的古油松存在。东灵山、百花山也有油松人工林的分布，但面积不大，主要因为这两个调查区基底海拔较高，超出了油松的最适宜的分布海拔高度。

(3) 蒙古栎林的分布　蒙古栎林是北京山区分布较为广泛的地带性植被，在北京的各大调查区都有分布。雾灵山主要分布在海拔1100~1500m的豹子域、南横岭等地。慕田峪和云蒙山由于其海拔较低，蒙古栎林是这两个调查区的主要植被类型，分布面积广泛。蒙古栎林在喇叭沟门也有广泛的分布，以海拔800~1200m的阴坡、半阴坡居多。松山和十渡的蒙古栎林分布较少，没有大面积的成片分布。石花洞、潭戒寺、云峰山基本没有蒙古栎林的分布。

（4）白桦林的分布　白桦林在北京山区也有很广泛的分布范围，在东灵山、百花山、喇叭沟门、云蒙山、雾灵山这五大调查区均有大面积的分布。东灵山、百花山分布在海拔1650~1750m的西坡和西北坡，雾灵山生长状况较好的白桦林主要分布于云岫谷上游，有些白桦的胸径超过40cm。云蒙山的白桦林主要分布于通往主峰的900~1200m的阴坡。喇叭沟门的白桦林分布于海拔1200~1500m的十八盘、凤凰泉等地，郁闭度一般为0.7。

（5）黑桦林的分布　黑桦林也是北京山区的主要植被类型之一，在调查的13个保护区（森林公园、旅游区）中，有6个保护区（森林公园、旅游区）中有分布，分别为东灵山、百花山、松山、喇叭沟门、云蒙山、雾灵山。东灵山、百花山分布于海拔1500~1700m的西坡和西北坡，雾灵山主要分布于南横岭一带，云蒙山分布于海拔850~1200m的五座楼、莲花瓣一带。

（6）山杨林的分布　山杨林是北京山区分布范围较为广泛的植被类型之一，除潭戒寺、十渡、云峰山3个调查区以外的其他调查区均有分布。其中以雾灵山、云蒙山、喇叭沟门、慕田峪这几个调查区分布最多，而且生长状况良好，云蒙山的山杨林主要分布于海拔750~1100m的阴坡，百花山、东灵山的山杨林分布在1100~1500m的阴坡和半阴坡，雾灵山的山杨林主要分布于南横岭、云岫谷一带。

（7）核桃楸林的分布　核桃楸林在北京山区主要分布在沟谷地带，分布范围较广，一般面积都不大，在13个调查区中，喇叭沟门、雾灵山、东灵山、云蒙山、慕田峪、松山、妙峰山、蒲洼8个调查区有核桃楸林的分布，而且无一例外的分布沟谷内。雾灵山主要分布在云岫谷，是北京市核桃楸林面积较大的，喇叭沟门分布于900~1200m范围内的龙潭沟、孙栅子一带。东灵山分布在1200~1300m左右的南沟、崖口一带。

（8）紫椴林的分布　紫椴林在妙峰山、松山、云蒙山、慕田峪、雾灵山5个调查区内有分布，这相对于山杨林、白桦林、蒙古栎林等大的植被类型的分布来讲，其分布范围要小一些，而且分布面积也较小，这5个分布区内以云蒙山的紫椴林分布最为广泛，在通往云蒙山主峰的海拔1000~1100m的鬼谷子后山一带有集中的分布。妙峰山、松山和慕田峪有少量紫椴林的分布。

（9）荆条灌丛的分布　荆条灌丛是北京山区分布最广泛、面积也最大的灌丛类型，在调查的13个调查区均有分布，除了在一些林下分布外，大部分分布在海拔800m以下的各调查区的基带，受人为活动干扰较为强烈的范围内，不同调查区的群丛类型相差不大，荆条灌丛是北京低山区和高山基带区最主要的植被型。

（10）三裂绣线菊灌丛的分布　三裂绣线菊灌丛也是北京山区分布最广泛、面积较大的灌丛类型之一，在调查的13个调查区中有10个调查区中有分布，该灌丛大都与其他灌丛混生，大面积的纯三裂绣线菊灌丛较为少见，以妙峰山、慕田峪、雾灵山分布较多。

第 8 章
植物多样性关键地区评价与保护空缺分析

明确一个地区内应优先关注或者优先保护的区域是建立自然保护区的前提。本章在大量实地调查数据的基础上，从植物物种和植物群落两方面综合评定了北京市山地植物多样性保护的关键地区；结合北京市自然保护区、森林公园及风景名胜区的建设现状，提出了北京山地植物多样性保护的空缺，以期为促进北京市植物多样性的保护及自然保护区的合理布局提供科学依据。

8.1 关键地区的评价方法

通过物种、群落两方面进行分析，来判定北京市的植物多样性保护的关键地区，并根据物种和群落这两方面指标进行赋值并对关键地区进行分级。

8.1.1 珍稀植物的选择与赋值

以北京市珍稀植物物种为保护植物物种多样性的指示目标，地域上以植被分布图、坡向图、等高线图、坡度图为基础，根据珍稀物种在不同群落类型中出现的数量，并结合出现珍稀物种的群落类型的环境因素综合判断珍稀物种的集中分布区。

8.1.1.1 珍稀植物的选择

陈灵芝提出了生物多样性关键类群的概念，目的是将其作为生物多样性保护的珍稀濒危物种，关键类群仅指高度濒危，具有重大科学价值及有重要经济意义的类群（栾晓峰，2005）。

李迪强（2003）在选定物种类群上提出了中国生物多样性保护的关键地区，其中珍稀濒危物种的选择标准是根据物种生存状况和受威胁程度，选择优先保护物种的标准为：

①中国特有并处于濒危或者受威胁状态的物种；

②绝大多数种群分布在中国特有，并处于濒危或者受威胁状态的物种；

③国内濒危的物种（其他的国家一级重点保护物种）；

④国内受威胁的物种（其他的国家二级重点保护物种）。

借鉴和参考前人的标准，同时考虑北京市优先保护植物情况（表 3－4）物种多样性状况，本研究共选出高等植物 25 种作为评价北京市物种多样性关键地区的参考物种，见表 8－1。

表 8－1　北京市的珍稀植物及赋值

植物名	赋值依据	分值
草芍药	中国植物红色名录　易危种	4
齿叶紫沙参	北京地区优先保护种　一级	1
大花杓兰	中国植物红色名录　近危种，北京地区优先保护种　二级	4
二叶舌唇兰	中国植物红色名录　近危种	4
红花鹿蹄草	北京地区优先保护种　一级	1
活血丹	北京地区优先保护种　一级	1
角盘兰	中国植物红色名录　近危种	4
类叶牡丹	北京地区优先保护种　一级	1
北黄花菜	北京地区优先保护种　一级	1
手参	中国植物红色名录　近危种，北京地区优先保护种　一级	4
雾灵沙参	北京地区优先保护种　一级	1
羊耳蒜	中国植物红色名录　近危种，北京地区优先保护种　一级	4
野大豆	国家重点保护植物Ⅱ级，中国植物红皮书　渐危种，北京地区优先保护种　一级	10
沼兰	中国植物红色名录　近危种，北京地区优先保护种　二级	4
刺五加	中国植物红色名录　易危种，中国植物红皮书　渐危种，北京地区优先保护种　一级	4
无梗五加	北京地区优先保护种　一级	1
核桃楸	中国植物红皮书　渐危种	7
黄檗	国家重点保护植物Ⅱ级，中国植物红色名录　易危种，中国植物红皮书　渐危种，北京地区优先保护种　一级	10
鸡爪槭	中国植物红色名录　易危种	4
辽杨	北京地区优先保护种　一级	1
青檀	中国植物红色名录　近危种，中国植物红皮书　稀有种　北京地区优先保护种　一级	4
山柳	中国植物红色名录　易危种	4
脱皮榆	中国植物红色名录　易危种	4
元宝槭	中国植物红色名录　近危种	4
紫椴	国家重点保护植物Ⅱ级	10

8.1.1.2　25 种珍稀植物环境因子的统计

按照上述方法对所有选出的 25 种珍稀濒危植物进行其与自然环境的相关性分析，得出每一种珍稀植物在海拔、坡向、坡位、坡度 4 个主要环境因子及群落类型上的分布范围，分别对每一个物种在植物群落及环境因素中分布的现状进行分析，去除距离该物种在某一环境中集中分布范围较远的环境因素或者植物群落，最后得出每一种珍稀植物分布的最适宜的植物群落类型及 4 个环境因素，并求出在这些植物群落和环境因素中分布的概率，见表8-2。根据这些植物种在北京多个保护区或风景名胜区内实地调查的珍稀植物的分布状况，推断在整个北京市范围内珍稀植物的分布情况，以便为北京市的植物多样性关键地区的判定提供依据。

表8-2 珍稀植物环境因子统计表

珍稀濒危物种	所分布的植被类型	海拔（m）	坡度（°）	坡向	坡位	分布概率
刺五加	白桦林、杂木林、华北落叶松林、山杨林	750~1580	6~50	东、东北、北、西北及西方向	各种坡位	78.56
无梗五加	白桦林、紫椴林、核桃楸林、杂木林	910~1750	10~50	北、东、东北、西北	中下	91.49
大花杓兰	草甸、山杨林	1400~2100	5~30	北	中	100
类叶牡丹	刺五加灌丛	1500~1600	5~15	西北	中	100
野大豆	多种植被类型下	710~1150	0~42	东、东北、北、西北及西方向	中下	75.72
二叶舌唇兰	核桃楸林、蒙古栎林、杂木林、油松林	40~1140	10~30	西南、西北、东、北	中、下	100
活血丹	核桃楸林、杂木林、平榛灌丛	700~950	0~40	西、西南	中、下	100
核桃楸	核桃楸林、山杨林、杂木林、蒙古栎林、蒙椴林	150~1350	0~40	北、西北、东北、西、东	各坡位	80.78
红花鹿蹄草	黄桦林、白桦林	1700~1800	5~35	北、西北	中、下	100
辽杨	辽杨林	1150~1250	5		沟谷	100
青檀	青檀林	160~710	15~40	坡向范围广	中、下坡及谷底	97
齿叶紫沙参	山杨林	1100~1200	25~30	北	中	100
草芍药	山杨林、杂木林、蒙古栎林、白桦林	935~1640	10~30	北、东、西北、东北	中、下	75.67
脱皮榆	脱皮榆林、核桃楸林、紫椴林	700~1230	20~30	东、东北	中、上	100
沼兰	油松林	390~460	20~35	东、东北、北、西北、西	中下	94.63
羊耳蒜	油松林、绣线菊灌丛、核桃楸林、杂木林	400~1670	10~40	东北、北、西、西北	中、下	78.57
雾灵沙参	油松林、蒙古栎林、落叶松林	970~1460	10~32	东北、西	上中下	100
鸡爪槭	油松林、杂木林、黑桦林、山杨林	920~1500	10~25	方向范围比较广	各种坡位	87.19
北黄花菜	杂木林，中山草甸	1000~2000	0	0	各坡位	100
元宝槭	杂木林、蒙古栎林、白桦林、紫椴林	700~1220	20~40	西北、东北、北	中	71.8
山柳	杂木林、油松林	900~1310	10~25	东北、西北	中	75.13

（续）

珍稀濒危物种	所分布的植被类型	海拔（m）	坡度（°）	坡向	坡位	分布概率
手参	中山草甸	1700～1800	0	无	上	100
角盘兰	中山草甸、杂灌丛	1750～2030	0	无	上	100
紫椴	紫椴林、杂木林、山杨林、蒙古栎林、白桦林	600～1500	5～40	北坡、东北坡、西坡、西北坡	各坡位	85.589
黄檗	紫椴林、山杨林、杂木林、蒙古栎林	410～1200	5～50	各个方向	各坡位	99

8.1.1.3　珍稀植物的赋值方法

珍稀植物的种类和数量是判断关键地区重要考虑因素之一，不同的植物种类其保护意义、价值不同。根据评定的北京市珍稀植物的保护类别分别赋值，并分别以 1 分、4 分、7 分、10 分为等级的划分值，其值的大小只是珍稀植物等级排序的依据，不表示其具体价值。具体方法如下，各植物种的分值见表 8－1。

①被《国家重点保护野生植物名录》中收录的植物，在北京市没有国家Ⅰ级保护植物，主要是国家Ⅱ级重点保护植物，赋值 10 分；

②被《中国植物红皮书》收录的植物，包括濒危种、渐危种和极危种 7 个级别的所有植物，赋值 7 分；

③被《中国植物红色名录》收录的植物，主要包括极危种、濒危种、易危种和近危种 4 个级别所有植物种，赋值 4 分；

④本研究第 3 章中评定的北京市优先保护植物名录（表 3－4）中的物种，赋值 1 分。

如果某一种植物符合两种或者以上的条件，则按照最高赋值类别进行赋值，如黄檗既是《国家重点保护野生植物名录》中收录的植物，同时又是本研究第 3 章中评定的优先保护植物，则按照《国家重点保护野生植物名录》中收录的植物进行赋值 10 分。

8.1.2　植被类型的选择与赋值

8.1.2.1　优先保护植被类型的选择依据

参考史作民、李迪强等人对优先保护生态系统的评价指标，制定了在北京市选择优先保护植被类型的依据，具体如下：

（1）*以群系为植被选择的基本单位，并依此作为基本的规划单元之一*　植被是坡向、坡度、海拔、水、热、光等各种地理要素和环境要素综合的体现，一致的植被类型反映了相对一致的地理要素和环境要素，因此以林班作为规划单元是合理的、可行的。

（2）*面积较大或者相对连片的典型地带性天然森林植被类型*　北京人口密集，人类干扰强烈，对自然环境的压力大，且早期破坏严重，目前天然的森林植被在北京市已经为数不多，随着社会的不断发展，人们对自然环境的要求也越来越高，森林对改善自然环境有着无可争议的重大作用。因此，在北京市，若有面积较大或者相对连片的、典型的地带性天然森林植被存在的地域，无疑应是重点和优先保护的地域。

（3）*具有重要生态功能的植被* 森林植被具有多种生态功能，在北京市更迫切需要森林发挥防风固沙和涵养水源的生态功能。加强北京西北部山地的植被保护与恢复对于阻挡西北部风沙的入侵具有重要的屏蔽作用，涵养水源、净化水质，为北京提供大量优质的水资源是北京市迫切需要的。北京市可划分为五大水系，对每个水系内的重要河流、水库的源头均应有较大面积的水源涵养林。因此，把涵养水源作为森林群落发挥生态功能的重要考虑目标。

8.1.2.2 优先保护植被的选择结果及赋值

根据以上原则及对植被类型的分析，选择以下植被类型作为优先保护的植被类型：

（1）*面积较大或者相对连片的典型天然森林植被类型* 通过对北京市植被图内各种植被类型面积的统计比较，结合实际调查，确定优先保护的植被类型为：蒙古栎林、山杨林、桦木林、鹅耳枥林。油松林和华北落叶松林在北京市也有很大面积，但是这些森林群落大部分均为人工植被，并非天然植被，故没有作为优先保护的植被类型。

根据对植被图各种植被类型面积的统计结果，对森林植被面积的赋分情况如下：

林班面积大于1000hm^2 的单一林班，赋值10分；

林班面积大于500hm^2，小于1000hm^2 的单一林班，或者间断最大距离小于两个同类型直径较小的群系的集合，且该植被类型的林班在3块以上，赋值5分；

林班面积大于200hm^2，小于500hm^2 的单一林班，或者间断最大距离小于两个同类型直径较小的群系的集合，且该植被类型的林班在3块以上，赋值1分。

（2）*北京市重要河流水库的水源涵养林* 根据北京市水系流域图，在北京的五大水系流域内选择重要水库河流作为保护目标，森林植被对水源涵养具有重要功能，远远大于灌丛植被、灌草丛和草甸植被在这方面的功能，因此选择对这些河流水库的发源地和重要支流发源地的森林植被作为具有重要生态服务功能的植被类型加以优先保护，共选出3个水库、10条河流，所选河流水库见表8－3。

表8－3 北京市的主要河流水库

河流水库	所属水系	所属水系流域面积（km^2）
密云水库、白河、潮河、怀柔水库、	潮白河水系	5513
错河、洵河	蓟运河水系	1377
永定河、沩水河	永定河水系	3068
十三陵水库、北沙河、温榆河	北运河水系	4323
大石河、拒马河	大清河水系	2119

根据北京市水系分布图提取五大水系的主河道和支流河道，共3个水库、10条河流，并做缓冲区分析，选择出这些河流、水库的集水区内所涉及的森林植被类型，根据主河道和支流源头及两侧的森林对水源涵养功能的大小，分别给各源头的森林赋予不同的值，具体如下：

在主河道源头两侧的森林植被类型赋值 10 分；
位于一级支流源头两侧的森林植被类型赋值 5 分；
位于二级支流源头两侧的森林植被赋值 1 分。

8.2　关键地区的评价结果

8.2.1　珍稀植物分布的关键地区

根据上述植物物种关键地区的判定方法，分别对所有 25 种北京市的珍稀植物按照其分布生境的统计结果（表 8－2），利用 GIS 软件 Arcgis 8.3 分别对每一种珍稀植物在其适宜海拔、群落类型、坡度、坡向等环境因素的图层上逐一进行提取，最后对所有生物因子、环境因子求交集，得出每一种珍稀植物的适宜分布区，然后再对所有珍稀植物的适宜分布区求并集，得出所有珍稀植物的叠加分布情况。最后根据珍稀植物的重要程度，即所赋分值，进行叠加求和，所有珍稀植物的适宜分布区（10 788块林班）的分值分布情况如图 8－1 所示，通过分值的分布曲线可以看出分值在 31 以上可划分为一段，分值在 11～30 可以划分为一段，分值在 10 以下为一段。根据这样的分值划分把整个北京市的植物物种分布的关键地区划分为 3 级：一级关键地区为分值在 31 以上（含 31 分），二级关键地区的分值为 11～31，三级关键地区的分值在 11 以下，各级别用不同的灰度等级表示（图 8－2）。

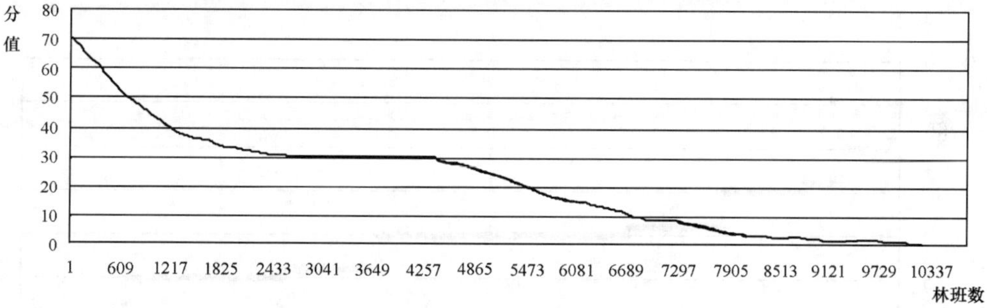

图 8－1　珍稀植物分布关键地区分值的分布

从植物分布关键地区的情况来看，一级关键地区主要分布于怀柔区、延庆县、密云县，这 3 个区县集中了大部分的黑色区域。其次是门头沟区、房山区、昌平区和平谷区，这 4 个区县有少量的一级关键区域分布。二级关键地区分布面积不大，但是分布比较均匀，不像一级关键地区那样分布得集中。三级关键地区分布的范围远比一级、二级关键地区广泛，其面积约为一、二级关键地区面积之和。

8.2.2　植被分布的关键地区

利用 GIS 软件 Arcgis 8.3 对具有重要水源涵养功能的森林植被和面积较大的森林植被的叠加分析，得出不同植被类型的分值，并生成折线图，如图 8－3，为了便于与物种分布的关键地区进行叠加分析，也把植被类型的分值划分为 3 级，根据各森林斑块所得分值的分布情况，确定一级关键地区为分值在 11 以上的所有地区。二级关键地区为

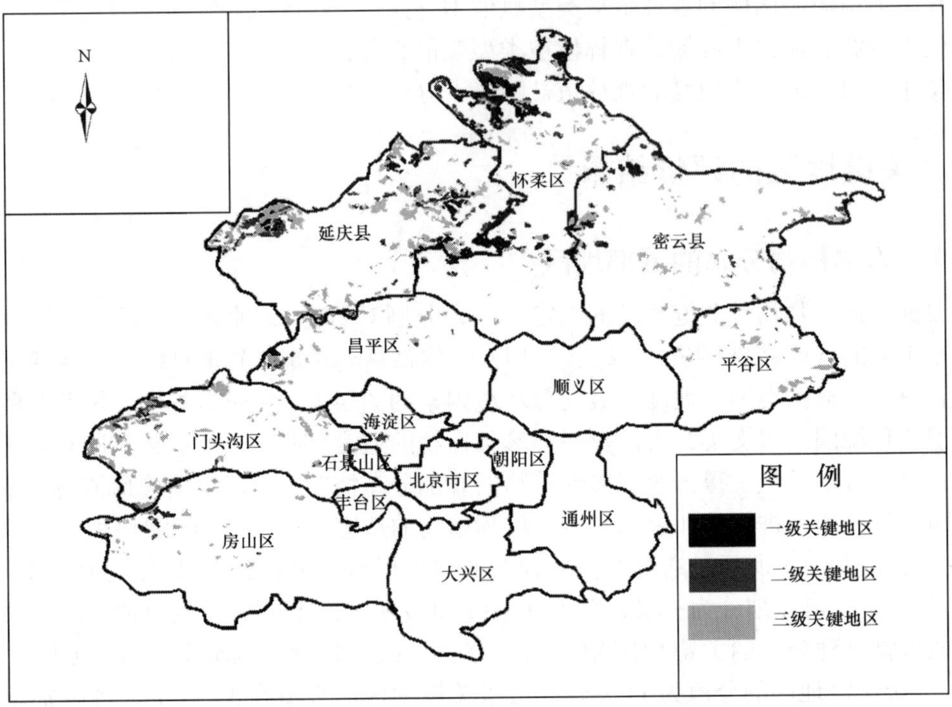

图 8－2　北京山地珍稀植物物种分布关键区域

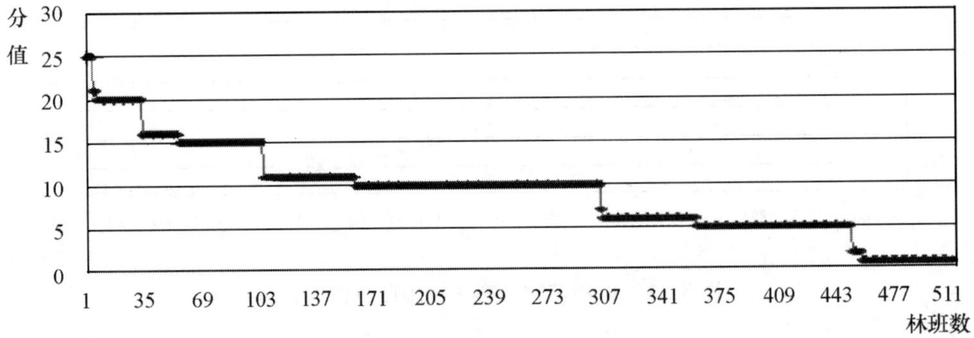

图 8－3　植物群落分值的分布

分值 10～11 的所有地区。三级关键地区为分值在 10 以下的所有地区。最后得出优先保护植被类型的分布情况，并利用 GIS 软件生成优先保护植被类型的分布图，如图 8－4，关键地区的级别用不同灰度等级来表示。

从优先保护的森林植被分布情况来看，一级关键地区（深黑色）分别位于密云县、怀柔区、延庆县、门头沟区、房山区 5 个远郊区县，其中以房山区面积最大。浅黑色为二级关键地区，其分布非常广泛，几乎各区县均有分布，这一点与物种分布关键地区有很大不同，物种分布的关键地区更多地集中在远郊区县，近城区基本没有分布。灰色为三级关键地区，其分布要比二级关键地区集中一些，以延庆县、密云县和平谷区内分布面积较大。

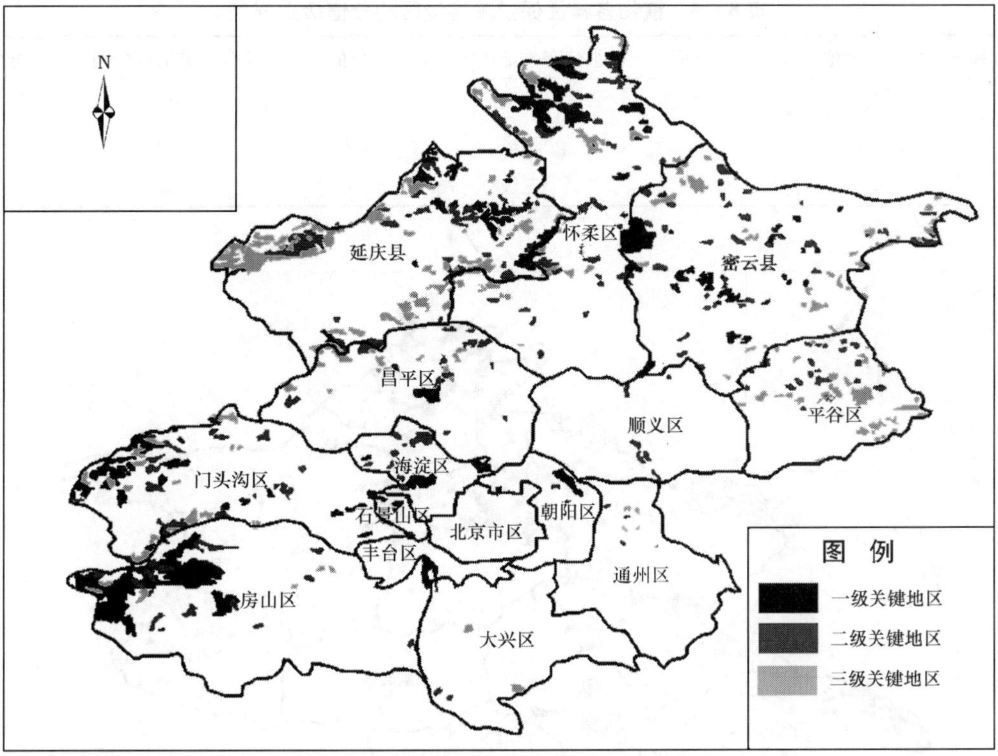

图8-4 北京市植被分布的关键地区

8.2.3 关键地区的综合评价

为了能够综合反映北京市植物多样性保护的关键地区和保护空缺，对植物物种分布的关键地区、植被分布的关键地区又利用 GIS 软件进行了叠加分析。

植物多样性保护关键地区的评定，按照如下原则进行分析处理：物种分布的关键地区和植被分布的关键地区进行叠加的方式以级别基础进行叠加，即用三级关键地区的分布图进行叠加。3 个级别分别赋值为 3、2、1，叠加后的植物多样性保护的关键地区分布图称其为植物多样性保护关键地区分布图，并进行叠加后分级，分级方法见表 8-4，植物多样性保护关键地区分布图见图 8-5。

通过生成的植物多样性保护关键地区分布图（图 8-5）可以看出：

①一级关键区主要分布在怀柔区和延庆县，这两个远郊区县占有了约 70% 的一级关键地区。在怀柔区一级关键地区主要集中在喇叭沟门自然保护区及以南地区，怀柔区与密云县接壤的云蒙山自然保护区；延庆县境内的一级关键地区主要分布在大滩县级自然保护区和莲花山县级自然保护区附近；门头沟区的一级关键地区主要分布于百花山自然保护区内，包括东灵山和百花山；房山区的一级关键地区面积很小，只有在百花山南侧霞云岭森林公园附近有一些；在近城区的海淀区内有小面积一级关键地区，这些地区位于海淀区内的西山森林公园和百望山森林公园。

表 8－4 植物多样性保护关键地区的分值级别界定

珍稀植物分布关键地区级别	分值	植被分布关键地区级别	分值	综合关键地区级别	分值
一级	3	一级	3	一级	5～6
二级	2	二级	2	二级	3～4
三级	1	三级	1	三级	1～2

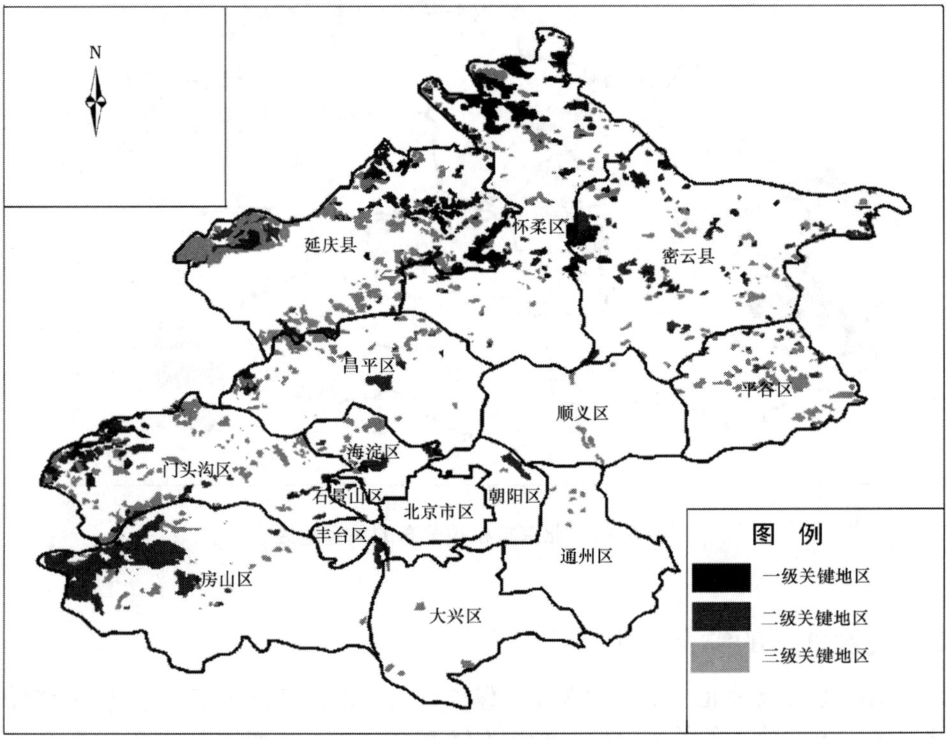

图 8－5 北京市植物多样性保护关键地区分布图

②二级关键地区主要分布延庆县、房山区、门头沟区和密云县。房山区内的二级关键地区面积最大，主要分布于蒲洼自然保护区和霞云岭森林公园内；延庆县的二级关键地区主要分布于松山自然保护区、太安山自然保护区和白河堡自然保护区；密云县的二级关键地区分布于云蒙山自然保护区、密云水库的东南侧附近以及雾灵山自然保护区内；门头沟区的二级关键地区主要分布于东灵山及其周边地区，区内其他二级关键地区面积不大。

③三级关键地区相对于一二级关键地区来说，其分布的范围更加广泛，几乎分布于除北京城四区（东城区、西城区、崇文区、宣武区）外的所有区县内，分布面积以延庆县最大，其次是平谷区、门头沟区和怀柔区。

8.3 自然保护区、森林公园及风景名胜区的建设现状与保护空缺

自然保护区是生物多样性保护的主要场所，森林公园、风景名胜区在提供休闲娱乐

的同时，也具有重要的生物多样性保护功能。国内一些学者也认为森林公园属于保护区的一种类型，具有自然保护与公众游乐双重功能。北京大学武弘麟认为，中国的自然保护区、风景名胜区、森林公园实质上都属具有保护与游乐双重功能的保护区。在北京市的一些地域既是自然保护区又是风景名胜区，或既是自然保护区又是森林公园。如北京市的百花山自然保护区也是风景名胜区，云蒙山自然保护区也是国家森林公园。

鉴于前人对自然保护区、森林公园和风景名胜区的研究和北京市的实际情况，本文从广义的“保护区”出发，分析了北京市的自然保护区、风景名胜区及森林公园的建设现状，并结合评价出的植物多样性关键地区，分析了目前北京市存在的保护空缺。

8.3.1　自然保护区的建设现状与保护空缺

8.3.1.1　自然保护区的数量分布特点

到 2007 年 10 月初，北京市共建立各种类型的自然保护区 20 个，其中国家级 2 个，市级 13 个，县级 6 个，总面积 13.93 万 hm^2，占全市国土面积的 8.48%。关于北京市自然保护区的具体情况见表 8－5。

表 8－5　北京市自然保护区现状

序号	自然保护区名称	级别	所在地区	保护对象	面积（hm^2）
1	松山自然保护区	国家级	延庆县	天然油松林，野生动物	4760
2	百花山自然保护区	国家级	门头沟区	森林生态系统	21 743
3	怀沙河—怀九河水生野生动物自然保护区	市级	怀柔区	水生野生动物	111
4	拒马河水生野生动物自然保护区	市级	房山区	水生野生动物	1125
5	喇叭沟门自然保护区	市级	怀柔区	森林生态系统	18 480
6	云峰山自然保护区	市级	密云县	森林生态系统	2230
7	雾灵山自然保护区	市级	密云县	森林生态系统	4150
8	野鸭湖自然保护区	市级	延庆县	湿地，候鸟	9000
9	石花洞自然保护区	市级	房山区	溶岩洞穴	3650
10	云蒙山自然保护区	市级	密云县	森林生态系统	3900
11	朝阳寺木化石自然保护区	市级	延庆县	硅化木古生物遗迹	2050
12	四座楼自然保护区	市级	平谷区	森林生态系统	25 000
13	蒲洼自然保护区	市级	房山区	森林生态系统	5396
14	汉石桥湿地自然保护区	市级	顺义区	湿地及野生鸟类	1615
15	金牛湖自然保护区	县级	延庆县	森林生态系统	1000
16	莲花山自然保护区	县级	延庆县	森林生态系统	1470
17	玉渡山自然保护区	县级	延庆县	森林生态系统	9820
18	太安山自然保护区	县级	延庆县	森林生态系统	3470
19	大滩次生林自然保护区	县级	延庆县	森林生态系统	12 130
20	白河堡自然保护区	县级	延庆县	森林生态系统	8260

自然保护区在北京市的分布是不均匀的，主要集中在北京西部、北部的山区，其分布图如图 8－6 所示。

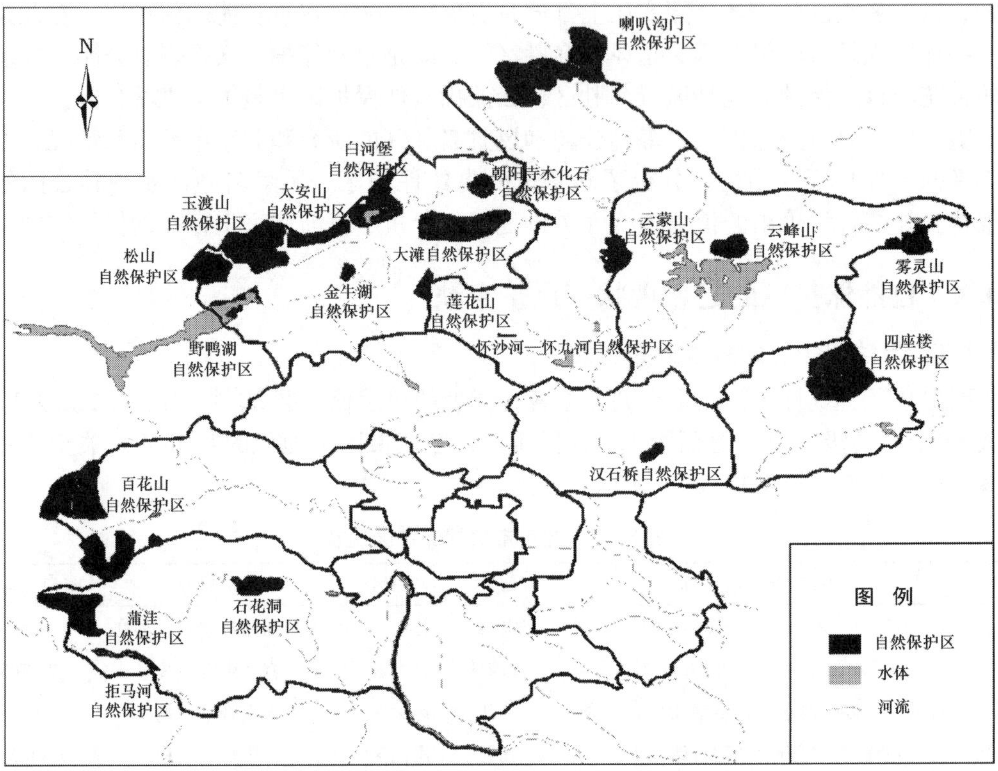

图 8－6 北京市自然保护区的分布图

根据我国自然保护区的分类方法，北京市的自然保护区可以分为 3 类 5 个类型，3 类是自然生态系统类、野生生物类和自然遗迹类，自然生态系统类中又包括森林生态系统类型和内陆湿地与水域类型。北京市森林生态系统类型的自然保护区的数量最多，为 14 个，主要分布于怀柔、延庆、密云、门头沟、房山等区县，如位于怀柔区的喇叭沟门自然保护区、延庆县的松山自然保护区；内陆湿地与水域类型的自然保护区 2 个，为位于顺义区的汉石桥湿地自然保护区、延庆县的野鸭湖湿地自然保护区；野生生物类的自然保护区 2 个，均为野生动物类型的自然保护区，即房山区的拒马河水生野生动物自然保护区和怀柔区的怀沙河—怀九河水生野生动物自然保护区；自然遗迹类的自然保护区 2 个，为位于房山区的石花洞地质遗迹自然保护区和延庆县的朝阳寺木化石古生物遗迹自然保护区。

从北京市自然保护区的行政分布中（表 8－6）看出，延庆县是自然保护区数量分布最多的地区，占到北京市自然保护区总数的 45%。其境内有林地面积约 12 万 hm^2，林木覆盖率达到 60%。松山国家级自然保护区内现存有华北地区为数不多的天然油松林。其次是密云县和房山区这两个远郊区县。

从自然保护区面积分布上来看，仍以延庆县自然保护区的面积最大，为51 960hm^2，占北京市自然保护区总面积的 37. 28%。其次是平谷区、门头沟区、怀柔区，这 3 区内自然保护区的面积均占北京市自然保护区总面积的10%；密云县、房山区、顺义区3区（县）的自然保护区面积均不足北京市自然保护区总面积的10%；其他区县没有自然保护区。

表8－6 北京市自然保护区行政分布

行政区	面积（hm^2）	所占比例（%）	数量（个）	所占比例（%）
房山区	10 171	7.30	3	15
怀柔区	18 591	13.34	2	10
门头沟区	21 743	15.60	1	5
密云县	10 280	7.38	3	15
顺义区	1615	1.16	1	5
平谷区	25 000	17.94	1	5
延庆县	51 960	37.28	9	45
总计	139 360	100	20	100

8.3.1.2 自然保护区的分布与保护空缺

根据北京市植物多样性保护关键地区的评价结果，将其与目前北京市自然保护区建设的现状进行对比，找出北京市自然保护区建设的空缺。

分析的方法主要是通过GIS手段对北京市植物多样性保护的关键地区和现有的自然保护区进行叠加，找出未被自然保护区所覆盖的北京市的植物多样性保护关键地区，即保护的空缺，分析结果见图8－7。

（1）一级关键地区的空缺　通过图8－7可以看出，喇叭沟门自然保护区、松山自然保护区、雾灵山自然保护区、百花山自然保护区、云蒙山自然保护区、大滩自然保护区、莲花山自然保护区7个自然保护区内均有一级关键地块的分布，但是自然保护区内所覆盖的一级关键地区的比例不到所有一级关键地区的一半，还有一半以上的一级关键地区没有被保护区所覆盖，存在明显的空缺。

具体来讲：

①喇叭沟门自然保护区的东南侧还有一级关键地区未被自然保护区所覆盖；

②白河堡自然保护区的北侧存在有未被保护区所覆盖的一级关键地区；

③大滩自然保护区的北部和东部存在较大面积的一级关键地区未被保护区所覆盖，这里也是北京市一级关键地区分布较为集中的地区之一；

④云蒙山自然保护区的南侧有两块一级关键地区未被保护区所覆盖；

⑤密云县冯家峪镇境内的北部有一级关键地区未被保护；

⑥百花山自然保护区的东灵山部分的北侧存在一级关键地区未被保护；

⑦百花山自然保护区的百花山部分的南部，蒲洼自然保护区的东北部存在一级关键地区未被保护，但是这里建有霞云岭国家级森林公园；

⑧在海淀区与门头沟区交界的东南部有一些一级关键地区存在，基本上在西山森林公园附近。

（2）二级关键地区的空缺　二级关键地区分布较一级关键地区更为分散，除了被

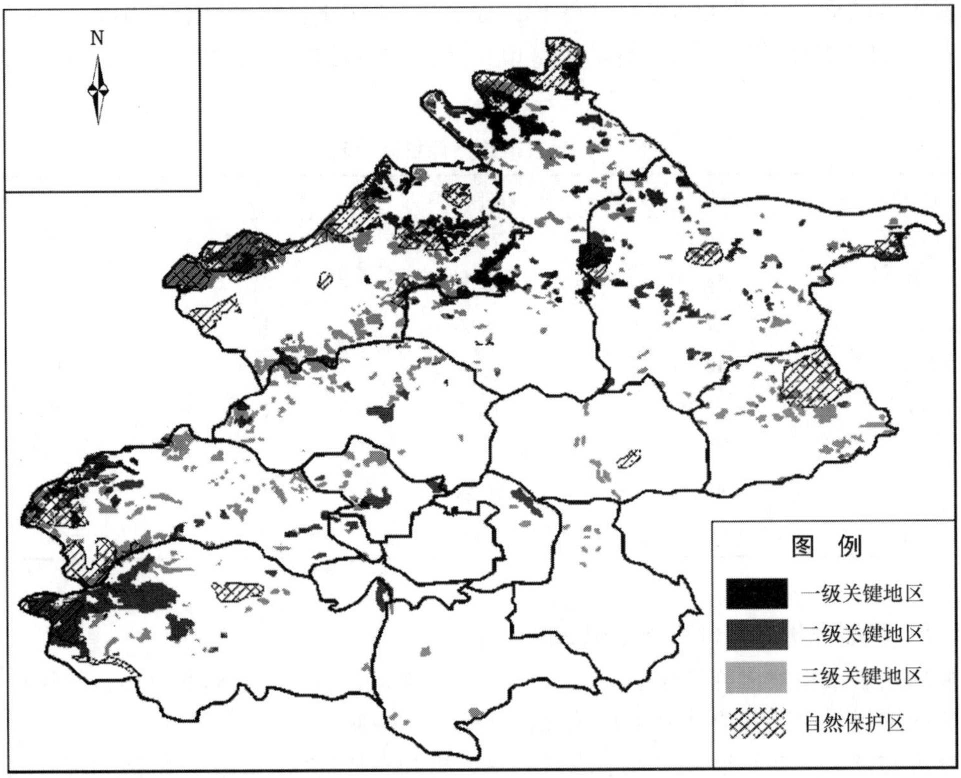

图 8－7　北京市自然保护区分布与空缺示意图

现有自然保护区所覆盖的部分二级关键地区以外，还有由几处二级关键地区组成的 7 大块二级关键地区没有被自然保护区所保护，它们是：

①喇叭沟门自然保护区的南部，大部分位于长哨营乡境内；

②延庆县大滩自然保护区的周边地区，这里大部分二级关键地区与一级关键地区交错分布，应该成为以后保护区建设的重点考虑地区；

③密云水库的南侧，大部分位于翁溪庄镇境内；

④昌平区和延庆县的接壤地区，此处建有八达岭森林公园，但是其面积很小，仅为 2933hm^2，根本不能覆盖大部分的二级关键地区；

⑤百花山自然保护区内东灵山的北侧存在二级关键地区的保护空缺；

⑥百花山自然保护区内百花山的南部，蒲洼自然保护区的东北部存在二级关键地区保护空缺，这两个地区属于一级关键地区与二级关键地区交错分布的地区，也应该在今后的保护区建设或者调整时给予重视。

⑦在海淀区、朝阳区和石景山区各有 1～2 块小的二级关键区域存在，主要是由城区内的片林组成的，面积不大。

(3) 三级关键地区的空缺　三级关键地区分布更为分散，分布相对较为集中连片的有 3 大片保护空缺：

①昌平区和延庆县的接壤地区；

②平谷区的东北部地区，主要在黄松峪乡和牛儿寨乡境内，这里有四座楼自然保护

区和黄松峪森林公园，但仍存在一些保护的空缺区域；

③门头沟区和海淀区接壤的地带以及海淀区的最北部，这里大部分均为三级关键地区，基本上没有一级或者二级与其交错分布，可视为需要一般保护的地区，或者视为保护区体系建设中廊道所在。

8.3.2 森林公园的建设现状与保护空缺

8.3.2.1 森林公园的数量分布及特点

北京市的森林公园建设始于20世纪80年代。当时，上方山、潮白河、松山、百花山等国有林场，利用当地的森林、地质、文物等景观资源，自发修筑简易游路，建设了游乐、接待设施，开始了森林旅游的有益尝试。1992年，第一批国家森林公园挂牌。截至2006年底，北京森林公园已达到23家（表8－7），总面积约59 851.20hm^2，其中国家级森林公园12家，面积为52 227.50hm^2，占全市森林公园总面积的87.20%。

表8－7 北京市森林公园基本情况

序号	森林公园名称	级别	区位	面积（hm^2）
1	八达岭森林公园	国家级	延庆县	2940
2	大杨山森林公园	国家级	昌平区	2106.50
3	蟒山森林公园	国家级	昌平区	8581.50
4	大兴古桑森林公园	国家级	大兴区	1164.80
5	上方山森林公园	国家级	房山区	353.30
6	霞云岭森林公园	国家级	房山区	21 466.70
7	丰台北宫森林公园	国家级	丰台区	800
8	鹫峰森林公园	国家级	海淀区	811.70
9	西山森林公园	国家级	海淀区、石景山区、门头沟区	5933.30
10	小龙门森林公园	国家级	门头沟区	1595
11	云蒙山森林公园	国家级	密云县	2208
12	黄松峪森林公园	国家级	平谷区	4266.70
13	十三陵—双龙山森林公园	市县级	昌平区	200
14	龙山森林公园	市县级	房山区	140.50
15	半壁店森林公园	市县级	大兴区	130
16	鹰山森林公园	市县级	丰台区、石景山区	40
17	白虎涧森林公园	市县级	昌平区	933.30
18	莲花山森林公园	市县级	延庆县	960
19	五座楼森林公园	市县级	密云县	1366.70
20	白龙潭皇家森林公园	市县级	密云县	1448.50
21	森鑫森林公园	市县级	顺义区	980
22	丫髻山森林公园	市县级	平谷区	1144
23	马栏森林公园	市县级	门头沟区	280.70

通过表 8－7 可以看出在所有的 23 家森林公园中，有 4 家森林公园既是森林公园同时也是自然保护区，它们是小龙门森林公园（属百花山国家级自然保护区），云蒙山国家森林公园、五座楼森林公园（属云蒙山市级自然保护区）、莲花山森林公园（莲花山自然保护区）。除去以上 4 个森林公园外，对其他森林公园按照其所在区县进行统计结果见表 8－8。

昌平区森林公园的数量最多，为 4 个，面积为11 821.30hm^2，其面积约占全部森林公园面积的 1/5；其次是房山区，有 3 个森林公园，但是面积最大，为21 960.50hm^2，其面积占北京市森林公园（不包括同时为自然保护区的森林公园）总面积的 40.88%。再次是海淀区和平谷区，均有 2 个森林公园，面积均超过了北京市森林公园（不包括同时是自然保护区的森林公园）总面积的 10%。其他几个区县内森林公园数量只有 1 个或者 2 个，面积都比较小。

表 8－8　森林公园的行政区县分布

行政区县	面积（hm^2）	面积所占比例（%）	个数	个数所占比例（%）
昌平区	11 821.30	22.00	4	21.05
大兴区	1294.80	2.41	2	10.53
房山区	21 960.50	40.88	3	15.79
丰台区	840	1.56	2	10.53
海淀区	6745	12.55	2	10.53
门头沟区	280.70	0.52	1	5.26
密云县	1448.50	2.69	1	5.26
平谷区	5410.70	10.07	2	10.53
顺义区	980	1.82	1	5.26
延庆县	2940	5.47	1	5.26
总计	53 721.50	100	19	100

从森林公园的空间分布情况（不包括同时是自然保护区的森林公园，以黑色圆点表示森林公园的位置，图 8－8）来看，北京城八区和远郊区县均有森林公园的分布，这一点与自然保护区的分布有所不同，自然保护区绝大多数都分布在远郊区县。在远郊区县中怀柔区和通州区没有森林公园的分布，其他远郊区县都有森林公园的分布。与自然保护区的位置相比，森林公园的位置更向北京市区集中，延庆城区—怀柔城区—密云城区一线以北的地区森林公园数量很少，仅有 1 处，为白龙潭皇家森林公园。森林公园的建设位置距离城区比自然保护区更近一些，主要有两方面的原因：一是森林公园距离城区近，路途上花费时间短，便于市民的旅游活动。二是距离城区近，破坏相对较为严重，已不具备建立自然保护区的条件了。

8.3.2.2　森林公园的分布与保护空缺

通过对森林公园所在的位置和所评定的北京市关键地区的分布情况进行比较（图 8－9）可以看出，除去 4 个既是森林公园同时又是自然保护区的森林公园外，其余的 19 个森林公园中，与评定的一级关键地区重叠得非常少，只有 5 个森林公园和一级关

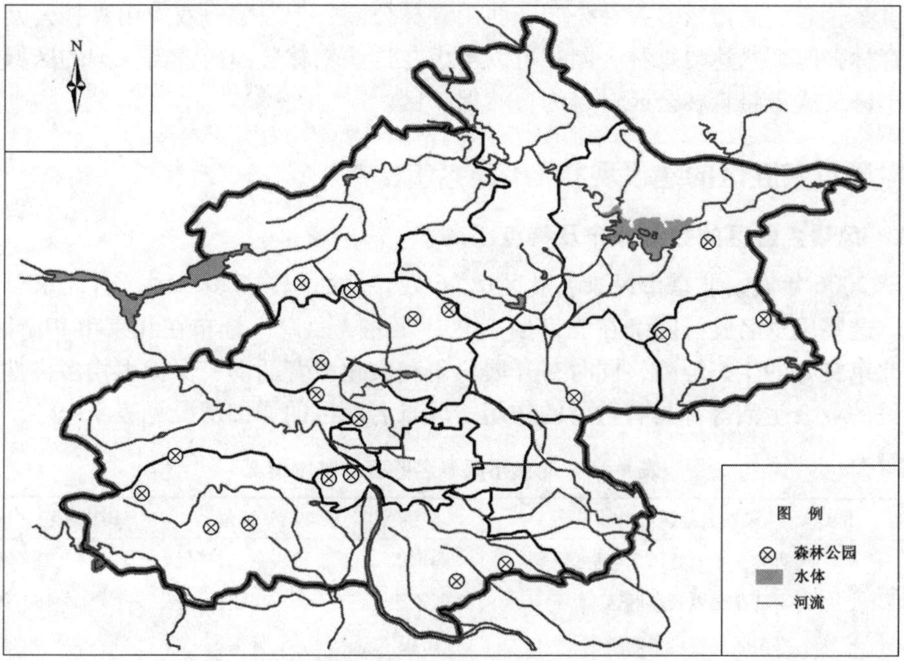

图 8－8　北京市森林公园的空间分布

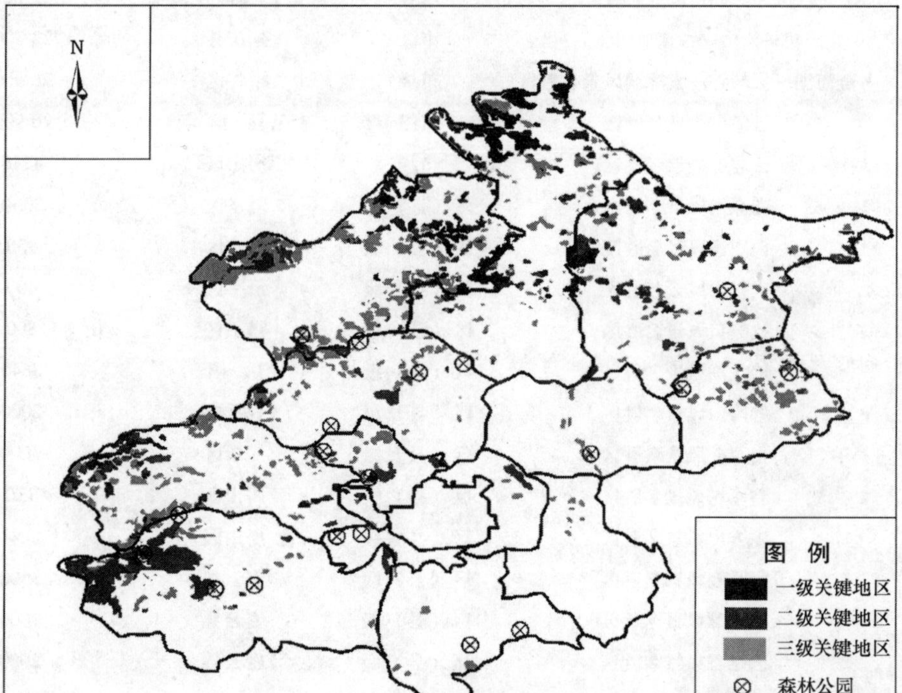

图 8－9　森林公园与关键地区的比较

键地区重叠，它们是霞云岭森林公园、西山森林公园、十三陵—双龙山森林公园、白龙潭皇家森林公园、八达岭森林公园。可以考虑在这些森林公园内急需保护的区域建立自然保护小区，或者将森林公园升级为自然保护区。

8.3.3 风景名胜区的建设现状与保护空缺

8.3.3.1 风景名胜区的数量分布及特点

截至2006年底，北京市风景名胜区达26处，总面积逾2200km^2，占北京总面积的13.1%。这些风景名胜区围绕在北京的东北、西北、西南，分布在北京市9个区、县，形成了北京良好的生态屏障，同时对开展科研和文化教育活动、保护生物多样性、丰富首都人民的业余生活等都具有重要的作用，风景名胜区的详细情况见表8－9。

表8－9 北京市风景名胜区的基本情况

序号	风景名胜区名称	级别	区位	面积（hm^2）
1	八达岭—十三陵风景名胜区	国家级	延庆县、昌平区	28 600
2	石花洞风景名胜区	国家级	房山区	8470
3	慕田峪长城风景名胜区	市级	怀柔区	9080
4	十渡风景名胜区	市级	房山区	30 100
5	东灵山—百花山风景名胜区	市级	门头沟区	30 000
6	潭柘—戒坛风景名胜区	市级	门头沟区	7300
7	龙庆峡—松山—古崖居风景名胜区	市级	延庆县	22 300
8	金海湖—大峡谷—大溶洞风景名胜区	市级	平谷区	28 500
9	云蒙山风景名胜区	市级	密云县、怀柔区	20 900
10	云居寺风景名胜区	市级	房山区	4230
11	白洋沟风景名胜区	区（县）级	昌平区	3330
12	白虎涧风景名胜区	区（县）级	昌平区	930
13	大杨山风景名胜区	区（县）级	昌平区	400
14	桃峪口风景名胜区	区（县）级	昌平区	800
15	珍珠湖风景名胜区	区（县）级	门头沟区	8640
16	妙峰山风景名胜区	区（县）级	门头沟区	2000
17	白草畔风景名胜区	区（县）级	房山区	5000
18	将军坨风景名胜区	区（县）级	房山区	110
19	上方山风景名胜区	区（县）级	房山区	350
20	司马台风景名胜区	区（县）级	密云县	3500
21	白龙潭风景名胜区	区（县）级	密云县	1000
22	云岫谷风景名胜区	区（县）级	密云县	2000
23	唐指山风景名胜区	区（县）级	顺义区	1500
24	鹫峰风景名胜区	区（县）级	海淀区	810
25	凤凰岭风景名胜区	区（县）级	海淀区	970
26	阳台山风景名胜区	区（县）级	海淀区	1600

在北京的 26 处风景名胜区中有 12 处同时又是自然保护区或者森林公园，这 12 处为八达岭—十三陵风景名胜区（八达岭森林公园、十三陵—双龙山森林公园）、石花洞风景名胜区（石花洞自然保护区）、东灵山—百花山风景名胜区（百花山自然保护区）、龙庆峡—松山—古崖居风景名胜区（松山自然保护区）、云蒙山风景名胜区（云蒙山自然保护区）、白虎涧风景名胜区（白虎涧森林公园）、大杨山风景名胜区（大杨山森林公园）、上方山风景名胜区（上方山森林公园）、白龙潭风景名胜区（白龙潭皇家森林公园）、云岫谷风景名胜区（属雾灵山自然保护区）、鹫峰风景名胜区（鹫峰森林公园）、白草畔风景名胜区（属霞云岭森林公园）。

除去 12 处与自然保护区或者森林公园重叠的风景名胜区外，还有 14 处风景名胜区没有被自然保护区或者森林公园所覆盖。对这 14 处风景名胜区按照行政区县进行统计，结果见表 8 – 10。

房山区风景名胜区最多，为 3 个，面积也最大为34 440hm^2，约占北京市风景名胜区总面积的 33. 88%；其次是门头沟区，有 3 个风景名胜区，总面积为17 940hm^2，约占北京市风景名胜区总面积的 17. 65%。平谷区虽然只有 1 个风景名胜区，但其面积却占北京市风景名胜区总面积的 28. 03%。其他区县内风景名胜区的面积都比较小，其面积不超过风景名胜区总面积的 10%（不包括与自然保护区、森林公园重叠的风景名胜区）。

表 8 – 10　风景名胜区在北京各区县的分布统计表

行政区县	面积（hm^2）	所占比例（%）	数量（个）	所占比例（%）
昌平区	4130	4. 06	2	14. 29
房山区	34 440	33. 88	3	21. 43
海淀区	2570	2. 53	2	14. 29
怀柔区	9080	8. 93	1	7. 14
门头沟区	17 940	17. 65	3	21. 43
密云县	3500	3. 44	1	7. 14
平谷区	28 500	28. 03	1	7. 14
顺义区	1500	1. 48	1	7. 14
总计	101 660	100	14	100

从风景名胜区在北京市的空间分布来看（图 8 – 10），北京的北部和东南部风景名胜区的数量较少，尤其是东南部没有风景名胜区的分布。与森林公园的分布类似，风景名胜区也主要分布于近城区，尤其是城区的西北部，如昌平区、海淀区。这是因为风景秀丽的山脉大多位于京城的西北部，如西山、军都山等。

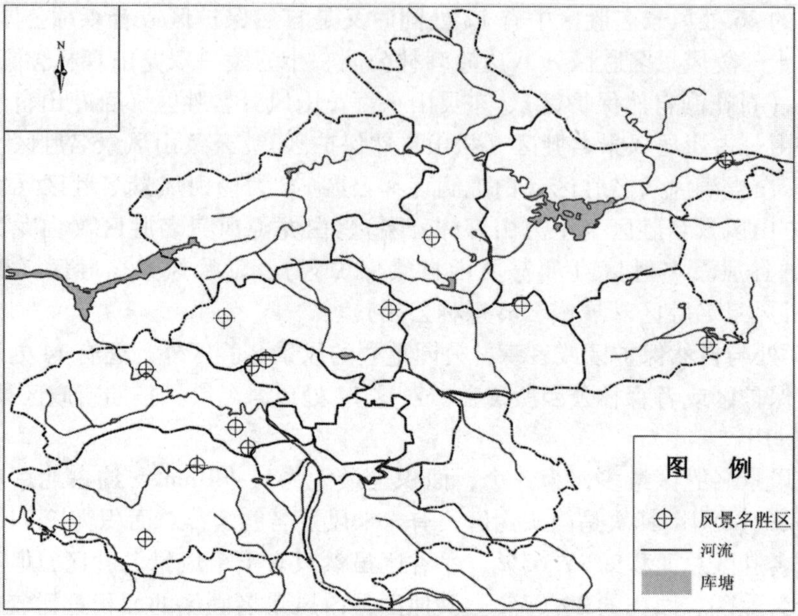

图 8－10 北京市风景名胜区的分布示意图

8.3.3.2 风景名胜区的分布与保护空缺

北京市的风景名胜区大部分边界不明确，如图 8－11 所示。通过风景名胜区和所评定的北京市的植物多样性关键地区比较可以看出，只有珍珠湖、潭戒寺和慕田峪 3 个风景名胜区周边存在一级关键地区，其他风景名胜区周边没有一级关键地区存在。因此，可以维持风景名胜区的现状，没有必要将其建设为自然保护区。

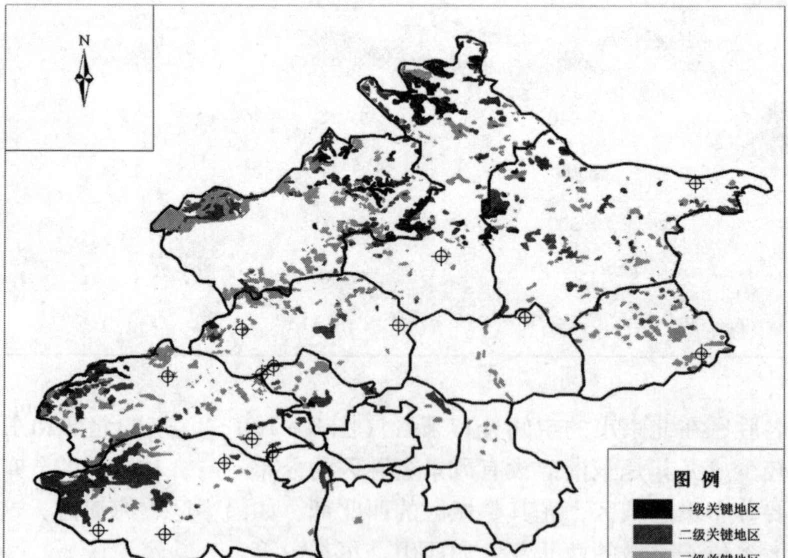

图 8－11 风景名胜区与关键地区的比较

第 9 章

植物多样性保护体系规划

建立自然保护区是生物多样性保护的重要手段，在哪里建立自然保护区？应该优先建设哪个自然保护区？是生物多样性保护工作者，尤其是国家政府相关部门最为关心的问题。在明确北京山地植物多样性保护关键地区和保护空缺的基础上，本章提出了北京市山地植物多样性保护的规划方案，主要包括自然保护区的新建和改建及其优先次序；自然保护小区的建设，保护区域及生物廊道的规划方案。

9.1 自然保护区的建设及优先排序方案

根据评定的北京市植物多样性保护关键地区的分布以及北京自然保护区的建设现状，从自然保护区体系建设的全局出发，对北京市自然保护区今后的发展提出了系统的建设方案。提出应该新建保护区的地点及级别，对现有自然保护区根据其与所评价出的植物多样性关键地区的重叠情况，提出扩建、合并及缩建建议，并提出相应的自然保护区级别。

9.1.1 关键自然保护区的确定与建设

根据北京市植物多样性关键地区的评定结果，在综合一级关键地区，尤其是一级物种关键地区和一级森林植被关键地区重叠的区域，建立国家级或市级自然保护区，同时对北京市自然保护区的体系建设能够起到重要的连接作用的，视为关键自然保护区，应该予以优先建设和保护。

根据以上原则确定以下自然保护区为关键自然保护区。

9.1.1.1 百花山自然保护区

该保护区地处北京市西部的门头沟区，是该区唯一的自然保护区，由于门头沟区境内山区面积占总区面积的 98.3%，而现有自然保护区面积仅占到 1.16%，百花山自然保护区内东灵山的北部有较大面积的一级关键地区，因此应将东灵山部分向北延伸，至黄草梁自然风景区，如图 9－1 所示。

区内东灵山为北京市最高峰（海拔 2303m），海拔 1800m 以上分布有北京市少有的山地草甸。区域内的地带性植被为落叶阔叶林，并且具有明显的垂直地带性。该地区共包含维管束植物 100 科 365 属 707 种（含种下分类单位），为北京市维管植物最丰富的地区。国家级保护植物在该区有黄檗、紫椴及北京市珍稀濒危的兰科植物共 22 种。此外，尚有多种植物只在该区调查时发现：如柳叶鬼针草 *Bidens cernua*、习见蓼 *Polygonum plebeium*、红花鹿蹄草 *Pyrola incarnata*、宽蕊地榆 *Sanguisorba appalanata*、长梗金花忍冬 *Lonicera chrysantha*

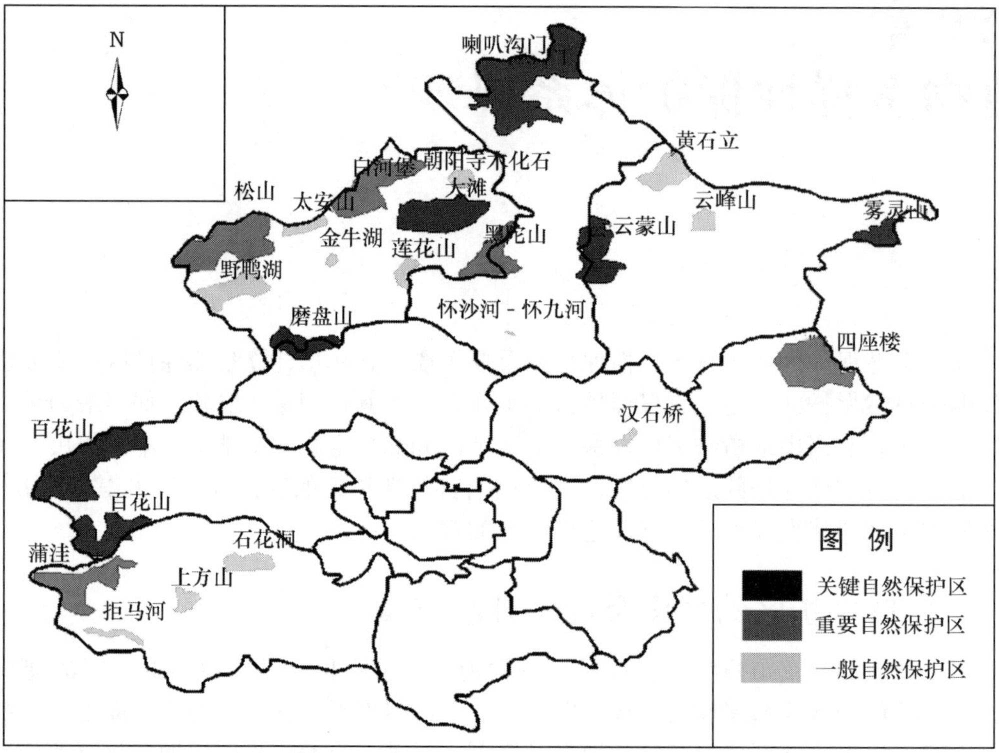

图 9－1 北京自然保护区建设规划图

var. *longipes*、毛梾木 *Cornus walteri*、狗筋蔓 *Cucubalus baccifer* 等只在百花山调查时发现有分布。全叶马兰 *Kalimeris integrifolia*、铃铃香青 *Anaphalis hancockii*、长叶水毛茛 *Batrachium kauffmanii*、百花山葡萄、内曲繁缕 *Stellaria infracta*、簇生卷耳 *Cerastium caespitosum*、线叶眼子菜 *Potamogeton pusillus* 只在东灵山调查时发现有分布。

因此，百花山国家级自然保护区保持原有级别不变。但面积应有所扩大，扩大后的自然保护区北至黄草梁，西至小龙门森林公园，南至小五台山。自然保护区总面积由原来的21 743hm^2 增加至约为28 400hm^2。

9.1.1.2 喇叭沟门自然保护区

该自然保护区地处北京市的北部，已建立喇叭沟门市级自然保护区（1999 年批建）。但是在其西南部的长哨营乡境内仍存在较大面积的一级关键地区。因此建议将喇叭沟门自然保护区向西南延伸扩建，延伸至长哨营乡的三道窝铺、汤河口镇的新地村以北和宝山镇的天河村以东地区，保护区面积由原来的18 480hm^2 扩大为26 500hm^2。详见图 9－1。

保护区内最高峰为南猴顶（海拔 1705m）。在该区内共调查到维管植物 102 科 367 属 653 种（含种下分类单位），为北京市维管植物最丰富的地区之一。其中，国家二级保护植物有芸香科的黄檗、豆科的野大豆、椴树科的紫椴及北京市珍稀濒危的兰科植物 7 种；尚有多种植物只在该区调查时发现，如球子蕨、华忽布、兴安益母草、假鼠妇草等。此外，一些其他地区少见的种类如小阴地蕨 *Botrychium lunaria*、绵马鳞毛蕨、翠南报春等在该地区有分布。

喇叭沟门自然保护区是北京北部第一道生态屏障，具有丰富的动植物种，保存良好的森林植被，是北京自然保护区体系建设的重要节点，有必要升级为国家级自然保护区。

9.1.1.3 雾灵山自然保护区

该自然保护区地处北京市东北部的密云县境内，属燕山山脉，山脉主峰为雾灵山（海拔2116m），位于河北境内。保护区内最高峰为南横岭，海拔1732m。

在该保护区共调查到维管植物99科339属612种（含种下分类单位）。其中，密云铁角蕨为中国特有种；国家级保护植物有豆科的野大豆、芸香科的黄檗、椴树科的紫椴；尚有多种植物只在少数几个调查区调查时发现，如膀胱岩蕨 *Woodsia manchuriensis*、大囊岩蕨、三叉耳蕨、青杆、七瓣莲、雾灵香花芥、雾灵沙参等在这里也有分布。

根据北京市关键地区评价结果，已建立的雾灵山市级自然保护区（2000年批建）基本上包含了该地区的各级关键区域，周边仅存在很少量二级、三级关键地区，故可保持现有保护区的面积不变，不做任何调整。

由于北京雾灵山自然保护区与河北雾灵山国家级自然保护区连为一体，故可以考虑建立跨省保护区，使北京雾灵山自然保护区合并成国家级自然保护区的一部分。

9.1.1.4 大滩自然保护区

目前，位于延庆县东北千家店、沙梁子乡境内的大滩自然保护区属于县级的自然保护区，面积12 130hm^2。区内平均海拔约1100m，最高1476m，最低550m。保护区内植被覆盖率达95%以上，主要植被类型有蒙古栎林、山杨林等阔叶林，平榛丛、荆条等灌木丛等。

从北京市关键地区分布图上可以看出，大滩自然保护区所在地区是北京市一级关键区集中分布的地区，有较大面积的一级关键地区，说明这里应该是北京市生物多样性保护的重点地区之一。在自然保护区范围外的周边地区仍存在或少量的一级及其他级别的关键地区。因此，建议对该自然保护区开展综合科学考察，并重新进行规划，扩大保护区的面积为12 300hm^2。

同时，此自然保护区在北京市的自然保护区体系建设中处于关键的连接地带，向北可连接喇叭沟门自然保护区，向西可与白河堡、玉渡山、松山自然保护区相连接，向东可与云蒙山自然保护区接壤，而且自然保护区内人为破坏较少，因此建议提升其为市级自然保护区，加大保护力度。

9.1.1.5 磨盘山自然保护区

在北京市关键地区分布图上可以看出，在昌平区与延庆县的接壤地区存在一些一级关键地区，较大面积的二级关键地区和三级关键地区，而且附近存在有沟崖自然风景区、虎峪自然风景区两个县级自然风景区和位于延庆县的八达岭国家森林公园。这里也是十三陵水库的重要水源涵养林区。此外，此处还是北京自然保护区体系建设中南北保护区连接的重要结点，也是太行山脉和燕山山脉的交汇处。建议将延庆县的八达岭森林公园和昌平区十三陵镇的沟崖自然风景区、虎峪自然风景区合并，建立自然保护区，由于区内磨盘山为最高峰，海拔1066m，因此，将自然保护区定名为磨盘山自然保护区。今后，应对该区域开展综合科学考察，并进行科学规划。建议该自然保护区的规划面积为 5700hm^2，其级别为市级。

9.1.1.6 云蒙山自然保护区

云蒙山自然保护区位于北京市密云县和怀柔区的接壤地带，地理坐标为 E 116°40′~116°50′，N 40°26′~40°38′，为密云和怀柔两县交接处。在云蒙山自然保护区内最高峰为 1414m，大部分山地以中、低山为主，海拔多处于 600~1300m 之间，森林植被类型以蒙古栎林、紫椴林、山杨林、白桦林、华北落叶松林、核桃楸林以及一些杂木林为主，生长良好。森林覆盖率达到 90% 以上。

云蒙山自然保护区有维管束植物 538 种，隶属于 98 科 319 属，在调查中发现了北京维管束植物区系中的 1 个新记录属，即刺楸属；同时也发现北京市是刺楸、异叶轮草、翼茎风毛菊 3 个植物种的新分布地点。云蒙山自然保护区还分布有大量的黄檗和软枣猕猴桃，这在北京其他地区是非常少见的。这些都表明云蒙山自然保护区具有很高的植物物种丰富度，对该区的植物多样性研究在整个北京地区具有代表性和科学价值。

在云蒙山自然保护区的周边地区，包括五座楼森林公园在内，还存在一些一级关键地区，因此可将云蒙山自然保护区向南部、东南部稍微延伸一些，扩建后，自然保护区总面积由原来的 3900hm^2 增加至 7600hm^2。

9.1.2 重要自然保护区的建设

在二级关键地区，或者是满足一级物种关键地区或一级植物群落关键地区条件其中之一者，建立市级或县级保护，视为重要保护区。重要保护区也是北京市植物多样性保护的中坚力量，也应该重点考虑，优先建设。

根据以上原则确定如下保护区为重要自然保护区。

9.1.2.1 松山自然保护区

该自然保护区位于北京市西北部的延庆县境内，保护内最高峰为海陀山（海拔 2242m），为北京市第二高峰。该自然保护区保存着北京地区面积最大的天然油松林。据调查，该区分布有维管植物 109 科 359 属 787 种（含种下分类单位），为北京市维管植物最丰富的地区之一。其中，北京水毛茛为中国特有种；国家二级保护植物有芸香科的黄檗、豆科的野大豆及北京市濒危的兰科植物 7 种；此外，尚有多种植物只在该区调查时发现，如密花小根蒜 *Allium macrostemon* var. *uratensete*、岩败酱 *Patrinia rupestris*、尖叶糙苏 *Phlomis dentosa*、白花黄芩 *Scutellaria baicalensis* f. *albiflora*、白花木本香薷 *Elsholtzia stauntoni* f. *Albiflora*、小花灯心草 *Juncus lamprocarpus* var. *senescensb*、白花歪头菜 *Vicia nijuga* f. *albiflora*、毛蝙蝠葛、西来稗 *Echinochloa crusgallii* var. *zelayensis*、羽裂叶堇菜 *Viola fissifolia*、全缘橐吾 *Ligularia mongolica*、百金花 *Centaurium meyeri*、达乌里龙胆 *Gentiana dahurica*、丝叶唐松草 *Thalictrum foeniculaceum*、长毛银莲花 *Anemone narcissiflora*、歧枝问荆 *Equiaetum arvense* var. *ramulosum* 等在该地区有较多的分布。

建议将已建立的松山国家级自然保护区和玉渡山县级自然保护区合并，扩建松山国家级自然保护区。自然保护区扩建后，总面积由原来的 4760hm^{2}增加至16 100hm^2。

9.1.2.2 四座楼自然保护区

四座楼自然保护区位于平谷区东北部，是一个森林生态系统类型的市级自然保护区。从北京的关键分布图上可以看出，这里基本上是二级、三级关键地区，没有一级关键地区存在。但是，它是北京东部地区仅有的两个森林生态系统类型的自然保护区之一，对北京市生态环境的保护起着重要的作用，在整个北京市的自然保护区体系建设中能够起到连接作用。因此，把其定为重要自然保护区，面积不做调整，仍为25 000hm^2。

9.1.2.3 蒲洼自然保护区

蒲洼自然保护区位于北京市房山区西南部的蒲洼乡境内，面积5396.5hm^2，主要保护对象为典型的暖温带森林生态系统和珍稀的野生动植物种及其栖息地。

本区有维管束植物100科331属552种；大型真菌有4目21科100种，是北京生物多样性富集区和重要的物种基因库。在该乡的深山峡谷区，由于人口稀少，人为活动干扰较少，仍然保存着大面积的蒙古栎林、核桃楸林、山杨林等天然林，森林覆盖率达74%。

通过评定的北京市关键地区分布图可以看出在蒲洼自然保护区的东北部，存在着较大面积的二级关键地区，这里也是霞云岭国家森林公园的所在地，建议将霞云岭国家森林公园和蒲洼自然保护区合并，成立跨蒲洼乡和霞云岭乡的市级自然保护区，总面积为10 400hm^2。

9.1.2.4 白河堡自然保护区

目前，白河堡自然保护区为县级自然保护区，位于延庆县香营乡境内。该区主要的植被类型为油松林、华北落叶松人工林、山杏灌丛、荆条灌丛、酸枣灌丛、胡枝子灌丛等。

通过北京市关键地区分布图可以看出，在白河堡自然保护区的北部，千家店镇的西北部存在较大面积的一级关键地区，这里不仅是珍稀植物分布的关键地区，也是白河和白河堡水库的重要水源涵养林区；而且这里人为破坏少。因此，建议白河堡自然保护区向北延伸，扩大面积至12 300hm^2，并提升其为市级自然保护区，加大保护力度。

9.1.2.5 黑陀山自然保护区

从北京市关键地区分布图可以看出，在慕田峪风景名胜区的西北部，怀柔区和延庆县的接壤地带有大面积的一级关键地区，且没建自然保护区，建议在黑陀山、大北坨子等地开展综合科学考察，建立黑陀山自然保护区，目前，先以所评价的关键地区的范围为依据进行保护区边界的定界，保护区内最高峰黑陀山海拔1534m，总面积为7600hm^2，见图9-1。

9.1.3 一般自然保护区的建设

一般保护区的建设原则为：①其所覆盖范围为二级或者三级关键地区的面积较大，一般没有一级关键地区存在；②其邻近地区有较大的关键自然保护区或者重要自然保护区存在；③在整个北京市的自然保护区体系建设中能够起到连接作用。一般自然保护区是北京市植物多样性保护的有利补充，是其他自然保护区连接的桥梁。

根据以上原则确定如下保护区为一般自然保护区。

9.1.3.1 云峰山自然保护区

云峰山自然保护区位于密云县不老屯镇，是一个以天然油松林为主要保护对象的市级自然保护区。保护区总面积2230hm^2，植被覆盖率为89.5%。区内最高峰柏岔山，海拔860m，较低的海拔范围使得保护区植物种类不多，据初步调查保护区内仅有野生维管植物350多种，植被类型较为单一，主要是大面积的油松林和荆条灌丛。但是保护区内大面积的油松林植被可作为密云水库重要集水区的水源涵养林。

从所评价的北京市植物多样性关键地区分布图上可以看出，在密云水库的北部只零星分布一些二级和三级关键地区，因此把云峰山定为一般自然保护区，面积、级别不做变化。

9.1.3.2 上方山自然保护区

该自然保护区为新建自然保护区，是在原上方山森林公园的基础上改建而成的。保护区内最高峰为上方山，海拔880m。该区共分布有维管植物105科316属574种（含种下分类单位）。其中，槭叶铁线莲为中国特有种；国家二级保护植物有豆科的野大豆和椴树科的紫椴；此外本区还分布有一些较特殊植物，例如独角莲 *Typhonium giganteum* 和省沽油在北京仅上方山有较大种群分布；青檀、拐枣在上方山自然保护区亦有较多分布。反映了该地区维管植物的多样性和特殊性。

在评定的北京市关键地区分布图上可以看到，上方山森林公园所在位置有评定的二级关键地区分布，建议对该地区进行综合科学考察，合理规划，建立上方山自然保护区，目前，以评定的二级关键地区的分布情况确定该自然保护区的边界，总面积约为2000hm^2。

9.1.3.3 石花洞自然保护区

石花洞自然保护区位于河北镇和佛子庄乡境内，是一个地质遗迹类型的市级自然保护区。主要保护对象是地下溶洞，生物资源不是很丰富，从生物多样性保护方面讲，其面积不必变化。

据初步调查，保护区内共发现维管束植物82科212属317种。其中蕨类植物8科8属12种，裸子植物2科3属3种，被子植物72科201属302种（包括兰科的1属1种）。根据《中国植物红皮书》（1989），属于重点保护的植物有黄檗、紫椴、绶草、核桃楸、穿山龙。

由于人类长期的经济活动，区内天然森林植被破坏殆尽，仅有少量残存在交通不便的深山或寺院附近。大部分地区的植被以落叶阔叶灌丛为主。

9.1.3.4 朝阳寺木化石自然保护区

朝阳寺木化石自然保护区位于延庆县千家店乡东部，沿千家店乡辛栅子村到前树岭至花盆乡的四道洼一线的两侧，总面积2050hm^2。是一个古生物遗迹类型的市级自然保护区。

保护区地貌为中山地貌，海拔为410～1000m。最高峰为黄嵯沟峰，海拔1033m。该区的木化石群为古生物化石，集中分布在千家店乡下德龙湾的白河北岸三道梁缓坡上，木化石主要集中在头道梁上周围，由此向东北方向数十里的山地沟谷也有零星分布。

保护区植被覆盖率较低，主要植物种类有山杏、春榆、荆条、三裂绣线菊、酸枣等，没有一级关键地区分布。故从保护生物多样性出发，不必改变其面积。

9.1.3.5 太安山自然保护区

位于延庆县旧县镇北部山区。南接玉渡山自然保护区，北与白河堡自然保护区交界。植被类型主要有山杏灌丛、荆条灌丛、酸枣灌丛等，沟谷两侧有人工油松林。从北京市的植物多样性关键地区分布图上可以看出，这里没有一级关键地区分布，故面积也不再做变化。它是扩建后的松山自然保护区和白河堡自然保护区的连接纽带，起着生物廊道的作用。

9.1.3.6　莲花山自然保护区

莲花山自然保护区位于延庆县大庄科乡东部，是一个县级自然保护区，总面积1470hm^2。区内的莲花山主峰海拔1005m，粉红色的花岗岩山体，因其垂直节理不甚发育，流水在不太发育的节理处侵蚀出一道道凹槽，远看像一朵巨大的染着一片片彩晕的莲苞，故称莲花山。自然保护区属森林生态系统类型，区内阳坡植被覆盖率较低，阴坡植被覆盖率达80%以上，主要植被类型有油松林、白桦林、山杨林、蒙古栎林等。灌木种类有三裂绣线菊、虎榛子 *Ostryopsis davidiana*、山楂叶悬钩子等。

自然保护区的范围基本上是该区域一级关键地区的范围，故其面积不再做变化。

9.1.3.7　黄石立自然保护区

黄石立自然保护区是一个新建的自然保护区，拟新建的自然保护区位于密云县西北部的冯家峪乡境内，保护区内黄石立为最高峰，海拔约1150m。

从北京市植物多样性保护关键地区分布图上可以看出，这里分布着一些一级关键地区，同时也存在较大面积的二级和三级关键地区，但是没有建立自然保护区。因此建议在这里建设黄石立自然保护区，在没有进行综合科学考察前，对保护区的范围暂时以关键地区集中分布的外沿为界，总面积为5700hm^2，见图9－1。

9.2　自然保护小区的建设方案

北京市人口密集，许多具有保护价值的地段被分割成了面积较小的几块，不宜建立自然保护区，但是本身又确有保护价值，这些地段可以考虑建设自然保护小区。保护小区的建立不仅灵活机动地保护了物种的多样性，同时为保护区体系建设中的廊道选择与建设提供了帮助。

另一方面，北京的自然保护区不仅面积小，而且分布较为集中，湿地类型和森林生态系统类型的自然保护区交错分布，基于此种情况，本研究提出了在北京市建设保护区域的建议，建立保护区域不仅能够更好地促进物种交流，加强生物多样性的保护，而且能对整个保护区域的管理和开发提供支持。

9.2.1　自然保护小区设立的标准

自然保护小区是自然保护区的延伸和补充，对于拯救珍稀濒危物种，保护生态系统的完整性和生物多样性都具有十分重要的意义。自然保护小区的管理应由各区县林业局负责，或者委托给邻近的市级自然保护区代管。

自然保护小区一般以保护一种或者几种珍稀濒危的植物物种为主要目标。在北京市，植被破碎化非常严重，国家重点保护的植物物种又相对较少，因此在北京市建立自然保护小区，应在保护北京市珍稀濒危的植物物种的基础上，还应该加强对植物物种相对丰富的植被片断的保护。自然保护小区的建设是一个开放的建设过程，即无法一次确定像北京市这样一个区域内应该建设多少个自然保护小区，而应是确定北京市设立自然保护区小区的标准，依据这个标准对北京市范围内进行调查，发现一处符合标准的地块，则建设一处自然保护小区。

根据对北京市多年的野外实地调查资料，从保护植物多样性方面考虑，认为满足下列条件之一者，可以设立自然保护小区：

①多种北京市珍稀濒危植物种的集中分布区，主要是评定的25种珍稀濒危植物，或者其他特殊植物种，如北京市的特有植物种，古老残遗种等；

②相对隔离，独立成片的天然林片断，尤其是在城区和近城区的交错地带；

③某一北京市稀有植物群落的集中分布区，如猕猴桃群落的集中分布区、枫杨群落的集中分布区等。

9.2.2 北京市自然保护小区的建设

根据对北京市植物多样性关键地区的评价结果和对13个自然保护区、森林公园或风景名胜区的实地调查结果，从两方面提出了15个目前北京市应该建设的自然保护小区。

9.2.2.1 根据评定的北京市植物多样性关键地区建立的自然保护小区

对于孤立、面积很小的且植物多样性关键地区级别为一、二级的，建立自然保护区小区，保护小区位置的选择主要依据北京市植物关键地区分布图，要求本身能够覆盖一级关键地区，同时有助于自然保护区的连接。这里划定自然保护小区10个。由于北京市植物多样性保护关键地区是以北京市的25种珍稀濒危植物物种和物种丰富度高的植物群落为基础的，因此，这10个自然保护小区是以保护北京市的珍稀濒危植物为主要目标的，其地理位置详见图9－2。

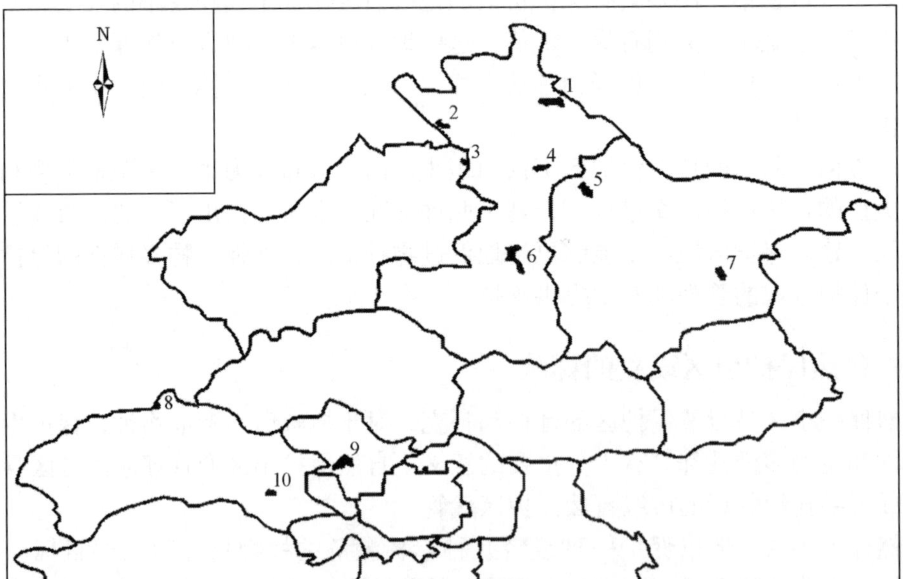

图9－2 基于植物多样性关键地区的自然保护小区分布图

对10个自然保护小区由北向南、由西向东依次编号，确定其在北京市的地理位置，并利用GIS软件确定其经纬度、面积，最后根据预测的25种珍稀濒危植物的分布图，确定每个自然保护小区内可能存在的珍稀濒危植物。详见表9－1。

根据植物多样性关键地区确定的自然保护小区均位于远郊区（县），自然保护小区总面积为4350hm^2，其中，怀柔区的自然保护小区最多，有4处，总面积为2100hm^2。门头沟区和密云县均有2处自然保护小区，总面积分别为400hm^2和850hm^2，延庆县和海淀区均有1处自然保护小区，面积分别为200hm^2和800hm^2。10个自然保护小区至少保护了北京市11种珍稀的植物物种。

表9－1　基于植物多样性关键地区的自然保护小区的基本情况

编号	所属区（县）	地理位置（经度/纬度）	主要保护对象	面积（hm^2）
1	怀柔区长哨营乡	116.71°/40.88°	羊耳蒜	700
2	怀柔区宝山镇	116.45°/40.80°	黄檗、核桃楸、紫椴、野大豆	300
3	延庆县千家店镇	116.47°/40.77°	黄檗、核桃楸、紫椴、羊耳蒜	200
4	怀柔区汤河口镇	116.68°/40.72°	野大豆、羊耳蒜	300
5	密云县石城镇	116.79°/40.67°	羊耳蒜、紫椴、元宝槭、核桃楸	500
6	怀柔区雁栖地区	116.61°/40.51°	刺五加、草芍药、鸡爪槭、紫椴	800
7	密云县北庄镇	117.11°/40.47°	黄檗、核桃楸、元宝槭、羊耳蒜	350
8	门头沟区雁翅镇	115.76°/40.16°	草芍药、羊耳蒜、核桃楸	200
9	海淀区西北旺镇	116.21°/40.02°	青檀、核桃楸	800
10	门头沟区王平地区	116.03°/39.95°	羊耳蒜、野大豆	200

9.2.2.2　根据实地调查结果确定的自然保护小区

通过对13个自然保护区、风景名胜区或者森林公园的植物物种、植物群落的实地调查，发现了一些处于自然保护区外，且具有重要保护价值的植物物种、群落。主要有以下5种，共确定5个自然保护小区，其地理位置图见图9－3。

（1）*十渡青檀保护小区*　十渡青檀林保护小区位于房山区十渡镇内，其地理坐标为E 115.58°，N 39.63°。保护小区面积约500hm^2，主要保护对象是青檀林及其灌丛。区内大部分青檀为灌木状，分布于沟谷中，调查到的青檀的最大胸径为9cm，树高约6.5m。与青檀伴生的优势灌木植物有荆条、小花溲疏、雀儿舌头、薄皮木和小叶鼠李等；优势草本植物有求米草、北京隐子草、野青茅、披针叶苔草、短尾铁线莲等。

（2）*桃园仙谷枫杨林保护小区*　该自然保护小区位于密云县石城镇境内天门涧风景区海拔1000m左右处，其地理坐标为E 116.77°，N 40.55°，保护小区总面积约200hm^2，保护对象是北京市仅此一处的枫杨林。枫杨主要沿河沟的两岸分布，伴生种有山杨、旱柳两种植物。大部分枫杨植株的胸径为20cm，树高约15m。林下除了一些枫杨幼苗外，还有荆条、山楂叶悬钩子、山杏、孩儿拳头等；草本植物有蒙古蒿、白莲蒿、草问荆、茜草、野青茅等。

（3）*潭戒寺栓皮栎林保护小区*　潭戒寺栓皮栎林保护小区位于门头沟区的潭戒寺风景名胜区和戒台寺风景名胜区之间，其地理坐标为E 116.05°，N 39.87°，面积约

700hm²。主要保护对象为栓皮栎林。栓皮栎平均胸径为8cm，平均树高约为7m。乔木层伴生种很少，大部分为栓皮栎纯林。林下灌木种类较少，有荆条、孩儿拳头、三裂绣线菊、达呼里胡枝子、多花胡枝子等；草本层植物种类也较少，草本样方内平均物种数不超过7种，优势种主要有白莲蒿、北京隐子草、披针叶苔草和茜草等。

北京市应是栓皮栎的重要分布区，但目前在北京市的分布面积已很小，大多散生于其他森林群落中，而此处栓皮栎林成片分布，且面积相对较大。

（4）妙峰山青檀林保护小区　妙峰山青檀林保护小区位于门头沟区的妙峰山自然风景区，其地理坐标为E 116.00°，N 40.06°，面积约为100hm²。主要保护对象是以青檀林为主的群落，青檀平均胸径8.0cm，树高9.0m。其中最大一棵胸径达14.5cm，树高为12.5m，群落内还有臭檀、一叶萩、麦冬等植物物种。林下灌木和草本相对稀少。

（5）古崖居虎榛子保护小区　古崖居虎榛子灌丛保护小区位于延庆县古崖居风景名胜区，其地理坐标为E 115.80°，N 40.47°，面积约50hm²。保护小区内以虎榛子为优势种，平均高为1.5m，伴生种有荆条、三裂绣线菊、小叶鼠李、多花胡枝子等。草本层优势种有披针叶苔草、矮紫苞鸢尾、白莲蒿和北京隐子草等。

虎榛子属为中国特有属，虎榛子在北京地区分布稀少，仅在古崖居风景区发现有较大面积的分布，故将其设为保护小区。

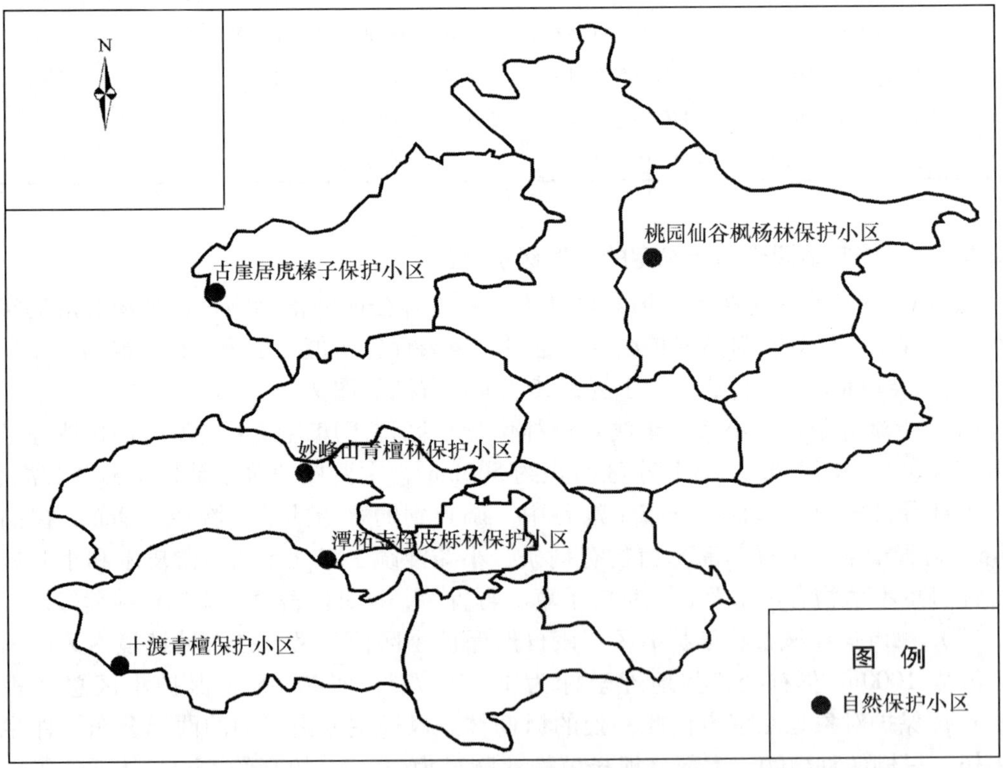

图9－3　基于实地调查的自然保护小区分布图

9.3　自然保护区域的建设方案

9.3.1　自然保护区域设立的条件

北京市自然植被破坏相对较为严重，分隔明显，人为活动强烈，因此自然保护面积一般都较小，而且大部分是有很多人生活于自然保护区内的。不同类型的自然保护区交错分布是北京市自然保护区的另一个特点。鉴于这种情况，本文提出了在北京市建立自然保护区域的构想。保护区域指在一个地理单元内，由主要保护对象相同的自然保护区组成的跨行政界线的大自然保护区，实施统一规划、建设和管理。本文从生态系统和可持续发展的角度把保护区域引申为：距离较近的不同类型的自然保护区交错分布，保护区之间通过各种作用力相互依赖，相互促进，最终推动整个地区的生物多样性保护能力的提高和生态环境的改善。

基于以上对保护区域的引申和发展以及北京市自然保护区的分布现状，提出了适于保护区域建设的两个条件：

①具有不同类型的自然保护区或者不同的生态系统类型交错分布。

②不同类型自然保护区之间距离较近，二者间的距离最好不大于相邻自然保护区直径。

对于保护区域的建设，应加强相邻的不同类型的自然保护区或者生态系统类型的联系，尽量减少它们之间的阻隔，减少生产活动，以促进不同类型自然保护区之间的物质能量的流动。

9.3.2　自然保护区域的建设构想

根据保护区的距离远近和类型的交叉情况，可以在北京市设立3个自然保护区域：

（1）延庆县自然保护区域　自然保护区在延庆县分布较多，同时具有湿地和森林生态系统类型，因此把这里划为一个大的自然保护区域。保护区域包括扩建的松山自然保护区、太安山自然保护区、扩建的白河堡自然保护区、扩建的大滩自然保护区、莲花山自然保护区、朝阳寺木化石自然保护区、新建的磨盘山自然保护区、黑陀山自然保护区8个森林生态系统类型的自然保护区和野鸭湖自然保护区、金牛湖自然保护区等湿地类型的自然保护区及其支流，图9－4所示。

整个保护区域的范围基本上涵盖了整个延庆县。通过延庆县保护区域的规划示意图可以看出，规划后的保护区域内保护区的结构基本上是“三山夹两水”。森林生态系统类型的自然保护区构成三山，西北侧有松山自然保护区—太安山自然保护区—白河堡自然保护区，中间山体有大滩自然保护区—朝阳寺木化石自然保护区构成，东南侧有磨盘山自然保护区—莲花山自然保护区—黑陀山自然保护区构成。湿地自然保护区由两沟构成，西北侧有白河—白河堡自然保护区水体—白河北干渠构成，东南侧有莱食河—白河南干渠组成。各支流最终都汇集到野鸭湖自然保护区。

（2）密云县的自然保护区域　密云县规划的自然保护区域，位于密云县的北部，密云水库以北的地区。主要保护区有云蒙山自然保护区、云峰山自然保护区、雾灵山自然保护区和新建的黄石立自然保护区等森林生态系统的自然保护区和密云水库组成。以

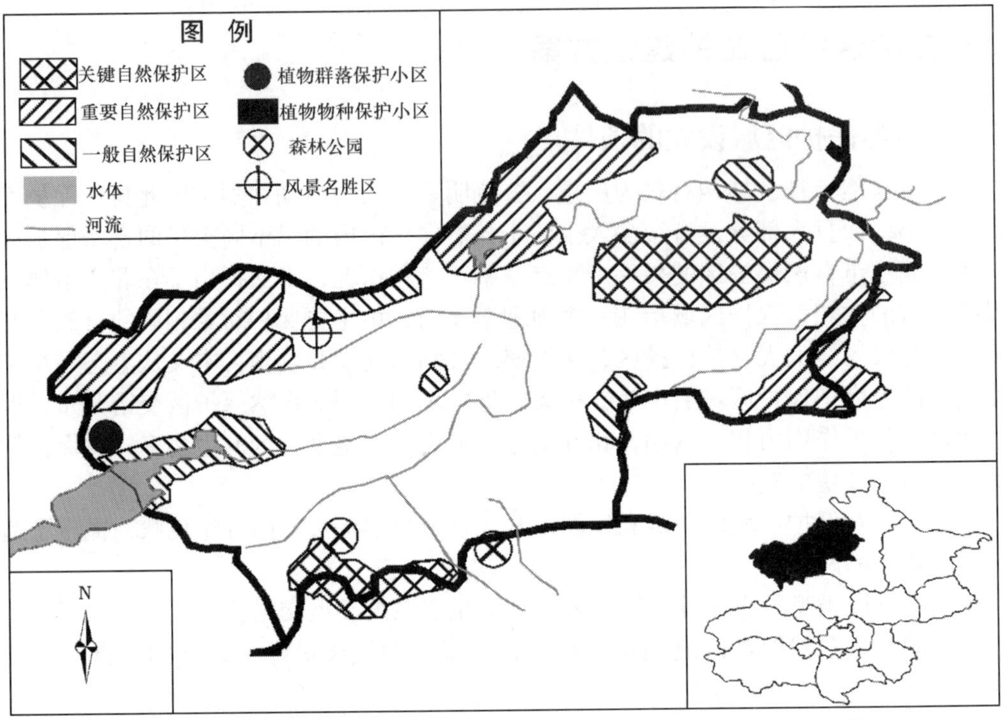

图9－4 延庆县的自然保护区域构成示意图

密云水库为中心，森林生态系统类型的自然保护区三面环绕，呈掌状分布，构成“三山围一水”结构。这4个森林生态系统类型的自然保护区除了保护北京市的生物多样性以外，还是密云水库重要的水源涵养林区，这4个自然保护区均在密云水库的上游支流处，它们所在支流由西向东依次为白河、白马关河、安达木河（图9－5）。

（3）*京西自然保护区域* 门头沟区的西南部和房山区的西北接壤，是北京西部山区，山体海拔较高，地势由西北向东南倾斜，京西自然保护区域包括百花山自然保护区、蒲洼自然保护区、石花洞自然保护区、上方山自然保护区等以森林生态系统为主的自然保护区和永定河、清水河、大石河和拒马河等湿地。

其基本结构是“四水绕三山”，四水由北向南依次为永定河、清水河、大石河和拒马河；“三山”由北向南依次为百花山自然保护区内东灵山部分，百花山自然保护区内百花山部分—蒲洼自然保护区的东部（霞云岭国家森林公园），蒲洼自然保护区的西部—上方山自然保护区—石花洞自然保护区。这里是重要植物多样性保护区域，同时也是北京主要河流永定河、拒马河的重要水源涵养林区（图9－6）。

9.4 生物廊道的规划方案

9.4.1 生物廊道建设的一些关键问题

北京市的自然保护区一般面积都比较小，为了使物种之间能够相互交流，在保护区之间设置一定的廊道是非常必要的。在保护对象相近、生态功能相似且距离较近的自然保

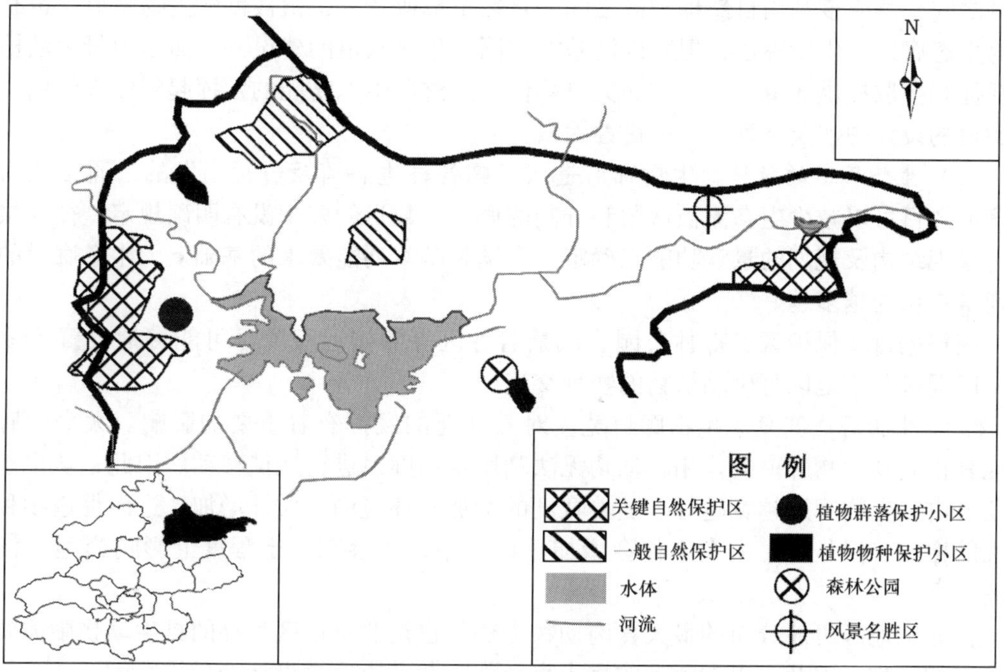

图9－5　密云县的自然保护区域结构示意图

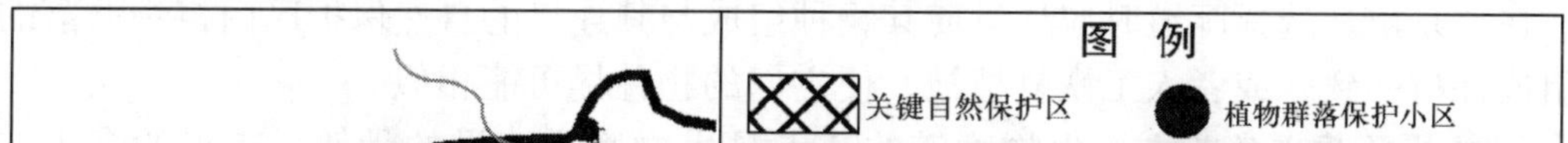

图9－6　京西自然保护区域示意图

护区之间，就应该利用自然保护区之间的自然植被或者人工植被创建生物廊道。也有人称为生态廊道、生境廊道，但其内涵基本相同。生物廊道的建设一方面是为野生动植物的迁徙和扩散提供通道，另一方面为自然保护区整体生态功能的发挥起到促进作用。生物廊道的设计中涉及下列一些关键性因素：

（1）*生物廊道的数目* 生物廊道是从考虑各种生态流及过程出发的，通常认为增加廊道数目可以减少生态流被截留和分割的概率。数目的多少没有明确规定，往往根据现有景观结构及规划的景观功能来确定。在满足基本功能要求的基础上，生态廊道的数目通常被认为越多越好。

应根据自然保护区、森林公园、风景名胜区等的接近程度尽可能多地设置生物廊道，以促进北京地区野生动植物的物种交流。

（2）*生物廊道宽度* 生物廊道宽度对其功能的发挥有着重要的影响。太窄的廊道不能真正起到生物廊道的作用，动物无法利用生物廊道进行迁徙移动。因此，从生态学的角度讲，生物廊道越宽越好。随着宽度的增加，环境的异质性增加，进而促进物种多样性的增加。但是廊道太宽不仅会增加建设成本，还会在一定程度上影响当地经济的发展。

在北京地区可能分布的最大食肉动物为豹，也是北京地区生存的野生动物中需要领域最广的动物。因此，以豹活动的最小直径作为北京市廊道设计的最小宽度。

（3）*生物廊道的内部构成* 内部构成是指生物廊道的各组成要素及其配置，主要包括物种组成、群落结构等。廊道功能的发挥与其构成要素有着重要关系。

在北京市，选择廊道时应尽量使其物种组成与其连接的自然保护区内植物群落的物种组成保持一致，或者人工恢复植被，使它们的物种尽可能相似。

（4）*生物廊道的节点* 生物廊道的节点是生物廊道建设的骨架，节点的多少、位置、大小决定生物廊道的数量、走向。在北京的自然保护区体系规划中，节点就是一个个的自然保护区。

（5）*阻断因素* 从保护生物多样性方面考虑，在北京市对生物廊道影响最大的就是人类的生产和生活活动，主要包括居民点的多少、等级和道路的密度和等级。

9.4.2 生物廊道的规划构想

9.4.2.1 廊道规划中的阻隔分析

居民点的多少、等级和道路的密度和等级是影响生物廊道建设的最重要因素，很显然，大中城市和小村庄内的人口对环境和资源的压力是有巨大差别的，高速路和乡间小路对野生动植物的隔离程度是不同的，按照居民点的多少、等级和道路的密度和等级，对北京市进行干扰等级划分，具体做法如下：

将居民点划分为镇（乡）行政中心、区（县）行政中心、市行政中心三级，村级的居民点不再考虑，因为村的分布已经布满整个北京市，而其对野生动植物的干扰相对于镇（乡）行政中心、区（县）行政中心、市行政中心要小很多。道路分为主要公路、国道和高速路3类，镇（乡）间、村间公路不再考虑。

通过GIS软件对点（居民点）和线（道路）进行影响的缓冲分析。由于不同的点和线级别对周围环境和资源的影响范围不同，点和线的不同级别在做影响面的缓冲面积时，镇（乡）行政中心与区（县）行政中心、市行政中心的影响缓冲面的比为1:2，主要公路与国道或者高速路三者的影响缓冲面的比也为1:2，其中镇（乡）行政中心和主要公路的缓冲直径设定为3.5km。镇（乡）行政中心和主要公路对植物多样性的影响在这个距离之外已经很小。结果见图9－7。

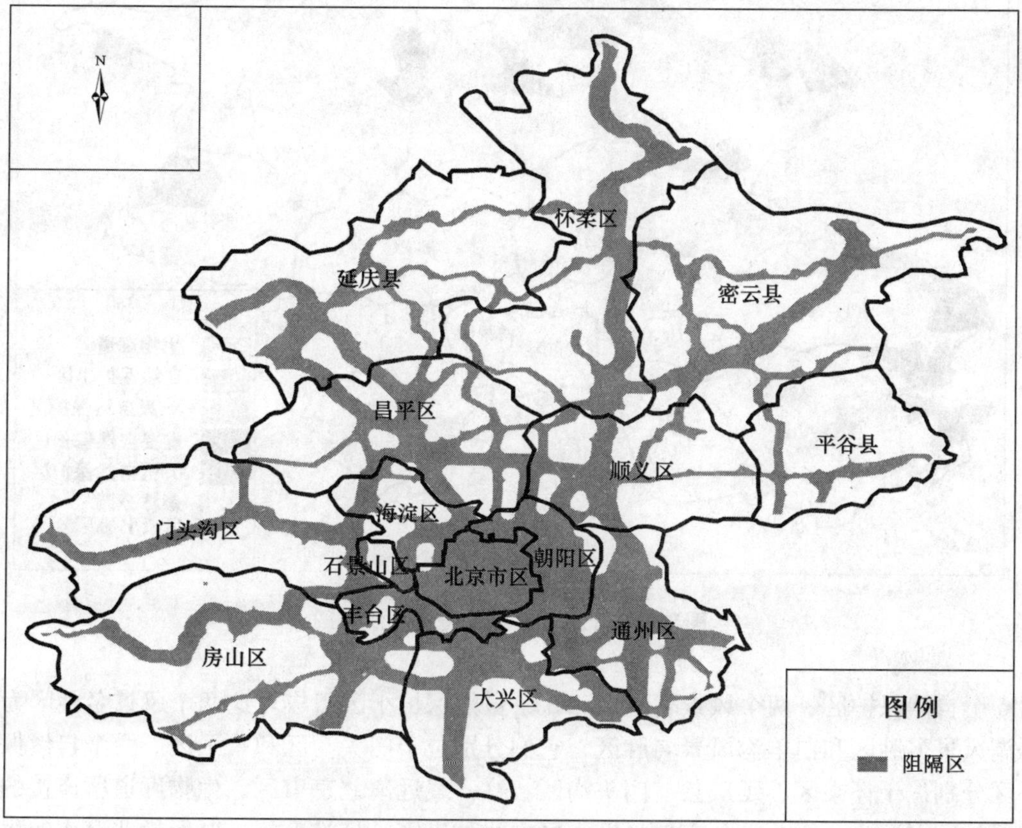

图9－7　居民点与道路阻隔分布示意图

通过居民点与道路阻隔分布图可以看出，总体上在北京的东南部地区人为影响较大，大部分地区都被阻隔区所覆盖，西部、北部山区人为影响较小，很大一部分没有被阻隔区所覆盖。具体来讲，怀柔区、密云县、门头沟区、房山区、平谷区这几个远郊区（县）受人为干扰较轻，而通州区、昌平区、顺义区等近市区的区（县）受人为影响较为严重。廊道的规划建设应该尽量避开这些人为干扰较强的区域。

9.4.2.2　市域范围的生物廊道规划

根据自然保护区在北京市的布局情况，共划定4条生物廊道，廊道的宽度以北京地区分布的最大的野生动物——豹的活动直径作为廊道的最小宽度，据资料显示豹冬季的活动直径平均为12.5km（王建平等，1995），故廊道直径以12.5km为最小宽度。生物廊道在保护区之间的路线尽可能地选择具有保护功能的地域，如风景名胜区、自然保护小区、森林公园等，详见图9－8。

（1）*百花山（东灵山）—珍珠湖—白羊沟—磨盘山—莲花山—大滩—朝阳寺木化石—喇叭沟门*　这是北京西北部的第一道生物廊道，也是北京西北的第一道生态屏障，

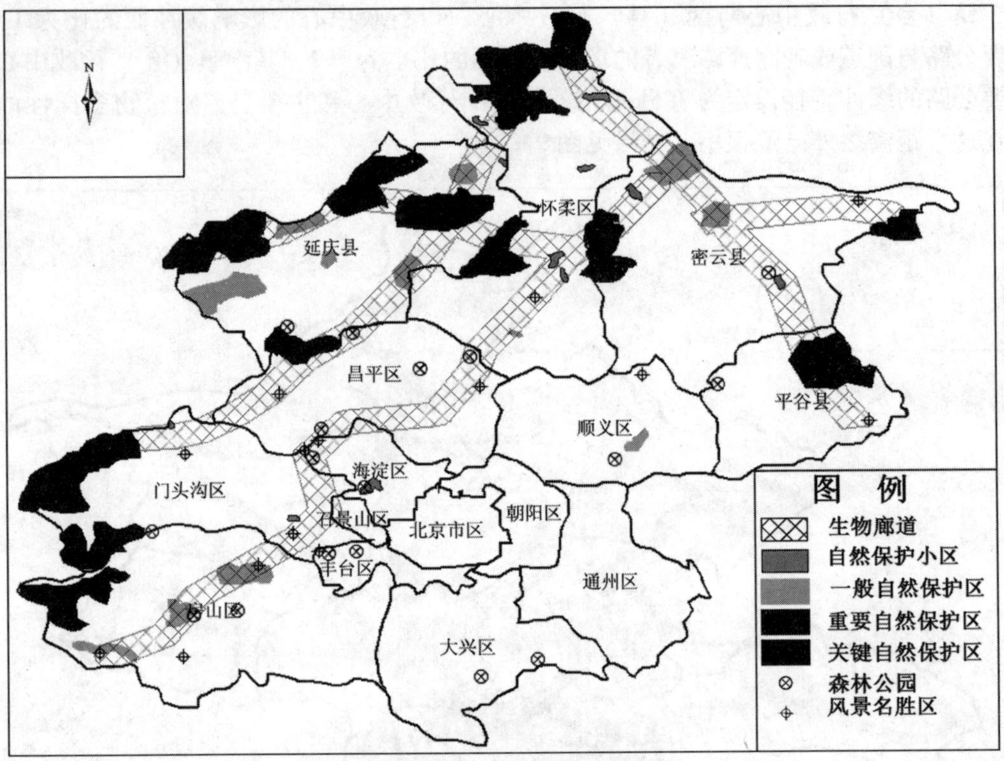

图9-8 北京市生物廊道布局示意图

由6个自然保护区、两个风景名胜区和3个自然保护小区组成。这两个风景名胜区为珍珠湖风景名胜区和白羊沟风景名胜区，它们分别位于门头沟区和昌平区。两个自然保护小区分别位于怀柔区、延庆县、门头沟区。这一线远离北京市区，生物廊道所连接的自然保护区多数为一级关键分布的地区，区内物种丰富、植被良好，对保护北京市的生物多样性和改善北京地区的生态环境具有非常重要的意义。

生物廊道及其所连接的自然保护区和风景名胜区应该以保护为主，在生物廊道上未被自然保护区或者风景名胜区所包含的地段内，应积极进行植被恢复，减少人为干扰。重点应加强珍珠湖和白羊沟风景名胜区的生物多样性保护工作，加快开展磨盘山自然保护区的建设工作。

（2）*拒马河—上方山—石花洞—潭戒寺—妙峰山（阳台山，凤凰岭）—十三陵双龙山—大杨山—怀沙河—怀九河—慕田峪—云蒙山—黄石立* 这是北京西北部的第二道生物廊道，也是北京西北的第二道生态屏障，由6个自然保护区、5个风景名胜区、2个森林公园和5个自然保护小区组成。在组成上与第一道生物廊道相比，森林生态系统类型的自然保护区的数量明显减少，只有上方山、云蒙山和黄石立3个。风景名胜区、森林公园和自然保护小区的数量明显增加，这一条生物廊道距离北京市区较近，平均海拔也较低。从植物多样性保护关键地区的分布图上也可以看出，这条廊道的中间部分一级关键面积很小，这条廊道内除了两端的自然保护区外，其他地区应该以适宜市民的旅游观光为主，不是北京市生物多样性保护的重点。

（3）喇叭沟门—黄石立—云峰山—白龙潭—四座楼（黄松峪森林公园）—金海湖—大峡谷—大溶洞　这是北京东北部的一条生物廊道，也是东北部的生态屏障。它包括4个自然保护区，2个森林公园，1个风景名胜区，2个自然保护小区。两个森林公园分别位于密云县的白龙潭森林公园和平谷区的黄松峪森林公园，一个风景名胜区为金海湖—大峡谷—大溶洞。从生物廊道组成元素的类别上可以看出，自然保护区是组成廊道的主要元素。但是根据评定的自然保护区的类型，关键自然保护区一个为喇叭沟门自然保护区，其余的均为一般自然保护区。因此，除4个自然保护区外的生物廊道也不是物种多样性保护的重点区域。但是，它是北京东北部仅有的一道屏障，还是密云水库的重要支流汤河的水源涵养林区，因此这条廊道作为生态屏障意义很大。

（4）松山—太安山—白河堡—大滩—黑陀山—云蒙山—黄石立—云峰山—雾灵山　这是北京北部的一道重要的生物廊道，由9个自然保护区组成，其中关键自然保护区3个，重要自然保护区3个，一般自然保护区3个。这里也是一级关键地区分布集中的地区之一，保护区内物种丰富、植被良好，对保护北京市的生物多样性具有重要的意义。同时，这条廊道上的自然保护区大部分为密云水库或者官厅水库的水源涵养林区，对改善北京地区的生态环境也具有非常重要的意义。廊道内非保护区覆盖的部分应该因地制宜的恢复植被，减少或控制在生物廊道内的人口数量。

9.4.2.3　优先建设的生物廊道

北京市生物廊道的建设需要一个较长的时期，可以分期、分段建设。在规划的整个北京市域范围内的生物廊道中，部分廊道建设的自然条件已经很成熟，主要表现在：①自然保护区之间距离较近，即连接两个自然保护区之间的廊道较短，容易建设；②廊道内的自然植被覆盖相对较好，农田、村庄和道路较少。

（1）“松山—太安山—白河堡—大滩—黑陀山—云蒙山—黄石立”部分　这是“松山—太安山—白河堡—大滩—黑陀山—云蒙山—黄石立—云峰山—雾灵山”生物廊道的一部分。优先建设廊道的结点（自然保护区）都是森林生态系统类型的自然保护区，自然保护区之间的距离很近，连接两个自然保护区之间廊道的距离大多数都小于自然保护区本身的长度或宽度。在规划的廊道内，没有乡（镇）的行政中心，只有一条国道（111国道）和3条市县级公路横穿廊道，居民点和交通线相对较少。

生物廊道内的主要植被类型为山杏林，荆条灌丛、绣线菊灌丛和少量的蒙古栎林。

建设措施：应重点考虑廊道穿越国道和市县级公路的问题，应因地制宜地设置穿越公路的涵洞，涵洞应有一定的宽度和较好的遮蔽功能。廊道的其他地段只需加强保护，使其自然恢复即可。

（2）“大滩—朝阳寺木化石—喇叭沟门”部分　这是“百花山（东灵山）—珍珠湖—白羊沟—磨盘山—莲花山—大滩—朝阳寺木化石—喇叭沟门”的一段。廊道的结点自然保护区主要是大滩自然保护区和喇叭沟门自然保护区，朝阳寺木化石自然保护区是一个古生物遗迹类型的自然保护区。在规划的廊道内，只有一条市县级公路横穿廊道；没有乡（镇）的行政中心分布，但是由于水资源较丰富，居民点相对较多。

生物廊道地段的主要植被类型为侧柏林、蒙古栎林、荆条灌丛、绣线菊灌丛和一些杂木林。

控制廊道建设区域内的人口数量，尽量减少人类活动。

(3)“喇叭沟门—黄石立—云峰山”部分　这是“喇叭沟门—黄石立—云峰山—白龙潭—四座楼（黄松峪森林公园）—金海湖—大峡谷—大溶洞”生物廊道的一段。廊道连接的 3 个自然保护区均为森林生态系统类型的自然保护区。廊道的规划路线上没有乡（镇）的行政中心分布，只有一条市县级公路阻挡。

廊道内部主要的植被类型为油松林、山杨林、荆条灌丛、绣线菊灌丛和少量的侧柏林、蒙古栎林。森林植被的覆盖率较高，廊道建设较容易。

尽量减少人为活动，使其自然恢复即可。

(4)“百花山（东灵山）—扩建的蒲洼自然保护区”　百花山自然保护区和扩建的蒲洼自然保护区距离很近，廊道建设较容易，在市域范围的廊道规划中没有明确提出建立百花山（东灵山）和扩建的蒲洼自然保护区之间的生物廊道。

百花山自然保护区和蒲洼自然保护区都是森林类型的自然保护区。两个自然保护区之间的廊道路线上，海拔较高，没有公路和乡镇行政中心的阻隔，它们之间的廊道建设较为容易。百花山自然保护区是由百花山、东灵山和马栏林场 3 部分组成的，在百花山和东灵山之间有一条国道（109 国道）穿过。目前，该保护区已把百花山和东灵山之间地带划作了外围保护地带，这在一定程度上起到了廊道的作用，但跨越公路的问题仍是廊道建设的重要问题。

廊道内部主要的植被类型为：鹅耳枥林、桦木林、杂木林、绣线菊灌丛、草甸和少量农田。农田主要位于百花山自然保护区内的百花山部分和东灵山部分之间的保护带内。

在 109 国道关键区段设置涵洞，解决生物廊道穿越国道的问题。

参考文献

北京市民政局，北京市测绘设计研究院编制．2005．北京市行政区划地图集［M］．长沙：湖南地图出版社．

北京市农业委员会．1988．北京市农业资源与区划图集［M］．北京：测绘出版社．

陈红锋，严岳鸿，秦新生，等．2005．海南铜铁岭热带低地雨林群落特征研究［J］．西北植物学报，25（1）：0103－0112．

陈灵芝，鲍显诚，陈清朗．1985．北京山区的栎林［J］．植物生态学与地植物学丛刊，9（2）：101－111．

陈士林，肖小河，王瑀．1994．中国药用植物的数值区划［J］．资源开发与市场，10（1）：8－10．

陈廷贵，张金屯，上官铁梁，等．2000．山西关帝山神尾沟植物群落多样性研究［J］．西北植物学报，20（4）：638－646．

陈维川，赵勃，邢韶华，等．2005．北京蒲洼自然保护区植物群丛的优先保护顺序［J］．东北林业大学学报，33（5）：62－64．

成克武，崔国发，李新彬．2000．北京喇叭沟门林区植物资源分类及评价［J］．北京林业大学学报，22（4）：59－65．

成克武．2002．北京喇叭沟门林区植物多样性及其保护研究［D］．北京：北京林业大学图书馆．

崔国发，成克武，路端正，等．2000．北京喇叭沟门自然保护区植物濒危程度和保护级别研究［J］．北京林业大学学报．22（4）：8－13．

崔国发，成克武，申国珍，等．2000．北京喇叭沟门林区森林植被现状及分类［J］．北京林业大学学报，22（4）：46－51．

崔国发，王献溥．2000．世界自然保护区发展现状和面临的任务［J］．北京林业大学学报，22（4）：123－125．

崔国发，王献溥．2004．自然保护区学发展现状与趋势．见：李文华，赵景柱编著．生态学研究回顾与展望［M］．北京：气象出版社．

崔国发．2004．自然保护区学当前应该解决的几个科学问题［J］．北京林业大学学报，26（6）：102－105．

崔丽娟，张曼胤．2005．人类干扰对安庆沿江湿地植物多样性的影响［J］．林业科学研究，18（4）：441－445．

但新球．1997．大老岭国家森林公园植物多样性保护设计［J］．中南林业调查规划，（2）：61－64．

邓红兵，王青春，代力民，等．2003．长白山北坡河岸带群落植物区系分析［J］．应用生态学报，14（9）：1405－1410．

方炎明，章忠正，王文军．1996．浙江龙王山和九龙山鹅掌楸群落研究［J］．浙江林学院学报，13（3）：286－292．

冯天杰，王德艺，李东义，等．1999．雾灵山自然保护区维管植物区系的研究［J］．植物研究，19（3）：259－267．

冯学全，王德艺，李国忠，等．2001．雾灵山自然保护区的紫椴蒙古栎混交林［J］．河北林果研究，16（4）：318－323．

傅伯杰，陈利顶，马克明，等．2001．景观生态学原理及应用［M］．北京：科学出版社．

傅立国主编．1991．中国植物红皮书——稀有濒危植物（第一卷）［M］．北京：科学出版社．

郭正刚，刘慧霞，孙学刚，等. 2003. 白龙江上游地区森林植物群落物种多样性的研究［J］. 植物生态学报，27（3）：388－395.
国家环境保护总局、中国科学院植物所. 1987. 中国珍稀濒危保护植物名录（第一册）［M］. 北京：科学出版社.
国家环境保护总局. 1993. 自然保护区类型与级别划分原则（中华人民共和国国家标 GB/T 14529－93）.
国家环境保护总局. 1998. 中国生物多样性国情研究报告［M］. 北京：中国环境科学出版社.
韩兴国. 1994. 岛屿生物地理学与生物多样性保护. 见：中国科学院生物多样性委员会主编. 生物多样性研究的原理和方法［M］. 北京：中国科学技术出版社.
何友均，崔国发，冯宗炜，等. 2004. 三江源自然保护区森林—草甸交错带植物优先保护序列研究［J］. 应用生态学报，15（8）：1307－1312.
贺金生，陈伟烈. 1995. 我国亚热带地区的退化生态系统：类型、分布、结构特征及恢复途径. 见：陈灵芝，陈伟烈主编. 中国退化生态系统研究［M］. 北京：中国科学技术出版社.
贺士元，邢其华，尹祖棠，等. 1993. 北京植物志：（上、下册）第2版［M］. 北京：北京出版社.
贺新强，林金星，胡玉熹，等. 1996. 中国松杉类植物濒危等级划分的比较［J］. 生物多样性，4（1）：45－51.
胡涌，张启翔. 1998. 森林公园一些基本理论问题的探讨——兼谈自然保护区、风景名胜区及森林公园的关系［J］. 北京林业大学学报，20（3）：49－57.
胡玉佳，丁小球. 2000. 海南岛坝王岭热带天然林植物物种多样性研究［J］. 生物多样性，8（4）：370－377.
黄富祥，王跃思. 2001. 试论生物多样性保护理论与实践面临的困难及现实出路［J］. 生物多样性，9（4）：399－406.
惠苍，李自珍，韩晓卓，等. 2004. 集合种群的理论框架与应用研究进展［J］. 西北植物学报，24，（3）：551－557.
霍亚贞. 1989. 北京自然地理［M］. 北京：北京师范学院出版社，
江洪，黄建辉，陈灵芝，等. 1994. 东灵山植物群落的排序、数量分类与环境解释［J］. 植物学报，36（7）：539－551.
江洪. 1994. 川西北甘南云冷杉林的数量分类［J］. 植物生态学报，18（4）：297－305.
江洪. 1994. 东灵山植物群落生活型谱的比较研究［J］. 植物学报，36（11）：884－894.
蒋志刚，樊恩源. 2003. 关于物种濒危等级标准之探讨——对IUCN物种濒危等级的思考［J］. 生物多样性，11（5）：383－392.
蒋志刚，马克平，韩兴国. 1997. 保护生物学［M］. 杭州：浙江科学技术出版社.
孔昭宸，杜乃秋，席以珍，等. 1976. 北京1亿多年来植物群的发展和古气候的变迁［J］. 植物分类学报，14（1）：79－88.
孔昭宸，杜乃秋，张子斌. 1982. 北京地区10000年以来的植物群发展和气候变化［J］. 植物学报，24（2）172－180.
孔昭宸，杜乃秋. 1980. 北京地区距今30000－10000年的植物群发展和气候变迁［J］. 植物学报，22（4）：330－338.
兰国玉，雷瑞德，陈伟. 2004. 秦岭华山松群落特征研究［J］. 西北植物学报，24（11）：2075－2082.
雷相东，唐守正. 2002. 群落本质多样性排序及应用［J］. 林业科学研究，15（3）：285－290.
李博，杨持，林鹏. 2000. 生态学［M］. 北京：高等教育出版社.
李迪强，林英华，陆军. 2002. 尤溪县生物多样性优先地区分析［J］. 生态学报，22（8）：

1315 - 1322.

李迪强，欧阳志云，宋延龄，等. 2003. 全国林业系统自然保护区体系规划［M］. 北京：中国大地出版社.

李迪强，宋延龄. 2000. 热点地区与 GAP 分析研究进展［J］. 生物多样性，8（2）：208 - 210.

李利平，崔国发. 2005. 北京雾灵山自然保护区植物数量评价［J］. 林业调查规划，30（2）：45 - 49

李晓文，胡远满，肖笃宁. 1999. 景观生态学与生物多样性保护［J］. 生态学报，19（3）：399 - 407.

李晓文，张玲，方精云. 2002. 指示种、伞护种与旗舰种：有关概念及其在保护生物学中的应用［J］. 生物多样性，10（1）：72 - 79.

林春松. 2005. 植物区系的研究方法概述［J］. 湖北林业科技，（2）：39 - 41.

林鹏编著. 1986. 植物群落学［M］. 上海：上海科学技术出版社.

刘灿然，陈灵芝. 1999. 北京地区植被景观中斑块大小的分布特征［J］. 植物学报，41（2）：199 - 205.

刘东来. 1996. 中国的自然保护区［M］. 上海：上海科技教育出版社.

刘鹏，吴国芳. 1994. 大别山植物区系的特点和森林植被的研究［J］. 华东师范大学学报（自然科学版），1：76 - 81.

刘全儒，张潮，康慕谊. 2004. 小五台山种子植物区系研究［J］. 植物研究，24（4）：499 - 506.

刘艳红，赵惠勋. 2000. 干扰与物种多样性维持理论研究进展［J］. 北京林业大学学报，22（4）：101 - 105.

栾晓峰. 2005. 东北生物多样性优先保护规划和保护区管理有效性评估.［D］中国林业科学研究院图书馆.

罗菊春，王庆锁，牟长城，等. 1997. 干扰对天然红松林植物多样性的影响［J］. 林业科学，33（6）：498 - 503.

马建章，邹红菲，郑国光. 2003. 中国野生动物与栖息地保护现状及发展趋势［J］. 中国农业科技导报，5（4）：3 - 6.

马克明，傅伯杰，周华锋. 1998. 景观多样性测度：格局多样性的亲和度分析［J］. 生态学报，18（1）：76 - 81.

马克明，叶万辉，桑卫国，等. 1997. 北京东灵山地区植物群落多样性研究 X—不同尺度下群落样带的 β 多样性及分形分析［J］. 生态学报，17（6）：626 - 634.

马克平，黄建辉，于顺利，等. 1995. 北京东灵山地区植物群落多样性的研究 II 丰富度、均匀度和物种多样性指数［J］. 生态学报，15（3）：268 - 277.

马克平，刘灿然，刘玉明. 1995. 生物群落多样性的测度方法 II β 多样性的测度方法［J］. 生物多样性，3（1）：38 - 43.

马克平，刘灿然，于顺利，等. 1997. 北京东灵山地区植物群落多样性的研究［J］. 生态学报，17（6）：574 - 583.

马克平，刘玉明. 1994. 生物群落多样性的测度方法 α 多样性的测度方法（下）［J］. 生物多样性，2（4）：231 - 239.

马克平，米湘成，魏伟，等. 2004. 生物多样性研究进展评述. 见：李文华，赵景柱编著，生态学研究回顾与展望［M］. 北京：气象出版社，110 - 125.

马克平，钱迎倩，王晨. 1994. 生物多样性研究的现状与发展趋势. 生物多样性研究的原理与方法［M］. 北京：中国科学技术出版社，1 - 9.

马克平，钱迎倩. 1998. 生物多样性保护及其研究进展［J］. 应用与环境生物学报，4（1）：95 - 99.

马克平. 1994. 生物群落多样性的测度方法 α 多样性的测度方法（上）［J］. 生物多样性，2（3）：

162 - 168.
马克平. 2001. 中国生物多样性热点地区 (Hotspot) 评估与优先保护重点的确定应该重视 [J]. 植物生态学报, 25 (1): 125.
马克平等. 1997. 北京东灵山地区植物群落多样性研究. 几种类型森林群落的种 - 多度关系研究 [J]. 生态学报, 17 (6): 573 - 583.
马克平等. 1997. 北京东灵山地区植物群落多样性研究Ⅷ. 群落组成随海拔梯度的变化 [J]. 生态学报, 17 (6): 593 - 600.
牛文元. 1987. 现代应用地理 [M]. 北京: 科学出版社, 314 - 321.
钱时祥, 陈学平, 郭家明. 1994. 聚类分析在烟草种植区划上的应用 [J]. 安徽农业大学学报, 21 (1): 21 - 25.
钱迎倩, 甄仁德主编. 1995. 生物多样性研究进展 [M]. 北京: 中国科学技术出版社.
秦淑英, 王德艺, 姜云天, 等. 1999. 雾灵山蒙椴阔叶混交林群落结构及动态分析 [J]. 河北林果研究, 14 (2): 107 - 112.
邱扬, 张金屯. 2000. DCCA 排序轴分类及其在关帝山八水沟植物群落生态梯度分析中的应用 [J]. 生态学报, 20 (2): 200 - 206.
尚玉昌, 蔡晓明. 1992. 普通生态学 (上册) [M]. 北京: 北京大学出版社.
世界资源研究所. 1992. 全球生物多样性策略 [M]. 钱迎倩等译. 北京: 标准出版社.
宋永昌. 2001. 植被生态学 [M]. 华东师范大学出版社.
孙立. 2005. 北京周边自然保护区合理布局研究 [D]. 北京: 北京林业大学.
孙儒泳, 李博, 诸葛阳等. 1993. 普通生态学 [M]. 北京: 高等教育出版社.
孙儒泳. 1999. 生物多样性保育 [J]. 世界科技研究与发展, 21 (2): 19 - 23.
唐志尧, 方精云. 2004. 植物物种多样性的垂直分布格局 [J]. 生物多样性, 12 (1): 20 - 28.
陶君容主编. 2000. 中国晚白垩世至新生代植物区系发展演变 [M]. 北京: 科学出版社.
万五星, 王德艺, 何万红, 等. 2002. 雾灵山自然保护区亚高山草甸植物群落结构研究 [J]. 河北师范大学学报 (自然科学版), 26 (6): 619 - 624.
汪年鹤, 袁昌齐, 吕晔, 等. 1992. 药用植物稀有濒危程度评价标准讨论 [J]. 中国中药杂志, 17 (2): 67 - 69.
汪永华, 陈北光, 苏志尧. 2000. 物种多样性研究的进展 [J]. 生态科学, 19 (3): 50 - 54.
王德艺, 李东义, 蔡万波. 1997. 雾灵山自然保护区的生物多样性研究 [J]. 生物多样性, 5 (1): 49 - 53.
王桂忠, 张伟. 2000. 雾灵山自然保护区的蒙古栎林 [J]. 河北林果研究, 15 (3): 207 - 231
王荷生, 张镱锂, 黄劲松, 等. 1995. 华北地区种子植物区系研究 [J]. 云南植物研究, 增刊Ⅶ: 32 - 54.
王荷生. 1992. 植物区系地理 [M]. 北京: 科学出版社.
王荷生. 1994. 华北植物区系地理 [M]. 北京: 科学出版社.
王荷生. 1999. 华北植物区系的演变和来源 [M]. 地理学报, 54 (3): 213 - 223.
王建平, 郝映红, 王俊田, 等. 1995. 豹冬季生态的初步研究 [J]. 动物学杂志, 30 (05): 41 - 44.
王清春. 2003. 云蒙山林区植物多样性及其保护研究 [D]. 北京: 北京林业大学图书馆.
王文菲, 陈玮, 徐文铎. 2005. 沈阳东陵区油松栎林群落特征及物种多样性研究 [J]. 辽宁林业科技, (1): 1 - 6.
王献溥, 崔国发编著. 2003. 自然保护区建设与管理 [M]. 北京: 化学工业出版社.
王献溥, 郭柯. 2002. 关于 IUCN 红色名录类型和标准新的修改 [J]. 植物资源与环境学报, 11 (3): 53 - 56.

魏文超. 2004. 北京市自然保护区网络体系建设研究 [D]. 北京：北京林业大学图书馆.
吴勇，苏智先. 2001. 陆地植物群落物种多样性演替研究进展 [J]. 生命科学研究，5 (3)：125 - 128.
吴征镒. 1991. 中国种子植物属的分布区类型 [J]. 云南植物研究 (Ⅳ增刊)：1 - 139.
吴征镒，路安民，汤彦承，等. 2003. 中国被子植物科属综论 [M]. 北京：科学出版社.
吴征镒. 1980. 中国植被 [M]. 北京：科学出版社.
奚为民. 1997. 雾灵山国家级自然保护区森林群落物种多样性研究 [J]. 生物多样性，5 (2)：121 - 125.
肖笃宁，布仁仓，李秀珍. 1997. 生态空间理论与景观异质性 [J]. 生态学报，17 (5)：453 - 461.
肖笃宁，胡远满，李秀珍，等. 2001. 环渤海湾三角洲湿地的景观生态学研究[M]. 北京：科学出版社.
解焱，李典谟，JohnMacKinnon. 2002. 中国生物地理区划研究 [J]. 生态学报，22 (10)：1059 - 1615.
解焱，汪松. 1995. 国际濒危物种等级评价标准 [J]. 生物多样性，3 (4)：234 - 239.
徐德应. 1997. 气候变化对中国森林影响研究 [M]. 北京：中国科学技术出版社.
徐海根. 2000. 自然保护区生态安全设计的理论与方法 [M]. 北京：中国环境科学出版社.
徐化成. 1995. 景观生态学 [M]. 北京：中国林业出版社.
徐化成. 2004. 中国华北天然林 [M]. 北京：中国科学技术出版社.
许冬焱. 2003. 论复合种群的理论与模型在保护生物学中的应用 [J]. 肇庆学院学报. 24 (5)：48 - 51.
许再富，陶国达. 1987. 地区性的植物受威胁及优先保护综合评价方法探讨 [J]. 云南植物研究，9 (2)：193 - 202.
薛达元，包浩生. 1993. 森林公园在我国自然保护区系统中的地位 [J]. 生物多样性，3 (3)：170 - 173.
薛达元，蒋明康，李正方，等. 1991. 苏浙皖地区珍稀濒危植物分级指标的研究[J]. 中国环境科学，11 (3)：161 - 166.
薛达元，蒋明康. 1995. 中国自然保护区对生物多样性保护的贡献 [J]. 自然资源学报，10 (3)：286 - 292.
薛达元，蒋明康著. 1994. 中国自然保护区建设与管理 [M]. 北京：中国环境科学出版社.
严旬. 1992. 中国濒危动物的现状与保护 [J]. 野生动物，65 (1)：1.
杨持. 2003. 生态学实验与实习 [M]. 北京：高等教育出版社.
姚振生，葛菲，刘庆华. 1997. 江西珍稀濒危药用植物分级标准的研究 [J]. 武汉植物学研究，15 (2)：137 - 142.
叶万辉. 2000. 物种多样性与植物群落的维持机制 [J]. 生物多样性，8 (1)：17 - 24.
于丹，种云霄，涂芒辉，等. 1998. 中国水生高等植物受危种的研究 [J]. 生物多样性，6 (1)：13 - 21.
于顺利，陈灵芝，张承军. 2000. 不同地点蒙古栎群落相似性的研究 [J]. 植物学通报，17 (6)：554 - 558.
袁德成. 1997. 物种编目、濒危等级和保护优先序. 见：蒋志刚，马克平，韩兴国 (主编). 保护生物学 [M]. 杭州：浙江科学技术出版社，103 - 119.
张大勇，雷光春. 1999. 集合种群动态：理论与应用 [J]. 生物多样性，7 (2)：81 - 90.
张峰，张金屯，上官铁梁. 2002. 历山自然保护区猪尾沟森林群落植物多样性研究 [J]. 植物生态学报，26 (增刊)：46 - 51.
张桂宾. 2004. 河南种子植物区系地理研究 [J]. 广西植物，24 (3)：199 - 206.

张桂萍. 2001. 植物多样性现状及其保护 [J]. 太原师范专科学校学报,(3):33-34.
张继义,赵哈林. 2003. 植被(植物群落)稳定性研究评述 [J]. 生态学杂志,22 (4):42-48.
张金屯. 2004. 数量生态学 [M]. 北京:科学出版社.
张维平. 1998. 生物多样性面临的威胁及其原因 [J]. 环境科学进展,7 (5):123-131.
张泽钧,段彪,胡锦矗. 2001. 生物多样性浅谈 [J]. 四川动物,20 (2):110-112.
张知彬. 1993. SOS! 濒临极限的生物多样性 [J]. 生物多样性,1 (1):30-34.
赵勃. 2005. 北京山区植物多样性及保护研究 [D]. 北京:北京林业大学图书馆.
赵海军,纪力强. 2003. 大尺度生物多样性评价 [J]. 生物多样性,11 (1):78-85.
赵淑清,方精云,雷光春. 2000. 全球200:确定大尺度生物多样性优先保护的一种方法 [J]. 生物多样性,8 (4):435-440.
赵淑清,方精云,雷光春. 2001. 物种保护的理论基础——从岛屿生物地理学理论到集合种群理论 [J]. 生态学报,21 (7):1171-1179.
赵志模,郭依泉编著. 1990. 群落生态学的原理与方法 [M]. 重庆:科学技术文献出版社重庆分社.
郑师章,吴千红,王海波,等编著. 1994. 普通生态学——原理、方法和应用[M]. 上海:复旦大学出版社.
中国科学院中国植被图集编辑委员会. 2001. 中国植被图集 [M]. 北京:科学出版社.
周红章,于晓东,罗天宏,等. 2000. 物种多样性变化格局与时空尺度 [J]. 生物多样性. 8 (3):325-336.
周以良. 1994. 中国小兴安岭植被 [M]. 北京:科学出版社.
周以良. 1997. 中国东北植被地理 [M]. 北京:科学出版社.
周择福,王延平,张光灿. 2005. 五台山林区典型人工林群落物种多样性研究[J]. 西北植物学报,25 (2):321-327.
朱建国,何远辉,季维智. 1996. 我国自然保护区建设中几个问题的分析和探讨 [J]. 生物多样性,4 (3):175-182.
朱强,俞孔坚,李迪华. 2005. 景观规划中的生态廊道宽度 [J]. 生态学报,25 (9):2046-2412.
祝宁,臧润国. 1993. 刺五加种群生态学的研究 I. 刺五加的种群结构 [J]. 应用生态学报,4 (2):113-119.
左家哺,傅德志. 2003. 植物区系学中特有现象的研究进展(Ⅱ)——中国植物区系、研究方法与任务 [J]. 湖南环境生物职业技术学院学报,9 (2):93-106.
Bedward M. 1992. A new approach for selecting fully representative reserve networks: addressing efficiency. reserve design and land suitability with an iterative analysis [J]. Biological conservation, 62: 115-125.
Benkendorff K, Davis A R. 2002. Can species richness of mollus can species richness on rocky intertidal reefs [J]. Biodiversity and Conservation, 11 (11): 1959-1973.
Burke V J. 2000. Landscape ecology and species conservation [J]. Landscape Ecology, 15: 1-5.
Caicco S C, Scott J M. 1995. A GAP analysis of management status of the vegetation of Idaho [J]. Conservation Biology, 19 (3): 498-511.
CITES. 1994. Cites Appendices. Geneva, Cites Secretariat.
Costanza R. et al. 1997. The value of the world's ecosystems services and natureal capital. Nature, 387: 253-260.
Serafy S. Pricing the invaluable: the value of the world ecosystem services and natural capital [J]. Ecological Economics, 1998, (25): 25-27.
Daily Q. 1997. Naturesservices: Societal Dependence on Natural Ecosystems. Washington DC; Isl-ang Press.
Diamond J M, R M May. 1976. Island biogeography the design of natural reserves. Theoretical Ecology:

Principles and Applications (Second edition) [M]. Blackwell, Oxford.
Ellstrand NC, Elam D R. 1993. Population genetic consequences of small population size: im – plications for plant conservation. Annual Review of Ecology and Systematics, 24: 217 –242.
Forman R T and Collinge S K . 1996. The "spatial solution" to conserving biodiversity in landscape and regions . In : R . M . Degraafand R . I . Miller (Editions), Conservation of Faunnal Diversity in Forested Landscapes [J]. Chapman and Hall. Londong, 1 –22.
Forman R T T. 1995. Some general principles of landscape and regional ecology [J] . Landscape ecology, 10: 133 –142.
Franklin J F. 1993. Preserving biodiversity: Species, ecosystems, or landscapes? [J]. Ecological Applications, 3 (2): 202 –205.
Freitag S, van J aarsveld A S, Biggs H C . 1997. Ran king priority biodiversity areas: aniterative conservation value –based approaches [J] . Biological Conservation, 82: 263 –272.
Groombridge B. 1992. Global Biodiversity: Status of the earth's living resources, WCMC, Ca –mbridge.
Hanski I . 1998. Metapopulation dynamics [J]. Nature, 396: 41 –49.
Harrild J. 1991. Forminmplications to applications: the dispersal corridor sprinciple applied the conservation of biological diversity. In: SAUNDERSDA etaleds. Nature conversation: therole corridors [M]. NewYork: Survey Beatty&Sons, 189 –220.
Harris L D. 1984. The fragmented forest. Chicago: The University of Chicago Press.
Hobohm Carsten. 2003. Characterization and ranking of biodiversity hotspots: centres of species richness and endemism [J]. biodiversity and conservation, 12 (2): 279 –287.
Holsinger K E. 1995. Conservation programs for endangered plant species. In: Nierenberg WA (ed.), Encyclopedia of Environmental Biology, Vol. 1 [M]. San Diego, CA: Academic Press.
Hooper D, Vitousek P. 1997. The effects of plant composition and diversity on ecosystem process [J]. Science, 277: 1302 –1305.
IUCN/UNEP/WWF. 1980. World Conservation Strategy, IUCN – UNEP – WWF.
Ballie JEM, Hilton –Taylor C, Stuart SN 2004. 2004 IUCN Red List of Threatened Species: A Global Species Assessment. IUCN. Gland, Switzerland and Cambridge, UK.
Lande R. 1988. Genetics and demography in biological conservation [J]. Science, 241: 1455 –1460.
Landres P B, J Vernes and J W Thomas. 1988. Ecological uses of vertebrate indicator species: a critique [J]. Conservation Biology, 2: 316 –327.
Lohengrin A, Cavieres, Mary T K Arroyo, et al. 2002. Identification of priority areas for conservation in an arid zone: application of parsimony analysis of endemicity in the vascular flora of the Antofagasta region, northern Chile [J]. Biodiversity and Conservation 11: 1301 –1311.
Lombard A. 1997. Reserve selection in a species rich and fragmented landscape the Agulhas Plain [J]. Conservation Biology, 11: 1101 –1116.
Luoto Miska, Toivonen Tuuli, Heikkinen Risto K. 2002. Prediction of total and rare plant species richness in agricultural landscapes from satellite images and topographic data [J]. landscape ecology, 17 (3): 195 –217.
Marc W. Cadotte et al. 2002. Tree and shrub diversity and abundance infragmented littoral forest of southeastern Madagascar [J]. Biodiversity and Conservation, 11: 1417 –1436.
Margules C R, Nicholls A O, Pressey R L. 1998. Selecting network of reserves tomaximize biological diversity [J]. Biological Conservation, 43: 63 –76.
McCann K, Hastings A &Haxel G R. 1998. Weak trophic interactions and the balance of nature. Nature, 395: 794 –798.

McNeely J A, Miller K R. et al. 1990. Conserving the worlds biological diversity [M]. Gland, Switzerland.
Myers N, 1990. The biodiversity challenge: expanded hot spots analysis. The Environmentali – st, 10: 243 – 256.
Naveh Z. 2000. What is holistic landscape ecology ? A conceptual introduction [J]. Landscape and Urban Planning. 50 (1 – 3): 7 – 26.
Nilsson G. 1983. The Endangered Species Handbook. Animal Welfare Institute, Washington, D. C.
Noss R F. 1997. The failure of universities to produce conservation biologists [J]. Conservation Biology, 11 (6): 1267 – 1269.
Noss R F. 1998. At what scale should we manage biodiversity? In: F L Bunnell and J F Johnson (eds.) Policy and Practices for Biodiversity in Managed Forests: the Living Dance [M]. UBC Press, Vancouver, USA, 96 – 116.
Noss R F, Harris L D. 1986. Nodes, networks, and MUMs: preserving diversity at all scales. Environment Management, 10: 299 – 309.
P. fab M F. 2002. An integrative approach for the conservation and management of South Africa's floristic diversity at the provincial level [J]. biodiversity and conservation, 11 (7): 1195 – 1204.
Pressey R L, Bedward M, Keith D A. 1994. New procedures for reserve selection in New So – uth Wales: maximizing the chance of achieving are presentative network [J]. In: Forey PI, Humphries CJ (eds.), Systematics and Conservation Evaluation [M], 25: 351 – 373.
Sari Pitkaen. 1997. Correlation between stand structure and ground vegetation: an analytical approach [J]. Plant Ecology, 131: 109 – 126.
Scott JM, Davis F, B Csuti, etc. 1993. Gap analysis: a geographic approach to protection of biological diversity [J]. Journal of Wildlife Management, supplement: Wildlife Monographs, 123: 1 – 41.
Sould M E, Simberliff D. 1986. What do genetics and ecology tell us about the design of nature reserve [J]. Biological Conservation, 35: 19 – 40.
Thomas J Stohlgren, Michael B Coughenour, et al. 1997. Landscape analysis of plant diversity [J]. Landscape Ecology, 12: 155 – 170.
Tilman D D, Wedin J. Knops. 1996. Productivity and sustainability influenced by biodiversity in grassland Hecosystems [J]. Nature, 379: 718 – 720.
Turner M G, R H. Gardner. 1991. Quantitative methods inlands cape ecology [M]. New York: Springer – Verlag.
UNEP. 1992. Convention on Biological Diversity [M]: Text and Annexes.
Vitousek P M. 1990. Biological invasion and ecological processes: towards an integration of population biology and ecosystem studies [J]. Oides, 5 (1): 7 – 13.
Wang S. 1987. Species Conservation. China's National Conservation Strategy [M]. China Environmental Science Press, Beijing.
Wang S. 1992. China's Biodiversty – Status and Conservation Needs [M]. Beijing: Science Press.
Whittaker R H. 1992. Evolution and Measurement of species diversity [J]. Taxon, 21: 213 – 251.
Wikrmanayakeed, Dinersteine, et al. 1995. biodiversity assessment and Gap anlysis of the Himalayas. World Wildlife Fund – Us.
Yan Xie, John Mac Kinnon, Dianmo – Li. 2004. Study on biogeographical divisions of China [J]. Biodiversity and Conservation, 13: 1391 – 1417.
Yu Kong jian. 1995. Ecological security patterns in landscape and GIS application [J] . geographical information sciences, 1 (2): 1 – 17.
R Rollins, 张黎明. 1992. 自然保护与郊野游憩 [J]. 世界林业研究, 5 (3): 43 – 49.
Rexford Daubenmire. 1981. 植物群落—植物群落生态学教程. 北京: 人民教育出版社.

附录1 北京山地野生植物名录

科名	种名	学名	濒临消失风险等级	保护级别	蒲洼	喇叭沟门	松山	百花山	东灵山	雾灵山	云蒙山	云峰山	十渡	潭戒寺	慕田峪	妙峰山	石花洞
卷柏科 Selaginellaceae	垫状卷柏	*Selaginella pulvinata*（Hk. et Grev.）Maxim.	安全		0	0	0	0	0	0	0	0	0	0	0	1	0
	旱生卷柏	*Selaginella stauntoniana* Spr.	安全		1	0	0	1	1	1	1	1	1	0	1	1	1
	卷柏	*Selaginella tamariscina*（Beauv.）Spr.	安全		0	0	0	1	1	0	1	0	1	1	0	1	0
	蔓出卷柏	*Selaginella davidii* Franch.	安全		1	1	1	1	1	1	1	1	0	0	1	1	1
	圆枝卷柏	*Selaginella sanguinolenta*（L.）Spr.	安全		1	1	1	1	0	1	0	0	0	0	1	1	0
	中华卷柏	*Selaginella sinensis*（Desv.）Spr.	安全		1	1	1	1	1	1	1	1	1	1	1	1	1
木贼科 Equisetaceae	草问荆	*Equiaetum pratense* Ehrh.	安全		0	1	1	1	1	1	1	1	1	0	0	0	0
	节节草	*Equiaetum ramosissimun* Desf.	安全		0	1	1	1	1	0	0	1	1	0	1	0	0
	木贼	*Equiaetum hiemale* L.	可能消失	二级	0	1	0	0	0	1	0	0	0	0	0	0	0
	歧枝问荆	*Equiaetum arvense* var. *ramulosum* Rupr.	安全		0	0	1	0	0	0	0	0	0	0	0	0	0
	犬问荆	*Equiaetum palustre* L.	安全		0	1	1	0	0	0	0	0	0	0	0	0	0
	问荆	*Equiaetum arvense* L.	安全		0	1	1	1	1	1	1	1	1	0	1	1	0
阴地蕨科 Botrychiaceae	小阴地蕨	*Botrychium lunaria*（L.）Sw.	安全		0	1	0	0	0	1	0	0	0	0	0	0	0
碗蕨科 Dennstaedtiaceae	溪洞碗蕨	*Dennstaedtia wilfordii*（Moore）Christ	安全		1	0	1	1	1	1	1	1	1	0	1	1	1
蕨科 Pteridiaceae	蕨	*Pteridium aquilinum*（L.）Kuhn var. *latiusculum*（Desv.）Underw. ex Heller	安全	二级	1	1	1	1	1	1	1	0	0	0	1	1	0
中国蕨科 Sinopteridaceae	薄叶粉背蕨	*Aleuritopteris kuhnii* var. *brandtii*（Fe. et sav.）Tagawa	安全		0	1	0	1	0	0	0	0	0	0	0	1	0
	华北粉背蕨	*Aleuritopteris kuhnii*（Milde）Ching	安全		1	1	0	1	1	0	1	0	0	0	1	0	1
	陕西粉背蕨	*Aleuritopteris shensiensis* Ching	安全		1	0	0	1	1	0	1	1	1	1	1	1	1
	银粉背蕨	*Aleueitopteris argentea*（Gmel.）Fée	安全		1	1	1	1	1	1	1	1	1	1	1	1	1
	小叶中国蕨	*Sinopteris albofusca*（Bak.）Ching	安全	二级	0	0	0	0	0	1	0	0	0	0	0	0	0

（续）

科名	种名	学名	濒临消失风险等级	保护级别	蒲洼	喇叭沟门	松山	百花山	东灵山	雾灵山	云蒙山	云峰山	十渡	潭戒寺	慕田峪	妙峰山	石花洞
铁角蕨科 Aspleniaceae	过山蕨	*Camptosorus sibiricus* Rupr.	安全		0	1	1	1	1	1	1	0	0	0	1	1	0
	北京铁角蕨	*Asplenium pekinense* Hance	安全		1	1	1	1	1	1	1	0	0	0	1	0	1
	钝齿铁角蕨	*Asplenium subvarians* Ching	安全		0	1	0	1	0	1	0	0	0	0	0	0	0
	华中铁角蕨	*Asplenium sarelii* Hook.	安全		0	0	1	0	0	0	0	0	0	0	1	1	0
	密云铁角蕨	*Asplenium miyunense* Ching et Z. R. Wang	安全		0	0	0	0	0	1	0	0	0	0	0	0	0
	普通铁线蕨	*Adiantum edgeworthii* Hook.	安全		0	0	0	0	0	1	0	0	0	0	1	0	0
	团羽铁线蕨	*Adiantum capillus－junosis* Rupr.	安全		0	0	0	1	1	0	0	0	1	0	1	1	1
	掌叶铁线蕨	*Adiantum pedatum* L.	安全		0	0	0	0	0	1	0	0	0	0	0	0	0
蹄盖蕨科 Athyriaceae	黑鳞短肠蕨	*Allantodia crenata*（Sommerf.）Ching	安全		0	0	0	1	1	1	0	0	0	0	0	0	0
	蛾眉蕨	*Lunathyrium acrostichoides*（Sw.）Ching	安全		0	1	0	0	0	1	0	0	0	0	0	0	0
	冷蕨	*Cystopteris fragilis*（L.）Bernh.	安全		0	1	1	1	1	1	0	0	1	0	1	0	0
	山冷蕨	*Cystopteris sudetica* A. Br. et Milde	安全		1	0	0	0	0	1	0	0	0	0	0	0	0
	东北蹄盖蕨	*Athyrium brevifrons* Nakai ex Kitag.	安全		0	0	0	1	1	0	1	0	0	0	0	0	0
	多齿蹄盖蕨	*Athyrium multidentatum*（Doll.）Ching	安全		0	0	1	0	0	1	0	0	0	0	0	0	0
	河北蹄盖蕨	*Athyrium hebeiense* Ching	安全		0	1	0	0	0	0	0	0	0	0	0	0	0
	华北蹄盖蕨	*Athyrium pachyphlebium* C. Chr.	安全		0	0	0	1	0	1	1	1	1	0	1	0	0
	华东蹄盖蕨	*Athyrium niponicum*（Mett.）Hance	安全		0	0	0	1	1	1	1	1	1	1	1	1	1
	麦秆蹄盖蕨	*Athyriun fallaciosum* Milde	安全		1	1	1	0	0	1	1	1	1	0	1	1	0
	中华蹄盖蕨	*Athyrium sinensis* Rupr.	安全		0	1	1	0	0	0	0	0	0	0	0	0	0
	羽节蕨	*Gymnocarpium disjunctum*（Rupr.）Ching	安全		1	1	1	1	1	1	0	0	0	0	0	0	0

（续）

科名	种名	学名	濒临消失风险等级	保护级别	蒲洼	喇叭沟门	松山	百花山	东灵山	雾灵山	云蒙山	云峰山	十渡	潭戒寺	慕田峪	妙峰山	石花洞
金星蕨科 Thelypteridaceae	沼泽蕨	*Thelypteris palustris*（Salisb.） Schott	安全		0	1	1	0	0	0	0	0	0	0	0	0	0
球子蕨科 Onocleaceae	荚果蕨	*Matteuccia struthiopteris*（L.） Todaro	安全		1	1	1	1	1	1	1	1	1	0	0	0	1
	球子蕨	*Onoclea interrupta*（Maxim.） Ching et Chiu.	安全	二级	0	1	0	0	0	0	0	0	0	0	0	0	0
岩蕨科 Woodsiaceae	膀胱岩蕨	*Woodsia manchuriensis* Hook.	安全		1	0	0	0	0	1	0	0	1	0	0	0	0
	大囊岩蕨	*Woodsia macrochlaena* Mett. et Kuhn.	安全		0	0	0	0	0	1	0	0	0	0	0	0	0
	耳羽岩蕨	*Woodsia polystichoides* Eaton	安全		0	1	0	1	1	1	1	1	0	0	1	0	1
	密毛岩蕨	*Woodsia rosthornii* Diels.	安全		0	0	1	0	0	1	0	0	0	0	0	0	0
	妙峰岩蕨	*Woodsia oblonga* Ching et S. H. Wu	安全		0	0	0	0	0	0	0	0	0	0	0	1	0
	亚心岩蕨	*Woodsia subcordata* Turcz.	安全		0	0	0	0	0	1	0	0	0	0	0	0	0
	岩蕨	*Woodsia ilvensis*（L.） R.	安全		0	0	1	0	0	0	0	0	0	0	0	0	0
	中岩蕨	*Woodsia intermedia* Tagawa.	安全		0	1	0	1	0	0	0	0	0	0	0	1	0
鳞毛蕨科 Dryopteridaceae	鞭叶耳蕨	*Polystichum craspedosorum*（Maxim.） Diels	安全		1	1	1	1	1	0	1	1	1	0	1	1	0
	布郎耳蕨	*Polystichum braunii*（Spenn.） Fe'e	安全		0	1	0	0	0	0	0	0	0	0	0	0	0
	华北鳞毛蕨	*Dryopteria laeta*（Kom.） C. Chr.	安全		1	1	1	1	0	0	0	0	0	0	0	0	0
	绵马鳞毛蕨	*Dryopteris crassirhizoma* Nakai	安全		0	1	0	0	0	0	0	0	0	0	0	0	0
	香鳞毛蕨	*Dryopteris fragrans*（L.） Schott	安全		0	1	0	0	0	0	0	0	0	0	0	0	0
	耳叶金毛裸蕨	*Gymnopteris bipinnata* Christ var. *auriculata*（Franch.） Ching	安全		0	1	1	0	0	0	0	0	0	0	1	0	0
水龙骨科 Polypodiaceae	北京石韦	*Pyrrosia davidii*（Gies.） Ching	安全		1	1	1	1	1	1	1	1	1	0	0	1	0
	有柄石韦	*Pyrrosia petiolosa*（Christ） Ching	安全		1	1	1	1	1	1	1	1	0	0	1	1	0
	乌苏里瓦韦	*Lepisorus ussuriensis*（Reg. et Maack） Ching	安全		0	0	0	0	0	1	0	0	0	0	0	0	0

（续）

科名	种名	学名	濒临消失风险等级	保护级别	蒲洼	喇叭沟门	松山	百花山	东灵山	雾灵山	云蒙山	云峰山	十渡	潭戒寺	慕田峪	妙峰山	石花洞
苹科 Marsileaceae	苹	*Marsilea quadrifolia* L.	安全		0	0	1	0	0	0	0	0	1	0	0	0	0
槐叶萍科 Salviniaceae	槐叶苹	*Salvinia natans*（L.）All.	安全	二级	0	0	0	0	0	0	0	0	1	0	0	0	0
松科 Pinaceae	臭冷杉	*Abies nephrolepis*（Trautv.）Maxim.	容易消失	一级	0	0	0	1	0	0	0	0	0	0	0	0	0
	华北落叶松	*Larix principis – rupprechil* Mayr.	安全		1	1	1	1	1	1	1	0	1	0	0	1	0
	油松	*Pinus tabulaeformis* Carr.	安全		1	1	1	1	1	1	1	1	1	1	1	1	1
	青杆	*Picea wilsonii* Mast.	可能消失	二级	0	0	0	1	1	1	0	0	0	0	1	0	0
柏科 Cupressaceae	圆柏	*Sabina chinensis*（L.）Ant.	安全		1	1	0	1	0	1	1	1	1	1	1	1	1
麻黄科 Ephedraceae	草麻黄	*Ephedra sinica* Stapf.	安全	二级	0	0	1	0	1	0	0	0	0	0	0	0	0
	木贼麻黄	*Ephedra equisetina* Bge.	容易消失	一级	0	0	1	0	0	0	0	0	0	0	0	0	0
金粟兰科 Chloranthaceae	银线草	*Chloranthus japonicus* Sieb.	安全		1	1	1	0	0	1	0	0	1	0	1	0	0
杨柳科 Salicaceae	旱柳	*Salix matsudana* Koidz.	安全		1	1	1	1	1	1	1	1	1	1	1	1	1
	蒿柳	*Salix viminalis* L.	安全		0	0	0	1	1	0	0	0	0	0	0	0	0
	黄花柳	*Salix caprea* L.	安全		0	0	0	1	1	0	0	0	0	0	0	0	0
	棉花柳	*Salix linearistipularis*（Franch.）Hao	安全		0	1	1	1	1	0	1	0	1	0	1	0	0
	沙柳	*Salix cheilophila* Schneid.	可能消失	二级	0	1	0	0	1	0	0	0	0	0	0	0	0
	山柳	*Salix phylicifolia* L.	安全		1	0	0	1	1	0	0	0	0	0	0	0	0
	皂柳	*Salix wallichiana* Anders.	可能消失	二级	0	0	1	1	1	1	0	0	0	0	1	0	0
	中国黄花柳	*Salix sinica* L . var. *sineca* Hao	安全		1	0	1	1	1	1	0	0	0	0	1	1	0
	河北杨	*Populus hopeiensis* Hu	安全		0	0	1	0	0	0	0	0	0	0	1	0	0
	辽杨	*Populus maximowiczii* Henry	容易消失	一级	0	1	0	0	0	1	0	0	0	0	0	0	0

（续）

科名	种名	学名	濒临消失风险等级	保护级别	蒲洼	喇叭沟门	松山	百花山	东灵山	雾灵山	云蒙山	云峰山	十渡	潭戒寺	慕田峪	妙峰山	石花洞
杨柳科 Salicaceae	青杨	*Populus cathayana* Rehd.	安全		1	1	1	1	1	1	1	0	0	0	0	1	1
	山杨	*Populus davidiana* Dode	安全		1	1	1	1	1	1	1	1	1	0	1	1	1
	小叶杨	*Populus simonii* Carr.	安全		1	1	1	0	0	0	1	1	1	0	0	1	0
胡桃科 Juglandaceae	枫杨	*Pterocarya stenoptera* DC.	可能消失	二级	0	0	0	0	0	0	1	0	0	0	0	0	0
	核桃楸	*Juglans mandshurica* Maxim.	安全		1	1	1	1	1	1	1	0	1	1	1	1	1
	麻核桃	*Juglans hopeiensis* Hu.	容易消失	一级	0	0	0	0	0	1	0	0	0	0	0	0	0
	野核桃	*Juglans cathayensis* Dode	可能消失	二级	0	1	1	0	0	0	0	0	0	0	0	0	0
桦木科 Betulaceae	鹅耳枥	*Carpinus turczaninowii* Hance	安全		1	1	1	1	1	1	1	1	1	1	1	1	1
	千金榆	*Carpinus cordata* Bl.	安全		1	0	0	1	1	1	0	0	0	0	0	0	0
	虎榛子	*Ostryopsis davidiana* Decne.	安全		0	1	0	1	1	1	0	0	0	0	0	0	0
	白桦	*Betula platyphylla* Suk.	安全		1	1	1	1	1	1	1	0	0	0	1	1	0
	糙皮桦	*Betula utilis* D. Don	安全		0	0	0	1	1	1	0	0	0	0	0	0	0
	黑桦	*Betula dahurica* Pall.	安全		1	1	1	1	1	1	1	0	1	0	1	1	0
	红桦	*Betula albo – sinensis* Burk.	可能消失	二级	0	0	0	1	1	0	0	0	0	0	0	0	0
	坚桦	*Betula chinensis* Maxim.	安全		0	1	1	1	1	1	1	0	1	0	1	0	0
	硕桦	*Betula costata* Trautv.	安全		0	1	1	1	1	1	0	0	0	0	0	0	0
	毛榛	*Corylus mandshurica* Maxim.	安全		1	1	1	1	1	1	1	0	0	0	1	0	0
	榛	*Corylus heterophylla* Fisch. ex Bess.	安全		1	1	1	1	1	1	1	1	1	0	1	0	1
壳斗科 Fagaceae	北京槲栎	*Quercus aliena* Bl. var. *pekingensis* Schott.	安全		0	0	0	0	0	0	0	0	1	0	0	1	0
	粗齿蒙古栎	*Quercus mongolica* var. *grosseserrata* (Bl.) Rehd. et Wils.	容易消失	一级	0	1	0	0	0	0	0	0	0	0	0	0	0

（续）

科名	种名	学名	濒临消失风险等级	保护级别	蒲洼	喇叭沟门	松山	百花山	东灵山	雾灵山	云蒙山	云峰山	十渡	潭戒寺	慕田峪	妙峰山	石花洞
壳斗科 Fagaceae	槲栎	*Quercus aliena* Bl.	安全		1	1	0	1	1	1	0	1	1	1	1	1	0
	槲树	*Quercus dentata* Thunb.	安全		1	0	0	0	0	1	1	1	1	1	0	1	0
	蒙古栎	*Quercus mongolica* Fisch. ex Turcz.	安全		1	1	1	1	1	1	1	1	1	0	1	0	1
	麻栎	*Quercus acutissima* Carr.	可能消失	二级	0	0	0	0	0	0	0	0	1	0	1	0	0
	栓皮栎	*Quercus variabilis* Bl.	安全		0	0	0	0	0	0	0	0	1	1	1	1	1
榆科 Ulmaceae	刺榆	*Hemiptelea davidii* (Hance) Planch.	安全		1	0	0	0	0	0	0	0	0	0	0	1	0
	大叶朴	*Celtis koraiensis* Nakai	安全		1	0	1	1	1	1	1	0	1	1	0	1	0
	黄果朴	*Celtis labilis* Schneid.	安全		1	1	1	0	1	0	0	0	1	1	1	1	0
	小叶朴	*Celtis bungeana* Bl.	安全		1	1	1	1	1	1	1	1	1	1	1	1	0
	青檀	*Pteroceltis tatarinowii* Maxim.	安全	一级	1	0	0	0	0	0	0	0	1	0	0	1	0
	春榆	*Ulmus japonica* (Rehd.) Sarg.	安全		1	1	1	1	1	1	1	1	1	0	1	1	1
	大果榆	*Ulmus macrocarpa* Hance	安全		1	0	1	1	1	1	1	1	1	1	1	1	1
	黑榆	*Ulmus davidiana* Planch.	安全		0	0	1	1	1	0	1	1	1	0	1	1	0
	裂叶榆	*Ulmus laciniata* (Trautv.) Mayr	安全		1	1	1	1	1	1	0	0	0	0	0	0	0
	脱皮榆	*Ulmus lamellosa* T. Wang et S. L. Chang	安全		1	0	1	0	0	1	0	0	1	0	0	0	0
	榆	*Ulmus pumila* L.	安全		1	1	1	1	1	1	1	1	1	1	1	1	1
桑科 Moraceae	大麻	*Cannabis sativa* L.	安全		1	1	1	0	0	0	0	0	1	1	0	1	1
	构树	*Broussonetia papyrifera* (L.) Vent.	安全		0	0	0	1	0	0	0	1	0	1	0	1	1
	华忽布	*Humulus lupulus* L. var. *cordifolius* (Miq.) Maxim.	安全	二级	0	1	0	0	0	0	0	0	0	0	0	0	0
	葎草	*Humulus scandens* (Lour.) Merr.	安全		1	1	1	1	1	1	1	1	1	0	1	1	1

（续）

科名	种名	学名	濒临消失风险等级	保护级别	蒲洼	喇叭沟门	松山	百花山	东灵山	雾灵山	云蒙山	云峰山	十渡	潭戒寺	慕田峪	妙峰山	石花洞
桑科 Moraceae	鸡桑	*Morus australis* Poir.	安全		1	1	1	1	1	1	1	1	1	1	1	1	0
	蒙桑	*Morus mongolica*（Bur.）Schneid.	安全		1	1	1	1	1	1	1	0	1	1	1	1	1
	山桑	*Morus mongolica* var. *diabolica* Koidz.	可能消失	一级	0	0	1	0	0	0	0	0	0	0	0	0	0
	水蛇麻	*Fatoua villosa*（Thunb.）Nakai	安全	二级	0	0	0	0	0	0	0	0	1	0	0	0	0
	柘树	*Cudrania tricuspidata*（Carr.）Bur	极易消失	一级	0	0	0	0	0	0	0	0	0	1	0	0	0
荨麻科 Urticaceae	艾麻	*Laportea macrostachya*（Maxim.）Ohwi	安全		1	0	0	0	0	0	0	0	1	0	0	1	0
	山冷水花	*Pilea japonica*（Maxim.）Hand. - Mazz.	安全		0	0	1	0	0	0	0	0	0	0	0	0	0
	透茎冷水花	*Pilea mongolica* Wedd.	安全		1	1	1	1	1	1	1	0	0	0	1	1	1
	宽叶荨麻	*Urtica laetevirens* Maxim.	安全		1	1	1	0	0	1	0	0	0	0	0	0	0
	麻叶荨麻	*Urtica cannabina* L.	容易消失	一级	0	0	1	0	0	0	0	0	0	0	0	0	0
	狭叶荨麻	*Urtica angustifolia* Fisch. ex Hornem.	安全		1	1	1	1	1	1	0	0	0	0	0	0	0
	墙草	*Parietaria micrantha* Ledeb.	安全		1	1	1	1	1	0	0	0	1	0	1	1	1
	蝎子草	*Girardinia cuspidata* Wedd.	安全		1	1	1	1	1	1	1	0	1	1	1	1	1
	赤麻	*Boehmeria silvestris*（Pamp.）W. T. Wang	安全	二级	0	0	1	0	0	0	0	0	1	0	1	0	0
	细穗苎麻	*Boehmeria gracilis* C. H. Wright	安全		1	0	1	1	0	0	0	0	0	0	0	1	0
檀香科 Santalaceae	百蕊草	*Thesium chinensis* Turcz.	安全		0	0	1	0	0	0	0	0	0	0	0	1	0
	反折百蕊草	*Thesium refractum* C. A. Mey.	安全		1	1	1	1	1	1	0	0	0	0	1	0	0
桑寄生科 Loranthaceae	槲寄生	*Viscum coloratum*（Kom.）Nakai	可能消失	二级	0	0	0	0	0	1	0	0	0	0	1	0	0
	北桑寄生	*Loranthus tanakae* Franch. et Sav.	安全		0	0	1	1	1	0	0	0	0	0	0	0	0
马兜铃科 Aristolochiaceae	北马兜铃	*Aristolochia contorta* Bge.	安全		1	0	1	1	1	1	1	1	1	1	1	1	1

（续）

科名	种名	学名	濒临消失风险等级	保护级别	蒲洼	喇叭沟门	松山	百花山	东灵山	雾灵山	云蒙山	云峰山	十渡	潭戒寺	慕田峪	妙峰山	石花洞
蓼科 Polygonaceae	河北大黄	*Rheum franzenbachii* Munt.	安全		0	0	0	1	1	0	0	0	0	0	1	0	0
	掌叶大黄	*Rheum palmatum* L.	可能消失	二级	0	0	0	0	0	1	0	0	0	0	0	0	0
	萹蓄	*Polygonum aviculare* L.	安全		1	1	1	1	1	1	1	1	1	1	1	1	1
	叉分蓼	*Polygonum divaricatum* L.	安全		1	1	1	1	1	1	1	0	0	0	0	0	0
	长鬃蓼	*Polygonum longisetum* De Bruyn	安全		0	1	1	0	0	1	1	0	1	0	1	1	1
	齿翅蓼	*Polygonum dentato－alatum* Fr. Schm. ex Maxim.	安全		1	1	1	1	1	1	1	0	1	0	1	1	0
	刺蓼	*Polygonum senticosum*（Meisn.）Franch. et Sav.	安全		1	1	0	1	1	1	0	0	0	0	1	0	0
	杠板归	*Polygonum perfoliatum* L.	安全		0	0	0	0	0	0	1	0	0	0	1	0	0
	戟叶蓼	*Polygonum thunbergii* Sieb. et Zucc.	安全		0	0	1	1	1	0	0	0	0	0	0	0	0
	卷茎蓼	*Polygonum convolvulus* L.	安全		0	0	1	0	0	0	0	0	0	0	0	0	0
	两栖蓼	*Polygonum amphibium* L.	安全		0	0	1	0	0	0	0	0	0	0	0	0	0
	柳叶刺蓼	*Polygonum bungeanum* Turcz.	安全		0	0	0	1	0	0	0	0	0	0	1	0	0
	绵毛酸模叶蓼	*Polygonum lapathifolium* L. var. *salicifolium* Sibth.	安全		0	0	0	0	0	0	0	0	1	0	1	1	0
	尼泊尔蓼	*Polygonum nepalense* Meisn.	安全		1	1	0	1	1	1	1	0	1	0	1	1	1
	拳参	*Polygonum bistorta* L.	安全		1	1	1	1	1	1	1	0	0	0	0	1	0
	水蓼	*Polygonum hydropiper* L.	安全		1	0	0	1	1	1	0	0	1	0	0	1	0
	酸模叶蓼	*Polygonum lapathifolium* L.	安全		1	1	1	1	1	1	1	1	1	0	1	1	0
	西伯利亚蓼	*Polygonum sibiricum* Laxm.	安全		1	1	1	1	1	1	1	0	1	0	1	1	0
	习见蓼	*Polygonum plebeium* R. Br.	安全	二级	0	0	0	1	0	0	0	0	0	0	0	0	0
	小箭叶蓼	*Polygonum sieboldii* Meisn.	安全		0	1	1	1	0	0	0	0	0	1	0	0	0

（续）

科名	种名	学名	濒临消失风险等级	保护级别	蒲洼	喇叭沟门	松山	百花山	东灵山	雾灵山	云蒙山	云峰山	十渡	潭戒寺	慕田峪	妙峰山	石花洞
蓼科 Polygonaceae	支柱蓼	*Polygonum suffultum* Maxim.	安全		0	0	1	1	1	0	0	0	0	0	0	0	0
	珠芽蓼	*Polygonum viviparum* L.	安全		0	0	0	1	1	0	0	0	0	0	0	0	0
	苦荞麦	*Fagopyrum tataricum*（L.）Gaertn.	安全		1	0	1	0	0	0	0	0	0	0	0	1	0
	巴天酸模	*Rumex patientia* L.	安全		1	1	1	1	1	1	1	0	1	1	0	1	0
	齿果酸模	*Rumex dentatus* L.	安全		0	0	0	0	0	0	0	0	1	0	0	0	0
	毛脉酸模	*Rumex gmelini* Turcz.	安全		0	1	0	0	0	0	0	0	0	0	0	0	0
	酸模	*Rumex acetosa* L.	安全		0	0	1	1	0	0	0	0	0	0	0	0	0
	皱叶酸模	*Rumex crispus* L.	安全		1	0	1	1	0	1	1	1	1	0	1	1	1
	翼蓼	*Pteroxygonum giraldii* Damm. et Diels	安全	二级	1	0	0	0	0	0	0	0	1	0	0	0	0
藜科 Chenopodiaceae	地肤	*Kochia scoparia*（L.）Schrad.	安全		1	1	1	1	1	1	1	1	1	0	1	1	1
	盐地碱蓬	*Suaeda salsa*（L.）Pall.	安全		0	0	0	0	0	0	0	0	1	0	0	0	0
	刺穗藜	*Chenopodium aristatum* L.	安全		0	0	0	0	0	0	0	0	0	0	0	1	0
	东亚市藜	*Chenopodium urbicum* L. ssp. *sinicum* Kung et G. L. Chu	安全		1	1	0	1	1	0	0	0	1	0	1	0	0
	灰绿藜	*Chenopodium glaucum* L.	安全		1	1	1	1	1	1	0	1	0	1	0	1	0
	尖头叶藜	*Chenopodium acuminatum* Willd.	安全		1	1	1	1	1	1	1	1	0	0	1	0	1
	藜	*Chenopodium album* L.	安全		1	1	1	1	1	1	1	1	1	1	1	1	1
	小藜	*Chenopodium serotinum* L.	安全		0	0	1	1	1	0	1	0	1	0	1	1	0
	杂配藜	*Chenopodium hybridum* L.	安全		1	1	1	1	0	1	1	0	0	0	0	1	0
	轴藜	*Axyris amaranthoides* L.	安全		1	1	1	1	1	1	0	0	1	1	0	1	0
	猪毛菜	*Salsola collina* Pall.	安全		1	0	1	1	1	1	1	1	1	0	1	1	1

（续）

科名	种名	学名	濒临消失风险等级	保护级别	蒲洼	喇叭沟门	松山	百花山	东灵山	雾灵山	云蒙山	云峰山	十渡	潭戒寺	慕田峪	妙峰山	石花洞
苋科 Amaranthaceae	牛膝	*Achyranthes bidentata* Bl.	安全		1	0	0	1	0	0	0	0	0	0	0	0	0
	喜旱蓬子草	*Alternanthera philoxeroides*（Mart.）Griseb.	可能消失	二级	0	0	0	0	0	0	0	0	0	0	1	0	0
	凹头苋	*Amaranthus lividus* L.	安全		0	0	0	0	0	0	0	0	0	0	0	1	0
	反枝苋	*Amaranthus retroflexus* L.	安全		1	1	1	1	1	1	1	1	1	1	1	1	1
	皱果苋	*Amaranthus viridis* L.	安全		0	0	0	1	0	0	0	0	0	0	0	0	0
商陆科 Phytolaccaceae	商陆	*Phytolacca acinosa* Roxb.	可能消失	二级	0	0	1	0	0	0	0	0	0	0	0	0	0
马齿苋科 Portulacaceae	马齿苋	*Portulaca oleracea* L.	安全		1	1	1	1	1	1	1	1	1	0	1	1	1
石竹科 Caryophyllaceae	鹅肠菜	*Malachium aquaticum*（L.）Fries	安全		1	1	1	1	1	1	1	1	1	1	1	1	0
	叉歧繁缕	*Stellaria dichotoma* L.	安全		0	1	0	0	0	0	1	0	0	0	0	0	0
	繁缕	*Stellaria media*（L.）Cyr.	安全		1	0	1	0	0	0	0	0	0	0	0	0	1
	内曲繁缕	*Stellaria infracta* Maxim.	安全		0	0	0	0	1	0	0	0	0	0	0	0	0
	沼繁缕	*Stellaria palustris* Ehrh. ex Retz.	安全		0	1	1	1	0	0	0	0	0	0	0	0	0
	中国繁缕	*Stellaria chinensis* Regel.	安全		0	0	1	0	0	0	0	0	0	0	0	1	0
	狗筋蔓	*Cucubalus baccifer* L.	安全	二级	0	0	0	1	0	0	0	0	0	0	0	0	0
	蔓假繁缕	*Pseudostellaria davidii*（Franch.）Pax	安全		1	1	0	1	1	1	1	0	0	0	1	0	0
	毛假繁缕	*Pseudostellaria japonica*（Korsh.）Pax	安全		0	0	1	0	0	0	0	0	0	0	0	0	0
	异花假繁缕	*Pseudostellaria heterantha*（Maxim.）Pax	安全		0	0	1	0	0	0	0	0	0	0	0	0	0
	大花剪秋萝	*Lychins fulgens* Fisch.	安全		0	1	1	1	1	1	1	0	0	0	0	0	0
	浅裂剪秋萝	*Lychins cognata* Maxim.	安全		0	1	1	0	0	1	0	0	0	0	0	0	0
	簇生卷耳	*Cerastium caespitosum* Gilib.	安全		0	0	0	0	1	0	0	0	0	0	0	0	0

（续）

科名	种名	学名	濒临消失风险等级	保护级别	蒲洼	喇叭沟门	松山	百花山	东灵山	雾灵山	云蒙山	云峰山	十渡	潭戒寺	慕田峪	妙峰山	石花洞
石竹科 Caryophyllaceae	卷耳	*Cerastium arvense* L.	安全		0	0	1	1	1	0	0	0	0	0	0	1	0
	瞿麦	*Dianthus superbus* L.	安全		0	1	1	1	1	0	0	0	0	0	0	0	0
	石竹	*Dianthus chinensis* L.	安全		1	1	1	1	1	1	1	1	1	1	1	1	1
	丝石竹	*Gypsophila acutifolia* Fisch.	安全		0	0	0	0	0	0	0	0	0	0	1	0	0
	粗壮女娄菜	*Silene firma* Sieb. et Zucc.	安全		1	1	1	1	1	1	1	1	0	0	1	1	0
	旱麦瓶草	*Silene jenisseensis* Willd.	安全		0	0	1	1	1	0	0	0	0	0	0	0	0
	麦瓶草	*Silene conoidea* L.	安全		0	0	0	1	0	0	0	0	0	0	0	0	0
	蔓茎蝇子草	*Silene repens* Patr.	安全		0	1	1	1	1	0	0	0	0	0	0	0	0
	女娄菜	*Silene aprica* Turcz. ex Fisch. et Mey.	安全		1	1	1	1	1	1	1	0	0	1	1	1	0
	石生蝇子草	*Silene tatarinowii* Regel.	安全		1	1	1	1	1	1	1	1	1	0	1	1	1
	疏毛女娄菜	*Silene firma* Sjeb. et Zucc. var. *pubescens* (Makino) S. Y. He	安全		0	1	0	0	0	0	0	0	0	0	0	0	0
	灯心草蚤缀	*Arenaria juncea* Bieb.	安全		0	1	1	1	1	0	0	0	0	0	0	0	0
	种阜草	*Moehringia lateriflora* (L.) Fenzl	安全		0	0	0	1	0	0	0	0	0	0	0	0	0
毛茛科 Ranunculaceae	白头翁	*Pulsatilla chinensis* (Bge.) Regel.	安全		1	1	1	1	1	1	1	1	1	1	1	1	1
	细叶白头翁	*Pulsatilla turczaninowii* Krylet. Serg.	可能消失	二级	0	0	1	0	0	0	0	0	0	0	0	0	0
	翠雀	*Delphinium grandiflorum* L.	安全		1	1	1	1	1	1	0	0	0	1	1	1	0
	翼北翠雀花	*Delphinium siwanense* Franch.	可能消失	二级	0	0	1	0	0	0	0	0	0	0	0	0	0
	飞燕草	*Consolida ajacis* (L.) Schur.	可能消失	二级	0	0	0	0	1	0	0	0	0	0	0	0	0
	金莲花	*Trollius chinensis* Bge.	安全	二级	0	1	1	1	1	1	0	0	0	0	0	0	0
	类叶升麻	*Actaea asiatica* Hara.	安全		1	1	1	1	1	1	1	1	0	0	1	0	1

（续）

科名	种名	学名	濒临消失风险等级	保护级别	蒲洼	喇叭沟门	松山	百花山	东灵山	雾灵山	云蒙山	云峰山	十渡	潭戒寺	慕田峪	妙峰山	石花洞
毛茛科 Ranunculaceae	华北耧斗菜	*Aquilegia yabeana* Kitag.	安全		1	1	1	1	1	1	1	1	1	0	1	1	1
	耧斗菜	*Aquilegia viridiflora* Pall.	安全		1	1	1	1	0	1	0	0	0	0	0	0	0
	紫花耧斗菜	*Aquilegia viridiflora* f. *atropurpurea* （Willd.） Kitag.	安全		0	1	1	1	0	0	0	0	0	0	1	0	0
	茴茴蒜	*Ranunculus chinensis* Bge.	安全		0	1	0	1	1	1	1	0	1	0	1	1	0
	毛茛	*Ranunculus japonicus* Thunb.	安全		0	1	1	1	1	1	1	1	0	0	1	1	0
	草芍药	*Paeonia obovata* Maxim.	安全		0	1	1	0	0	1	1	0	0	0	1	0	0
	单穗升麻	*Cimicifuga simplex* Wormsk.	可能消失	二级	0	0	1	0	0	0	0	0	0	0	0	0	0
	升麻	*Cimicifuga dahurica* （Turcz.） Maxim.	安全		1	0	1	1	1	1	1	1	0	0	1	1	0
	北京水毛茛	*Batrachium pekinense* L.	安全		0	0	0	0	0	0	0	0	0	0	1	0	0
	长叶水毛茛	*Batrachium kauffmanii* （Clerc.） Ovcz.	安全		0	0	0	0	1	0	0	0	0	0	0	0	0
	水毛茛	*Batrachium bungei* （Steud.） L. Liou	安全		0	0	1	0	1	0	0	0	0	0	0	0	0
	瓣蕊唐松草	*Thalictrum petaloideum* L.	安全		1	0	1	1	1	1	1	1	0	0	0	1	0
	贝加尔唐松草	*Thalictrum baicalense* Turcz.	安全		1	1	0	0	0	1	0	0	1	0	0	0	0
	长柄唐松草	*Thalictrum przewalskii* Maxim.	安全		0	1	0	1	0	0	0	0	0	0	0	0	0
	东亚唐松草	*Thalictrum minus* var. *hypoleucum* （Sieb. et Zucc.） Miq.	安全		1	1	1	1	1	1	1	1	1	1	1	1	1
	箭头唐松草	*Thalictrum simplex* L. var. *brevipes* Hara.	安全		0	0	1	1	1	0	0	0	0	0	0	0	0
	散花唐松草	*Thalictrum sparsiflorum* Turcz. ex Fisch. et Mey.	安全		0	0	0	1	1	0	0	0	0	0	0	0	0
	丝叶唐松草	*Thalictrum foeniculaceum* Bge.	安全		0	0	1	0	0	0	0	0	0	0	0	0	0
	细枝唐松草	*Thalictrum tenue* Franch.	安全		1	0	0	0	0	0	0	0	0	0	0	0	0
	腺毛唐松草	*Thalictrum foetidum* L.	安全		1	0	0	0	0	0	0	0	0	1	0	0	0

（续）

科名	种名	学名	濒临消失风险等级	保护级别	蒲洼	喇叭沟门	松山	百花山	东灵山	雾灵山	云蒙山	云峰山	十渡	潭戒寺	慕田峪	妙峰山	石花洞
毛茛科 Ranunculaceae	展枝唐松草	*Thalictrum squarrosum* Steph. ex Willd.	安全		0	0	1	1	1	0	0	0	0	0	0	0	0
	半钟铁线莲	*Clematis ochotensis* (Pall.) Poir.	安全		1	1	1	1	1	1	1	1	1	0	1	1	1
	长瓣铁线莲	*Clematis macropetala* Ledeb.	安全		0	1	1	1	0	1	1	0	0	0	1	0	0
	大叶铁线莲	*Clematis heracleifolia* DC.	安全		1	1	1	1	1	1	0	1	1	1	1	1	0
	短尾铁线莲	*Clematis brevicaudata* DC.	安全		1	1	1	1	1	1	1	1	1	1	1	1	1
	黄花铁线莲	*Clematis intricata* Bge.	安全		1	0	1	1	1	0	1	0	1	1	0	1	1
	棉团铁线莲	*Clematis hexapetala* Pall.	安全		1	1	1	1	1	1	1	0	1	1	1	1	1
	槭叶铁线莲	*Clematis acerifolia* Maxim.	安全		1	0	0	0	1	0	0	0	1	0	0	1	0
	芹叶铁线莲	*Clematis aethusifolia* Turcz.	安全		0	0	1	1	1	0	1	0	1	0	0	1	0
	太行铁线莲	*Clematis kirilowii* Maxim.	安全		1	0	0	0	0	0	0	0	1	0	0	0	0
	羽叶铁线莲	*Clematis pinnata* Maxim.	安全		1	0	0	1	1	1	1	0	0	0	1	1	0
	草乌	*Aconitum kusnezoffii* Reichb.	安全		1	1	1	1	1	1	1	1	1	0	1	1	1
	高乌头	*Aconitum sinomontanum* Nakai	安全		1	1	0	1	1	1	1	1	0	0	0	0	0
	两色乌头	*Aconitum alboviolaceum* Kom.	安全		1	1	0	1	0	1	0	0	1	0	0	0	0
	牛扁	*Aconitum barbatum* Pers. var. *puberulum* Ledeb	安全		1	1	1	1	1	1	1	1	1	0	1	0	0
	直立两色乌头	*Aconitum alboviolaceum* Kom. var. *erectum* W. T. Wang	安全		0	0	0	0	0	1	0	0	0	0	0	0	0
	长毛银莲花	*Anemone narcissiflora* var. *crinita* (Juz.) Tamura	安全		0	0	1	0	0	0	0	0	0	0	0	0	0
	大花银莲花	*Anemone silvestris* L.	容易消失	一级	0	0	0	0	0	1	0	0	0	0	0	0	0
	小花草玉梅	*Anemone rivularis* Buch. – Ham. ex DC. var. *flore – minore* Maxim.	安全		0	1	1	0	1	0	0	0	0	0	0	0	0
	银莲花	*Anemone cathayensis* Kitag.	安全		0	0	1	1	1	1	0	0	0	0	0	0	0

（续）

科　名	种　名	学　名	濒临消失风险等级	保护级别	蒲洼	喇叭沟门	松山	百花山	东灵山	雾灵山	云蒙山	云峰山	十渡	潭戒寺	慕田峪	妙峰山	石花洞
小檗科 Berberidaceae	类叶牡丹	*Caulophyllum robustum* Maxim.	容易消失	一级	0	0	0	0	0	0	0	0	1	0	0	0	0
	大叶小檗	*Berberis amurensis* Rupr.	安全		1	1	1	1	1	1	1	0	1	0	1	0	0
	细叶小檗	*Berberis poiretii* Schneid.	安全		1	1	1	1	1	1	1	1	1	1	1	1	1
	掌刺小檗	*Berberis koreana* Palib.	安全	二级	0	0	0	0	0	0	0	0	0	0	0	1	0
防己科 Menispermaceae	蝙蝠葛	*Menispermum dauricum* DC.	安全		1	1	1	1	1	1	1	1	1	1	1	1	1
	毛蝙蝠葛	*Menispermum dauricum* f. *pilosum*（Schncid.）Kitag.	安全		0	0	1	0	0	0	0	0	0	0	0	0	0
罂粟科 Papaveraceae	白屈菜	*Chelidonium majus* L.	安全		1	1	1	1	1	1	1	1	1	0	1	1	1
	野罂粟	*Papaver nudicaule* var. *chinense*（Regel）Fedde	可能消失	一级	0	0	1	1	1	0	0	0	0	0	0	0	0
	地丁草	*Corydalis bungeana* Turcz.	安全		0	0	1	0	0	0	0	0	0	0	0	1	0
	河北黄堇	*Corydalis pallida* var. *chanetii*（Levl.）S. Y. He	安全		1	1	1	1	1	1	1	0	0	0	0	1	1
	蛇果黄堇	*Corydalis ophiocarpa* Hook. f. et Thoms.	安全		1	0	1	0	0	0	1	0	0	0	0	0	0
	狭裂齿瓣延胡索	*Corydalis remota* Fisch. ex Maxim. var. *lineariloba* Maxim.	可能消失	二级	0	0	0	0	0	1	0	0	0	0	0	0	0
	小黄紫堇	*Corydalis ochotensis* Turcz. var. *raddeana*（Regel）Nakai	安全		1	1	1	1	1	1	1	0	0	0	0	0	0
	珠果黄堇	*Corydalis speciosa* Maxim.	安全		0	0	0	0	0	0	1	0	0	0	0	0	0
	紫堇	*Corydalis edulis* Maxim.	安全		1	0	0	1	0	0	0	0	0	0	1	0	0
十字花科 Cruciferae	播娘蒿	*Descurainia sophia*（L.）Webb. ex Prantl	安全		1	0	0	0	0	0	0	0	1	0	1	1	0
	串珠芥	*Torularia humilis*（C. A. Mey.）O. E. Schulz	安全		0	0	0	0	0	0	1	0	0	0	1	0	0
	垂果大蒜芥	*Sisymbrium heteromallum* C. A. Mey.	安全		0	0	0	1	1	0	1	0	0	0	0	0	0
	黄花大蒜芥	*Sisymbrium luteum*（Maxim.）O. E. Schulz.	安全		1	1	1	1	1	0	1	0	0	0	0	0	0
	豆瓣菜	*Nasturtium officinale* R. Br.	安全	二级	0	0	0	1	1	0	0	0	1	0	1	0	0

（续）

科名	种名	学名	濒临消失风险等级	保护级别	蒲洼	喇叭沟门	松山	百花山	东灵山	雾灵山	云蒙山	云峰山	十渡	潭戒寺	慕田峪	妙峰山	石花洞
十字花科 Cruciferae	独行菜	*Lepidium apetalum* Willd.	安全		1	1	1	1	1	1	1	1	1	1	1	1	0
	密花独行菜	*Lepidium densiflorum* Schrad.	安全		0	0	1	1	0	0	0	0	0	0	0	0	0
	遏蓝菜	*Thlaspi arvense* L.	可能消失	二级	0	1	0	0	0	0	0	0	0	0	0	0	0
	风花菜	*Rorippa globosa*（Turcz.）Thell.	安全		0	1	1	0	0	1	1	0	1	1	1	1	0
	蔊菜	*Rorippa indica*（L.）Hiern	安全	二级	0	0	0	0	0	0	0	0	0	1	0	0	0
	沼生蔊菜	*Rorippa islandica*（Oeder）Borbas	安全		1	0	1	1	0	0	1	0	1	0	1	1	0
	花旗杆	*Dontostemon dentatus*（Bge.）Ledeb.	安全		0	1	1	1	1	1	0	1	0	0	1	0	0
	小花花旗杆	*Dontostemon micranthus* C. A. Mey.	安全		0	1	1	0	0	0	0	0	0	0	0	0	0
	垂果南芥	*Arabis pendula* L.	安全		0	1	1	1	1	1	1	0	0	0	1	1	1
	毛南芥	*Arabis hirsuta*（L.）Scop.	安全		0	1	1	0	0	1	0	0	0	0	0	0	0
	荠菜	*Capsella bursa－pastoris*（L.）Medic.	安全		1	1	1	1	1	0	1	0	1	1	1	1	0
	白花碎米荠	*Cardamine leucantha*（Tausch.）O. E. Schulz.	安全		1	1	1	1	1	1	1	1	0	0	1	0	0
	裸茎碎米荠	*Cardamine scaposa* Franch.	安全		0	1	1	0	0	1	0	0	0	0	0	0	0
	紫花碎米荠	*Cardamine tangutorum* O. E. Schulz	安全		0	1	0	0	1	0	0	0	0	0	0	0	0
	糖芥	*Erysimum bungei*（Kitag.）Kitag.	安全		0	1	1	0	0	1	1	1	0	0	0	1	0
	小花糖芥	*Erysimum cheiranthoides* L.	安全		1	0	1	1	1	0	0	1	0	0	1	1	0
	光果葶苈	*Draba nemorosa* var. *ieiocarpa* Lindl.	安全		0	0	1	1	1	0	0	0	0	0	0	0	0
	葶苈	*Draba nemorosa* L.	安全		0	0	1	0	0	0	0	0	0	0	1	0	0
	雾灵香花芥	*Hesperis oreophila* Kitag.	安全		0	0	0	0	0	1	0	0	0	0	0	0	0
	香花芥	*Hesperis trichosepala* Turcz.	安全		0	0	1	0	1	0	0	0	0	0	0	0	0

（续）

科名	种名	学名	濒临消失风险等级	保护级别	蒲洼	喇叭沟门	松山	百花山	东灵山	雾灵山	云蒙山	云峰山	十渡	潭戒寺	慕田峪	妙峰山	石花洞
十字花科 Cruciferae	星毛芥	*Berteroella maximowiczii* (Palib.) O. E. Schulz	安全		0	1	1	0	0	0	0	0	0	0	0	0	0
	诸葛菜	*Orychophragmus violaceus* (L.) O. E. Schulz	安全		1	0	1	1	1	0	1	1	0	1	0	1	0
景天科 Crassulaceae	狭叶红景天	*Rhodiola kirilowii* (Regel) Regel. ex Maxim.	安全		0	0	1	1	1	1	0	0	0	0	0	0	0
	小丛红景天	*Rhodiola dumulosa* (Franch.) S. H. Fu	安全		0	0	1	1	1	1	0	0	1	0	0	1	0
	白景天	*Sedum pallescens* Freyn.	安全		0	1	1	1	1	1	0	0	0	0	1	0	0
	北景天	*Sedum kamtchaticum* Fisch.	容易消失	一级	0	0	1	0	0	0	0	0	0	0	0	0	0
	长药景天	*Sedum spectabile* Boreau	安全		0	0	0	0	0	1	0	0	0	0	1	0	0
	垂盆草	*Sedum sarmentosum* Bge.	可能消失	二级	1	0	0	0	0	0	0	0	0	0	0	0	0
	繁缕景天	*Sedum stellariaefolium* Franch.	安全		1	1	1	1	1	1	0	1	1	1	0	1	1
	华北景天	*Sedum tatarinowii* Maxim.	安全		0	1	1	1	1	0	1	0	0	0	1	1	1
	景天三七	*Sedum aizoon* L.	安全		1	1	1	1	1	1	1	1	1	1	1	1	1
	轮叶景天	*Sedum verticillatum* L.	安全		0	1	0	0	1	1	0	0	0	0	1	0	0
	钝叶瓦松	*Orostachys malacophyllus* (Pall.) Fisch.	安全		1	1	1	1	1	0	0	0	0	0	0	0	0
	瓦松	*Orostachys fimbriatus* (Turcz.) Berger	安全		1	1	1	1	1	0	1	1	0	1	1	1	1
虎耳草科 Saxifragaceae	刺梨	*Ribes burejense* Fr. Schmidt.	可能消失	二级	0	1	1	1	0	0	0	0	0	0	0	0	0
	东北茶藨子	*Ribes mandshuricum* (Maxim.) Kom.	安全		1	1	1	1	1	1	1	0	1	0	0	1	0
	瘤糖茶藨子	*Ribes emodense* Rehd. var. *verruculosum* Rehd.	安全		0	0	0	1	1	1	1	0	0	0	0	0	0
	疏毛东北茶藨子	*Ribes mandshuricum* (Maxim.) Kom. var. *subglabrum* Kom.	安全		0	0	0	0	0	1	0	0	0	0	0	0	0
	小叶茶藨子	*Ribes pulchellum* Turez.	可能消失	二级	0	0	1	0	0	0	0	0	0	0	0	0	0
	独根草	*Oresitrophe rupifraga* Bge.	安全		1	0	0	1	0	1	1	0	1	0	1	1	0

（续）

科　名	种　名	学　名	濒临消失风险等级	保护级别	蒲洼	喇叭沟门	松山	百花山	东灵山	雾灵山	云蒙山	云峰山	十渡	潭戒寺	慕田峪	妙峰山	石花洞
虎耳草科 Saxifragaceae	红升麻	*Astilbe chinensis*（Maxim.）Franch. et Sav.	安全		0	1	1	1	1	1	1	0	0	0	0	0	1
	球茎虎耳草	*Saxifraga sibirica* L.	安全		1	1	0	0	0	1	0	0	0	0	0	0	0
	互叶金腰	*Chrysosplenium alternifolium* L. var. *sibiricum* Seringe ex DC.	安全		0	0	0	1	0	1	0	0	0	0	0	0	0
	蔓金腰	*Chrysosplenium flagelliferum* Fr. Schmidt.	安全		0	0	1	0	0	0	0	0	0	0	0	0	0
	毛金腰	*Chrysosplenium pilosum* Maxim. var. *valdepilosum* Ohwi	安全		0	0	1	1	0	1	0	0	0	0	0	0	0
	梅花草	*Parnassia palustris* L.	安全		1	1	1	1	1	0	0	0	0	0	0	0	0
	细叉梅花草	*Parnassia oreophila* Hance	安全		0	0	0	1	1	0	0	0	0	0	1	0	0
	太平花	*Philadelphus pekinensis* Rupr.	安全		1	1	1	1	1	1	1	1	1	1	1	1	1
	大花溲疏	*Deutzia grandiflora* Bge.	安全		1	1	1	1	1	1	1	1	1	1	1	1	1
	钩齿溲疏	*Deutzia hamata* Koehne var. *baroniana*（Diels）Zaikonn	安全		1	1	0	1	1	1	0	1	1	1	1	1	0
	小花溲疏	*Deutzia parviflora* Bge.	安全		1	1	1	1	1	1	1	1	1	1	1	1	1
	东陵绣球	*Hydrangea bretschneideri* Dipp.	安全		1	1	1	1	1	1	1	0	1	0	1	0	1
	光叶东陵绣球	*Hydrangea bretschneideri* Dipp. var. *glabrescens* Rehd.	安全		0	0	0	0	0	1	0	0	0	0	0	0	0
蔷薇科 Rosaceae	地蔷薇	*Chamaerhodos canescens* J. Krau.	安全		0	0	1	1	1	0	0	0	1	0	1	0	0
	直立地蔷薇	*Chamaerhodos erecta*（L.）Bge.	安全		0	1	1	1	1	1	0	0	0	0	0	0	0
	地榆	*Sanguisorba officinalis* L.	安全		1	1	1	1	1	1	1	0	1	1	0	1	1
	宽蕊地榆	*Sanguisorba appalanata* Yu et L.	安全		0	0	0	1	0	0	0	0	0	0	0	0	0
	北京花楸	*Sorbus discolor*（Maxim.）Maxim.	安全		0	0	1	1	1	1	0	0	0	0	0	0	0
	花楸	*Sorbus pauhuashanensis*（Hance）Hedl.	安全		1	1	1	1	1	1	1	0	0	0	0	0	0
	水榆花楸	*Sorbus alnifolia*（Sieb. et Zucc.）Koch.	安全		0	0	1	1	0	1	1	0	0	0	0	0	0

（续）

科名	种名	学名	濒临消失风险等级	保护级别	蒲洼	喇叭沟门	松山	百花山	东灵山	雾灵山	云蒙山	云峰山	十渡	潭戒寺	慕田峪	妙峰山	石花洞
蔷薇科 Rosaceae	杜梨	*Pyrus betulifolia* Bge.	安全		1	0	1	1	1	1	1	0	1	0	1	1	1
	稠李	*Prunus padus* L.	安全	二级	0	1	1	1	1	0	0	0	0	0	0	0	0
	毛叶稠李	*Prunus padus* L. var. *pubescens* Regel et Til	可能消失	二级	0	0	1	0	0	0	0	0	0	0	0	0	0
	毛叶欧李	*Prunus dictyoneura* Diels	安全	二级	0	0	0	0	0	0	0	0	0	0	0	1	0
	毛樱桃	*Prunus tomentosa* Thunb.	容易消失	一级	0	0	0	0	0	0	0	0	0	0	1	1	0
	欧李	*Prunus humilis* (Bge.) Sok.	安全		0	1	1	1	1	1	1	0	1	1	1	1	0
	山桃	*Prunus davidiana* (Carr.) Franch.	安全		1	1	1	1	1	1	1	1	0	1	1	1	1
	山杏	*Prunus armeniaca* var. *ansu* Maxim.	安全		1	1	1	1	1	1	1	1	1	1	1	1	1
	西伯利亚杏	*Prunus sibirica* L.	安全		1	1	1	1	1	1	1	1	1	1	1	1	1
	樱花	*Prunus serrulata* Lindl.	可能消失	二级	0	0	0	0	0	0	0	0	0	0	0	1	0
	榆叶梅	*Prunus triloba* (Lindl.) Ricker.	安全		1	1	1	1	1	1	1	0	1	1	1	1	1
	龙牙草	*Agrimonia pilosa* Ledeb.	安全		1	1	1	1	1	1	1	0	1	1	0	1	1
	山荆子	*Malus baccata* (L.) Borkh.	安全		1	1	1	1	1	1	0	1	0	0	1	1	1
	刺玫蔷薇	*Rosa dahurica* Pall.	安全		0	1	1	0	1	0	0	0	0	0	0	1	0
	美蔷薇	*Rosa bella* Rehd. et Wils.	安全		1	1	1	1	1	1	1	1	0	0	0	0	0
	腺果大叶蔷薇	*Rosa acicularis* Lindl. var. *glandulosa* Liou	可能消失	二级	0	0	1	0	0	0	0	0	0	0	0	0	0
	甘肃山楂	*Crataegus kansuensis* Wils.	可能消失	二级	0	0	1	0	0	0	0	0	0	0	1	0	0
	山楂	*Crataegus pinnatifida* Bge.	安全		1	1	0	1	1	1	1	1	1	1	1	1	1
	蛇莓	*Duchesnea indica* (Andr.) Focke	安全		0	0	0	1	1	0	0	1	0	0	0	0	0
	水杨梅	*Geum aleppicum* Jacq.	安全		1	1	1	1	1	1	1	1	0	0	1	1	1

（续）

科名	种名	学名	濒临消失风险等级	保护级别	蒲洼	喇叭沟门	松山	百花山	东灵山	雾灵山	云蒙山	云峰山	十渡	潭戒寺	慕田峪	妙峰山	石花洞
蔷薇科 Rosaceae	朝天委陵菜	*Potentilla supina* L.	安全		1	1	1	0	0	1	1	1	1	1	1	1	1
	大萼委陵菜	*Potentilla coferta* Bge.	安全		0	0	1	0	0	1	0	0	0	0	0	0	0
	多茎委陵菜	*Potentilla multicaulis* Bge.	安全		1	1	1	1	1	1	1	1	0	0	1	1	0
	鹅绒委陵菜	*Potentilla anserina* L.	安全		0	0	1	1	0	0	0	0	0	0	0	1	1
	二裂委陵菜	*Potentilla bifurca* L.	安全		0	1	1	0	0	0	0	0	0	0	0	0	0
	翻白草	*Potentilla discolor* Bge.	安全		1	1	1	1	1	1	1	0	0	1	1	1	1
	匍枝委陵菜	*Potentilla flagellaris* Willd. ex Schlecht.	安全		1	1	1	1	1	1	0	0	0	0	1	1	0
	金露梅	*Potentilla fruticosa* L.	安全		0	0	1	1	1	0	0	0	0	0	0	0	0
	绢毛匍匐委陵菜	*Potentilla reptans* L. var. *sericophylla* Franch.	安全		0	0	1	1	1	0	0	0	0	0	1	1	0
	菊叶委陵菜	*Potentilla tanacetifolia* Willd.	安全		1	1	1	0	1	0	0	0	0	0	1	0	0
	莓叶委陵菜	*Potentilla fragarioides* L.	安全		1	1	1	1	1	1	1	1	1	0	1	1	0
	三叶委陵菜	*Potentilla freyniana* Bornm.	安全		1	0	0	0	1	1	0	0	0	0	0	0	0
	疏毛钩叶委陵菜	*Potentilla ancistrifolia* Bge. var. *dickinsii* (Franch. et Sav.) Koidz.	安全		1	1	1	1	1	1	1	1	1	1	1	1	1
	委陵菜	*Potentilla chinensis* Ser.	安全		1	1	1	1	1	0	1	1	1	1	1	1	0
	西山委陵菜	*Potentilla sishanensis* Bge. ex Lehm.	安全		0	1	0	0	0	0	0	0	0	0	0	0	0
	细裂委陵菜	*Potentilla multifida* L.	安全		0	0	1	0	0	0	0	0	0	0	0	0	0
	腺毛委陵菜	*Potentilla longifolia* Willd. ex Schlecht.	安全		1	1	1	0	0	1	0	0	0	0	0	0	0
	银露梅	*Potentilla glabra* Lodd.	安全		0	0	1	1	1	0	0	0	0	0	0	0	0
	蚊子草	*Filipendula palmata* (Pall.) Maxim.	安全		0	1	1	0	1	0	0	0	0	0	0	0	0
	华北绣线菊	*Spiraea fritschiana* Schneid.	安全		1	0	0	0	0	1	0	0	0	0	0	0	0

（续）

科名	种名	学名	濒临消失风险等级	保护级别	蒲洼	喇叭沟门	松山	百花山	东灵山	雾灵山	云蒙山	云峰山	十渡	潭戒寺	慕田峪	妙峰山	石花洞
蔷薇科 Rosaceae	毛花绣线菊	*Spiraea dasyantha* Bge.	安全		1	0	1	0	0	0	0	0	1	1	1	1	0
	三裂绣线菊	*Spiraea trilobata* L.	安全		1	1	1	1	1	1	1	1	1	1	1	1	1
	土庄绣线菊	*Spiraea pubescens* Turcz.	安全		1	1	1	1	1	1	1	1	1	0	1	1	1
	绣球绣线菊	*Spiraea blumei* G. Don	安全		0	0	1	0	0	0	0	0	0	0	0	0	0
	华北覆盆子	*Rubus idaeus* L. var. *borealisinensis* Yu et Lu	安全		0	1	1	1	1	0	0	0	0	0	0	0	0
	牛迭肚	*Rubus crataegifolius* Bge.	安全		1	1	1	1	0	1	1	1	1	1	1	1	1
	石生悬钩子	*Rubus saxatilis* L.	安全		0	1	1	0	0	0	0	0	0	0	0	0	0
	灰栒子	*Cotoneaster acutifolius* Turcz.	安全		0	1	1	0	1	1	1	0	0	0	1	1	0
	水栒子	*Cotoneaster multiflorus* Bge.	安全		0	0	1	0	0	1	0	0	0	0	0	0	0
豆科 Leguminosae	扁蓿豆	*Melissitus ruthenica* (L.) C. W. Chang	安全		0	1	1	1	0	1	0	0	0	0	0	0	0
	山绿豆	*Phaseolus minimus* Raxb.	安全	二级	0	0	0	0	0	0	0	0	0	0	0	1	0
	白香草木犀	*Melilotus albus* Desr.	安全		1	0	1	1	1	1	0	0	1	0	0	0	1
	草木犀	*Melilotus suaveolens* Ledeb.	安全		1	0	0	1	1	1	0	0	0	0	0	0	0
	黄香草木犀	*Melilotus officinalis* (L.) Desr.	安全		0	1	1	1	1	1	1	1	1	0	1	0	0
	细齿草木犀	*Melilotus dentatus* (Wald. et Kit.) Pers.	可能消失	二级	0	1	1	0	0	0	0	0	0	0	0	0	0
	野大豆	*Glycine soja* Sieb. et Zucc.	容易消失	一级	0	1	1	0	0	1	0	0	1	0	1	1	0
	葛	*Pueraria lobata* (Willd.) Ohwi.	安全		0	0	1	0	0	1	1	1	1	0	1	1	0
	杭子梢	*Campylotropis macrocarpa* (Bge.) Rehd.	安全		1	0	1	1	1	1	1	1	1	1	0	1	1
	白指甲花	*Lespedeza inschanica* (Maxim.) Schindl.	安全		0	1	1	0	0	0	0	0	0	0	1	1	0
	长叶铁扫帚	*Lespedeza caraganae* Bge.	安全		0	1	1	1	1	0	0	0	0	1	0	1	0

（续）

科名	种名	学名	濒临消失风险等级	保护级别	蒲洼	喇叭沟门	松山	百花山	东灵山	雾灵山	云蒙山	云峰山	十渡	潭戒寺	慕田峪	妙峰山	石花洞
豆科 Leguminosae	达乌里胡枝子	*Lespedeza daurica*（Laxm.）Schindl.	安全		1	1	1	1	1	1	1	1	1	1	1	1	1
	短序胡枝子	*Lespedeza cyrtobotrya* Miq.	安全		0	1	0	0	0	1	0	0	0	0	0	0	0
	多花胡枝子	*Lespedeza floribunda* Bge.	安全		1	1	1	1	1	1	1	1	1	0	1	1	1
	胡枝子	*Lespedeza bicolor* Turcz.	安全		1	1	1	1	1	1	1	1	1	0	1	1	1
	尖叶铁扫帚	*Lespedeza juncea* Pers.	安全		1	1	1	1	1	1	0	1	1	1	1	1	1
	山豆花	*Lespedeza tomentosa*（Thunb.）Sieb. ex Maxim.	安全		0	1	1	0	0	0	0	0	0	0	1	1	0
	苦参	*Sophora flavescens* Ait.	安全		1	1	1	1	1	1	1	1	1	1	1	1	1
	扁茎黄耆	*Astragalus complanatus* R. ex Bge.	安全		1	1	1	1	1	1	1	0	1	0	1	0	0
	糙叶黄耆	*Astragalus scaberrimus* Bge.	安全		0	0	1	0	1	0	0	0	0	1	1	1	0
	草木犀状黄耆	*Astragalus melilotoides* Pall.	安全		1	1	1	1	1	1	1	1	1	1	1	1	1
	达乌里黄耆	*Astragalus dahuricus*（Pall.）DC.	安全		1	1	1	1	1	1	1	1	1	1	1	1	1
	短花梗黄耆	*Astragalus hancockii* Bge. ex Maxim	安全		0	0	0	1	1	0	0	0	0	0	0	0	0
	毛细柄黄耆	*Astragalus capillipes* Fisch. ex Bge.	安全		0	1	1	1	1	1	1	0	1	1	1	1	0
	膜荚黄耆	*Astragalus membranaceus*（Fish.）Bge.	安全		0	0	1	0	0	0	0	0	0	0	1	0	0
	内蒙黄耆	*Astragalus mongholicus* Bge.	安全		0	0	0	0	0	1	0	0	0	0	0	0	0
	直立黄耆	*Astragalus adsurgens* Pall.	安全		1	0	0	1	1	0	1	1	0	0	0	0	1
	长萼鸡眼草	*Kummerowia stipulacea*（Maxim.）Makino	安全		1	1	1	1	1	1	1	1	1	0	0	0	0
	二色棘豆	*Oxytropis bicolor* Bge.	安全		0	0	1	1	1	0	0	0	0	0	0	0	0
	蓝花棘豆	*Oxytropis coerulea*（Pall.）DC. ssp. *subfalcata*（Hance）Cheng f. ex. H. C. Fu	安全		1	0	1	1	1	0	0	0	0	0	0	0	0

（续）

科名	种名	学名	濒临消失风险等级	保护级别	蒲洼	喇叭沟门	松山	百花山	东灵山	雾灵山	云蒙山	云峰山	十渡	潭戒寺	慕田峪	妙峰山	石花洞
豆科 Leguminosae	硬毛棘豆	*Oxytropis hirta* Bge.	安全		0	0	1	0	0	0	0	0	0	0	0	1	0
	北京锦鸡儿	*Caragana pekinensis* Kom.	安全		1	0	0	1	1	0	1	0	0	0	0	1	0
	鬼箭锦鸡儿	*Caragana jubata*（Pall.） Poir.	安全		0	0	0	0	1	0	0	0	0	0	0	0	0
	红花锦鸡儿	*Caragana rosea* Turcz.	安全		1	1	1	1	1	1	1	1	1	1	1	1	1
	锦鸡儿	*Caragana sinica*（Buchoz.） Rehd.	安全		1	0	0	0	0	0	0	1	0	0	0	0	0
	树锦鸡儿	*Caragana arborescens*（Amm.） Lam.	安全		0	1	0	0	0	1	0	0	0	0	0	0	0
	小叶锦鸡儿	*Caragana microphylla* Lam.	安全		0	1	1	0	0	0	0	0	1	1	1	1	0
	豆茶决明	*Cassia nomame*（Sieb.） Honda	安全		0	0	0	1	1	1	1	0	1	0	1	1	0
	三籽两型豆	*Amphicarpaea trisperma*（Miq.） Baker ex Kitag.	安全		1	1	1	1	1	1	1	1	1	1	1	1	1
	米口袋	*Gueldenstaedtia multiflora* Bge.	安全		1	1	1	1	1	0	1	0	1	1	0	1	1
	狭叶米口袋	*Gueldenstaedtia stenophylla* Bge.	安全		0	0	1	0	0	1	1	1	0	0	1	1	0
	多花木蓝	*Indigofera amblyantha* Craib.	安全		0	0	0	1	1	0	0	1	0	0	0	0	0
	花木蓝	*Indigofera kirilowii* Maxim. ex Palibin	安全		1	0	1	1	1	1	1	1	0	1	1	1	0
	铁扫帚	*Indigofera bungeana* Walp.	安全		1	0	1	1	1	1	1	1	1	0	1	1	0
	天蓝苜蓿	*Medicago lupulina* L.	安全		0	1	1	0	0	0	0	0	0	0	0	0	0
	野苜蓿	*Medicago falcata* L.	安全	二级	0	0	0	0	0	0	0	0	0	0	1	0	0
	茳芒香豌豆	*Lathyrus davidii* Hance	安全		1	1	1	1	1	1	1	0	0	0	1	0	0
	白花歪头菜	*Vicia nijuga* f. *albiflora* Kitag.	安全		0	0	1	0	0	0	0	0	0	0	0	0	0
	北野豌豆	*Vicia ramuliflora*（Maxim.） Ohwi.	安全		0	0	0	1	1	0	0	0	0	0	0	0	0
	大野豌豆	*Vicia gigantea* Bge.	安全		1	1	1	1	1	1	1	1	0	0	1	1	0

（续）

科　名	种　名	学　名	濒临消失风险等级	保护级别	蒲洼	喇叭沟门	松山	百花山	东灵山	雾灵山	云蒙山	云峰山	十渡	潭戒寺	慕田峪	妙峰山	石花洞
豆科 Leguminosae	广布野豌豆	*Vicia cracca* L.	安全		1	1	1	1	1	1	1	1	1	1	0	1	0
	假香野豌豆	*Vicia pseudo – orobus* Fisch. et Mey.	安全		0	1	1	1	1	1	1	1	0	1	0	0	0
	三齿萼野豌豆	*Vicia bungei* Ohwi	安全		0	0	0	0	0	0	0	0	0	0	0	1	0
	山野豌豆	*Vicia amoena* Fisch	安全		0	1	1	1	1	0	1	0	1	0	1	1	0
	歪头菜	*Vicia unijuga* A. Br	安全		1	1	1	1	1	1	1	1	1	1	1	1	1
	山皂荚	*Gleditsia japonica* Miq.	安全		1	0	0	0	0	0	0	0	0	1	0	0	0
	野皂荚	*Gleditsia hetrophylla* Bge.	安全		1	0	0	0	0	0	0	0	1	1	1	0	0
酢浆草科 Oxalidaceae	酢浆草	*Oxalis corniculata* L.	安全		1	0	0	1	0	0	1	0	0	1	1	1	0
	直酢浆草	*Oxalis stricta* L.	安全		0	0	0	0	0	0	0	0	1	1	1	1	0
牻牛儿苗科 Geraniaceae	粗根老鹳草	*Geranium dahuricum* DC.	安全		1	1	1	1	1	1	0	0	0	0	0	1	1
	老鹳草	*Geranium wilfordii* Maxim.	安全		0	0	1	1	1	0	0	0	1	1	0	1	1
	毛蕊老鹳草	*Geranium eriostemon* Fisch. ex DC.	安全		1	1	0	1	1	1	0	0	0	0	0	0	0
	鼠掌老鹳草	*Geranium sibiricum* L.	安全		1	1	1	1	1	1	1	1	1	1	1	1	1
	牻牛儿苗	*Erodium stephanianum* Willd.	安全		1	1	1	1	1	1	1	1	1	1	1	1	1
亚麻科 Linaceae	亚麻	*Linum usitatissimum* L.	容易消失	一级	0	0	1	0	0	0	0	0	1	0	0	0	0
	野亚麻	*Linum stelleroides* Planch.	安全		1	1	1	0	0	0	0	0	1	0	1	1	0
蒺藜科 Zygophyllaceae	蒺藜	*Tribulus terrestris* L.	安全		1	1	1	1	1	1	1	1	1	0	1	1	1
芸香科 Rutaceae	白鲜	*Dictamnus dasycarpus* Turcz.	可能消失	二级	0	0	1	0	0	0	0	0	0	0	0	0	0
	崖椒	*Zanthoxylum schinifolium* Sieb. et Zucc.	可能消失	一级	1	0	0	0	0	0	0	0	1	0	1	0	0
	黄檗	*Phellodendron amurense* Rupr.	容易消失	一级	1	1	1	0	0	0	1	0	0	0	1	1	1

（续）

科名	种名	学名	濒临消失风险等级	保护级别	蒲洼	喇叭沟门	松山	百花山	东灵山	雾灵山	云蒙山	云峰山	十渡	潭戒寺	慕田峪	妙峰山	石花洞
芸香科 Rutaceae	臭檀	*Evodia daniellii*（Benn.）Hemsl.	安全		1	0	1	0	0	1	1	0	1	0	1	0	0
苦木科 Simaroubaceae	臭椿	*Ailanthus altissima*（Mill.）Swingle	安全		1	1	1	1	1	1	1	1	1	1	1	1	1
	苦木	*Picrasma quassioides*（D. Don）Benn.	安全		1	0	1	1	1	1	1	0	1	1	1	1	1
远志科 Polygalaceae	瓜子金	*Polygala japonica* Houtt.	安全		0	0	1	0	0	0	0	0	0	0	0	0	0
	西伯利亚远志	*Polygala sibirica* L.	安全		1	1	1	1	1	1	1	1	1	0	1	1	1
	小扁豆	*Polygala tatarinowii* Regel.	安全		0	0	1	0	0	0	0	0	0	0	0	0	0
	远志	*Polygala tenuifolia* Willd.	安全		1	1	1	1	1	1	1	1	1	1	1	1	1
大戟科 Euphorbiaceae	地锦草	*Euphorbia humifusa* Willd.	安全		1	1	1	1	1	0	0	0	0	0	1	1	1
	京大戟	*Euphorbia pekinensis* Rupr.	安全		0	0	0	0	0	0	0	0	0	0	0	1	0
	猫眼草	*Euphorbia lunulata* Bge.	安全		1	1	1	1	1	1	1	1	1	1	1	1	1
	乳浆大戟	*Euphorbia esula* L.	安全		0	0	1	0	0	0	0	0	0	1	0	1	0
	通奶草	*Euphorbia indica* Lam.	安全		0	0	0	0	0	0	0	0	0	0	1	0	1
	地构叶	*Speranskia tuberculata*（Bge.）Baill.	安全		1	0	1	0	0	0	1	0	1	0	0	1	0
	雀儿舌头	*Leptopus chinensis*（Bge.）Pojark.	安全		1	1	1	1	1	1	1	1	1	1	1	1	1
	铁苋菜	*Acalypha australis* L.	安全		1	1	1	1	1	1	1	1	1	0	1	1	1
	东北油柑	*Phyllanthus ussuriensis* Rupr. et Maxim.	安全		0	0	0	0	0	0	0	0	1	0	1	0	0
	一叶萩	*Securinega suffruticosa*（Pall.）Rehd.	安全		1	1	1	0	1	1	1	1	1	1	1	1	0
漆树科 Anacardiaceae	黄连木	*Pistacia chinensis* Bge.	容易消失	一级	1	0	0	0	0	0	0	0	1	1	0	0	0
	黄栌	*Cotinus coggygria* Scop. var. *cinerea* Engl.	安全		1	1	1	1	0	0	1	0	1	1	1	1	1
	漆树	*Toxicodendron vernicifluum* F. A. Barkley	可能消失	二级	1	0	1	0	0	0	0	0	1	0	0	0	0

（续）

科名	种名	学名	濒临消失风险等级	保护级别	蒲洼	喇叭沟门	松山	百花山	东灵山	雾灵山	云蒙山	云峰山	十渡	潭戒寺	慕田峪	妙峰山	石花洞
漆树科 Anacardiaceae	盐肤木	*Rhus chinensis* Mill.	安全		0	0	0	0	0	0	1	0	1	0	0	0	0
卫矛科 Celastraceae	刺苞南蛇藤	*Celastrus flagellaris* Rupr.	安全		1	0	1	1	1	1	1	0	1	1	1	0	0
	南蛇藤	*Celastrus orbiculatus* Thunb.	安全		1	1	1	1	1	0	1	1	1	1	1	1	1
	明开夜合	*Euonymus bungeanus* Maxim.	安全		0	1	1	1	1	0	1	0	1	0	1	1	0
	卫矛	*Euonymus alatus*（Thunb.）Sieb.	安全		1	1	1	1	1	1	1	1	1	0	1	0	1
省沽油科 Staphyleaceae	省沽油	*Staphylea bumalda* DC.	容易消失	一级	0	0	0	0	0	0	0	0	0	0	1	0	0
槭树科 Aceraceae	葛萝槭	*Acer grosseri* Pax.	安全		1	0	0	0	0	1	1	0	1	0	1	0	0
	青榨槭	*Acer davidii* Franch.	安全		0	0	1	1	0	0	0	0	1	0	0	0	0
	色木槭	*Acer mono* Maxim.	安全		1	1	1	1	1	1	1	1	1	1	1	1	0
	元宝槭	*Acer truncatum* Bge.	安全		1	1	0	0	0	1	1	0	0	0	1	1	1
无患子科 Sapindaceae	栾树	*Koelreuteria paniculta* Laxm.	安全		1	1	1	1	1	1	1	0	1	1	1	1	1
	文冠果	*Xanthoceras sorbifolia* Bge.	可能消失	一级	0	0	0	0	0	1	0	0	0	0	1	0	0
凤仙花科 Balsaminaceae	水金凤	*Impatiens noli－tangere* L.	安全		1	1	1	1	1	1	1	0	0	0	1	1	0
鼠李科 Rhamnaceae	拐枣	*Hovenia dulcis* Thunb.	极易消失		0	0	0	0	0	0	0	0	1	0	0	0	0
	少脉雀梅藤	*Sageretia paucicostata* Maxim.	安全		1	0	0	0	0	0	0	0	1	0	0	0	0
	东北鼠李	*Rhamnus schneideri* Levl. et Vent. var. *mandshurica*（Nakai）Nakai	安全		1	1	1	1	1	1	0	1	1	1	0	0	0
	冻绿	*Rhamnus utilis* Decne	安全		1	1	1	1	1	1	0	0	0	0	1	0	0
	锐齿鼠李	*Rhamnus arguta* Maxim.	安全		1	1	1	1	1	1	1	1	1	0	1	0	1
	鼠李	*Rhamnus davurica* Pall.	安全		0	1	1	0	0	1	1	0	1	0	1	0	0
	小叶鼠李	*Rhamnus parvifolia* Bge.	安全		1	1	1	1	1	1	1	1	1	1	1	1	1

（续）

科名	种名	学名	濒临消失风险等级	保护级别	蒲洼	喇叭沟门	松山	百花山	东灵山	雾灵山	云蒙山	云峰山	十渡	潭戒寺	慕田峪	妙峰山	石花洞
鼠李科 Rhamnaceae	圆叶鼠李	*Rhamnus globosa* Bge.	安全		1	1	1	0	0	1	1	1	1	1	1	1	1
	酸枣	*Ziziphus jujuba* Mill. var. *spinosa* Hu ex H. F. Chow	安全		1	1	1	1	1	1	1	1	1	1	1	1	1
葡萄科 Vitaceae	百花山葡萄	*Vitis baihuashannensis* M. S. Kang et D. Z. Lu	容易消失		0	0	0	0	1	0	0	0	0	0	0	0	0
	华北葡萄	*Vitis bryoniifolia* Bge.	可能消失	二级	0	0	0	0	0	0	0	0	0	0	1	0	0
	桑叶葡萄	*Vitis ficifolia* Bge.	安全	二级	0	0	0	0	0	0	0	0	1	1	1	1	0
	山葡萄	*Vitis amurensis* Rupr.	安全		1	1	1	1	1	1	1	1	1	1	1	1	1
	白蔹	*Ampelopsis japonica*（Thunb.）Makino	安全		0	0	0	0	0	0	0	0	1	0	0	1	0
	葎叶蛇葡萄	*Ampelopsis humulifolia* Bge.	安全		1	1	1	1	1	1	1	1	1	1	1	1	1
	乌头叶蛇葡萄	*Ampelopsis aconitifolia* Bge.	安全		0	1	0	0	1	0	0	0	1	0	0	0	0
	掌裂草葡萄	*Ampelopsis aconitifolia* Bge. var. *glabra* Diels	安全		0	1	1	1	1	0	0	1	0	0	0	0	0
椴树科 Tiliaceae	孩儿拳头	*Grewia biloba* Don var. *parviflora* Hand.	安全		1	0	1	1	1	1	1	1	1	1	1	1	1
	糠椴	*Tilia mandshurica* Rupr. et Maxim.	安全		1	1	1	1	1	1	1	0	1	0	1	1	1
	蒙椴	*Tilia mongolica* Maxim.	安全		1	1	1	1	1	1	1	0	0	0	1	1	0
	紫椴	*Tilia amurensis* Rupr.	安全		1	1	1	1	1	1	1	0	1	0	1	1	1
	田麻	*Corchoropsis tomentosa* Mak.	安全		0	0	0	0	0	0	0	0	0	0	1	0	0
锦葵科 Malvaceae	冬葵	*Malva verticillata* L.	安全		1	1	1	1	1	1	0	0	0	0	0	1	0
	野西瓜苗	*Hibiscus trionum* L.	安全		1	1	1	1	1	1	1	0	1	0	1	1	0
	苘麻	*Abutilon theophrasti* Medic.	安全		1	1	1	1	0	1	1	1	1	0	1	1	1
猕猴桃科 Actinidiaceae	狗枣猕猴桃	*Actinidia kolomikta*（Maxim. et Rupr.）Maxim.	安全		1	0	0	1	1	0	1	0	0	0	0	0	0
	猕猴桃	*Actinidia arguta*（Sieb. et Zucc.）Planch. ex Miq.	安全		0	1	1	0	0	1	1	0	1	0	1	0	0

（续）

科名	种名	学名	濒临消失风险等级	保护级别	蒲洼	喇叭沟门	松山	百花山	东灵山	雾灵山	云蒙山	云峰山	十渡	潭戒寺	慕田峪	妙峰山	石花洞
藤黄科 Guttiferae	红旱莲	*Hypericum ascyron* L.	安全		1	1	1	1	1	1	1	1	1	0	1	0	0
	野金丝桃	*Hypericum attenuatum* Choisy	安全		0	0	1	0	0	0	0	0	0	0	0	0	0
柽柳科 Tamaricaceae	柽柳	*Tamarix chinensis* Lour.	极易消失		0	0	1	0	0	0	0	0	0	0	1	0	0
堇菜科 Violaceae	斑叶堇菜	*Viola variegata* Fisch. ex Link.	安全		1	1	1	1	1	1	1	1	1	1	1	1	0
	北京堇菜	*Viola pekinensis*（Regel.）W. Beck.	安全		1	1	1	1	1	0	1	1	0	0	1	1	1
	东北堇菜	*Viola mandshurica* W. Beck.	安全		0	0	0	0	0	0	0	0	0	1	0	0	0
	鸡腿堇菜	*Viola acuminata* Ledeb.	安全		1	1	1	1	1	1	1	1	1	0	1	0	1
	裂叶堇菜	*Viola dissecta* Ledeb.	安全		1	1	1	1	1	1	1	1	1	1	1	1	0
	球果堇菜	*Viola collina* Bess.	安全		1	1	1	1	1	1	1	0	1	0	1	0	1
	深山堇菜	*Viola selkirkii* Pursh. ex Golde.	安全		1	1	1	1	1	1	1	1	1	1	1	1	1
	双花黄堇菜	*Viola biflora* L.	安全		0	0	1	1	1	0	0	0	0	0	0	0	0
	阴地堇菜	*Viola yezoensis* Maxim.	安全		0	1	1	0	0	1	0	0	0	0	0	0	0
	羽裂叶堇菜	*Viola fissifolia* Kitag.	安全		0	0	1	0	0	0	0	0	0	0	0	0	0
	早开堇菜	*Viola prionantha* Bge.	安全		0	0	1	1	0	1	1	0	0	0	0	1	0
	紫花地丁	*Viola yedoensis* Makino	安全		0	1	1	1	1	1	1	1	1	1	1	1	1
秋海棠科 Begoniaceae	中华秋海棠	*Begonia sinensis* DC.	安全		1	0	1	1	0	1	1	1	1	0	1	1	1
瑞香科 Thymelaeaceae	粟麻	*Diarhtron linifolium* Turcz.	安全		0	1	1	1	1	0	1	0	0	0	1	0	1
	狼毒	*Stellera chamaejasme* L.	安全		0	0	0	0	1	0	0	0	0	0	0	0	0
	河朔荛花	*Wikstroemia chamaedaphne*（Bge.）Meisn.	安全		1	0	1	0	0	0	0	0	1	1	0	1	0
胡颓子科 Elaeagnaceae	沙棘	*Elaeagnus hippophae* L.	安全		0	1	0	1	1	0	0	0	1	0	0	0	0

（续）

科名	种名	学名	濒临消失风险等级	保护级别	蒲洼	喇叭沟门	松山	百花山	东灵山	雾灵山	云蒙山	云峰山	十渡	潭戒寺	慕田峪	妙峰山	石花洞
千屈菜科 Lythraceae	千屈菜	*Lythrum salicaria* L.	安全		0	1	1	1	1	1	1	1	1	0	1	0	0
柳叶菜科 Onagraceae	柳兰	*Chamaenerion angustifolium*（L.）Scop.	安全		1	1	1	1	1	1	0	0	0	0	0	0	0
	东北柳叶菜	*Epilobium cylindrostigma* Raf.	安全		0	0	0	0	0	0	0	0	0	0	0	1	0
	光滑柳叶菜	*Epilobium cephalostigma* Hausskn.	安全		0	0	1	1	1	0	1	0	0	0	1	0	0
	柳叶菜	*Epilobium hirsutum* L.	安全		0	1	1	0	0	0	1	1	0	0	1	1	0
	沼生柳叶菜	*Epilobium palustre* L.	安全		0	1	0	0	0	1	0	1	0	0	0	1	0
	高山露珠草	*Circaea alpina* L.	安全		1	1	1	1	1	1	1	1	1	0	1	0	0
	露珠草	*Circaea quadrisulcata* Franch. et Sav.	安全		1	1	1	0	0	0	0	0	0	0	0	0	0
	牛泷草	*Circaea cordata* Royle.	安全		1	1	0	1	1	1	1	1	1	0	1	0	1
小二仙草科 Haloragaceae	狐尾藻	*Myriophyllum spicatum* L.	安全		0	0	0	0	0	0	1	0	0	0	0	0	0
	轮叶狐尾藻	*Myriophyllum verticillatum* L.	安全		0	0	0	0	1	0	1	0	0	0	0	0	0
杉叶藻科 Hippuridaceae	杉叶藻	*Hippuris vulguris* L.	安全		0	0	0	0	0	0	1	0	0	0	0	0	0
五加科 Araliaceae	刺楸	*Kalopannax septemlobum*（Thunb.）Koidz.	极易消失	一级	0	0	0	0	0	0	1	0	0	0	0	0	0
	楤木	*Aralia chinensis* L.	可能消失	二级	1	0	0	1	1	0	1	0	1	0	0	0	0
	东北土当归	*Aralia continentalis* Kitag.	容易消失	一级	1	0	0	0	0	0	0	0	0	0	1	0	0
	辽东楤木	*Aralia elata*（Miq）. Seem.	可能消失	二级	1	0	0	0	0	0	1	0	0	0	1	0	0
	刺五加	*Acanthopanax senticosus*（Rupr. et Maxim.）Harms	可能消失	一级	1	1	1	1	1	1	1	0	0	0	1	0	0
	无梗五加	*Acanthopanax sessiliflorus*（Rupr. et Maxim.）Seem.	极易消失	一级	1	1	1	1	1	1	1	0	0	0	1	0	0
伞形科 Umbelliferae	变豆菜	*Sanicula chinensis* Bge.	安全		0	0	0	1	1	1	0	0	1	0	0	1	0
	百花山柴胡	*Bupleurum chinense* DC. f. *octoradiatum*（Bge.）Shan et Sheh	可能消失	二级	0	0	0	1	1	0	0	0	0	0	0	0	0

（续）

科名	种名	学名	濒临消失风险等级	保护级别	蒲洼	喇叭沟门	松山	百花山	东灵山	雾灵山	云蒙山	云峰山	十渡	潭戒寺	慕田峪	妙峰山	石花洞
伞形科 Umbelliferae	北柴胡	*Bupleurum chinense* DC.	安全		1	1	1	1	1	1	1	1	1	1	1	1	1
	北京柴胡	*Bupleurum chinense* DC. f. *pekinense* (Franch.) Shan et Y. Li	安全		0	1	0	1	1	1	1	0	1	0	1	0	0
	黑柴胡	*Bupleurum smithii* Wolff	安全		1	0	1	1	1	1	0	0	1	0	0	0	0
	红柴胡	*Bupleurum scorzonerifolium* Willd.	安全		1	1	1	0	0	0	0	0	0	0	0	0	0
	雾灵柴胡	*Bupleurum sibiricum* Vest. var. *jeholense* (Nakai) Chu	安全		0	0	0	0	0	1	0	0	0	0	0	0	0
	白芷	*Angelica dahurica* (Fisch.) Benth. et Hook. ex Franch. et Sav.	安全		1	1	1	1	1	1	0	1	0	0	0	1	0
	拐芹当归	*Angelica polymorpha* Maxim.	安全		1	0	1	1	1	1	0	0	1	0	0	0	0
	毒芹	*Cicuta virosa* L.	安全		1	1	1	1	1	1	1	0	0	0	0	0	0
	短毛独活	*Heracleum moellendorffii* Hance	安全		1	1	1	1	1	1	1	0	0	0	0	1	0
	多裂短毛独活	*Heracleum moellendorffii* Hance var. *subbipinnatum* (Franch.) Kitag.	安全		0	0	0	0	1	1	0	0	0	0	0	0	0
	峨参	*Anthriscus sylvestris* (L.) Hoffm.	可能消失	二级	0	0	0	0	0	1	0	0	0	0	0	0	0
	防风	*Saposhnikovia divaricata* (Turcz.) Schischk.	安全		1	1	1	1	1	1	1	1	1	1	1	1	1
	藁本	*Ligusticum jeholense* (Nakai et Kitag.) Nakai et Kitag.	安全		1	1	1	1	1	0	1	0	1	0	0	0	1
	火藁本	*Ligusticum teruissimum* (Nakai) Kitag.	安全		0	1	1	1	0	0	0	0	0	0	0	0	0
	丝叶藁本	*Ligusticum filisectum* (Nakai et Kitag.) Hiroe	安全		0	0	0	1	1	1	0	0	0	0	0	0	0
	细叶藁本	*Ligusticum tachiroei* (Franch. et Sav.) Hiroe et Const.	安全		0	0	0	1	1	0	1	0	0	0	0	0	0
	葛缕子	*Carum carvi* L.	安全		0	0	1	0	0	0	0	0	0	0	0	0	0
	田葛缕子	*Carum buriaticum* Turcz.	安全		0	0	0	0	1	0	0	0	1	0	0	0	0
	柳叶芹	*Czernaevia laevigata* Turcz.	安全		0	1	0	0	0	1	0	0	0	0	1	0	0

（续）

科　名	种　名	学　名	濒临消失风险等级	保护级别	蒲洼	喇叭沟门	松山	百花山	东灵山	雾灵山	云蒙山	云峰山	十渡	潭戒寺	慕田峪	妙峰山	石花洞
伞形科 Umbelliferae	迷果芹	*Sphallerocarpus gracilis* (Bess.) K. -Pol.	安全		1	1	0	0	1	1	1	0	1	0	0	0	0
	毛白花前胡	*Peucedanum praeruptorum* Dunn ssp. *hirsutiusculum* Y. C. Ma	安全		0	0	0	0	0	0	0	0	1	0	0	0	0
	石防风	*Peucedanum terebinthaceum* (Fisch.) Fisch. ex Turcz.	安全		1	1	0	1	1	1	1	1	1	0	1	1	0
	窃衣	*Torilis japonica* (Houtt.) DC.	安全		0	1	1	1	1	1	0	0	0	0	0	0	0
	大齿山芹	*Ostericum grosseserratum* (Maxim.) Kitag.	安全		1	1	1	1	1	1	0	1	1	0	1	1	0
	山芹	*Ostericum sieboldii* (Miq.) Nakai	安全		0	1	1	1	1	1	1	0	0	0	1	1	0
	蛇床	*Cnidium monnieri* (L.) Cuss.	安全	二级	0	0	0	1	1	0	0	0	0	0	0	0	0
	水芹	*Oenanthe decumbens* (Thunb) K. -Pol.	安全		1	0	1	1	1	0	0	0	1	0	0	0	0
	香根芹	*Osmorhiza aristata* (Thunb.) Makino et Yabe	安全		0	0	0	0	0	1	0	0	0	0	0	0	0
	小叶羊角芹	*Aegopodium alpestre* Ledeb	安全		0	0	0	0	0	1	0	0	0	0	0	0	0
山茱萸科 Cornaceae	红瑞木	*Cornus alba* L.	安全		1	0	0	0	0	1	1	0	0	0	0	0	0
	毛梾木	*Cornus walteri* Wanger.	可能消失	二级	0	0	0	1	0	0	0	0	0	0	0	0	0
	沙梾	*Cornus bretschneideri* L.	安全		0	1	1	1	1	1	1	0	0	0	0	0	0
鹿蹄草科 Pyrolaceae	红花鹿蹄草	*Pyrola incarnata* Fisch.	容易消失	一级	0	0	0	1	0	0	0	0	0	0	0	0	0
	鹿蹄草	*Pyrola calliantha* H. Andr	可能消失	二级	0	1	1	1	0	1	0	0	0	0	0	0	0
杜鹃花科 Ericaceae	迎红杜鹃	*Rhododendron mucronatum* Turcz.	安全		1	1	1	1	1	1	1	0	1	0	1	1	1
	照山白	*Rhododendron micranthum* Turcz.	安全		1	1	1	1	1	1	1	0	1	0	1	1	1
报春花科 Primulaceae	翠南报春	*Primula sieboldii* E. Morren	安全		0	1	0	1	0	1	0	0	0	0	0	0	0
	胭脂花	*Primula maximowiczii* Regel	安全		0	0	1	1	1	0	0	0	0	0	0	0	0
	点地梅	*Androsace umbellata* (Lour.) Merr.	安全		0	1	1	1	1	0	1	1	0	1	1	1	0

（续）

科名	种名	学名	濒临消失风险等级	保护级别	蒲洼	喇叭沟门	松山	百花山	东灵山	雾灵山	云蒙山	云峰山	十渡	潭戒寺	慕田峪	妙峰山	石花洞
报春花科 Primulaceae	北京假报春	*Cortusa matthili* L. ssp. *pekinensis* (A. Rich.) Kitag.	安全		0	0	1	1	1	0	0	0	0	0	0	0	0
	七瓣莲	*Trientalis europaea* L.	可能消失	二级	0	0	0	0	0	1	0	0	0	0	0	0	0
	黄连花	*Lysimachia davurica* Ledeb.	可能消失	二级	0	1	0	0	0	0	0	0	0	0	1	0	0
	狼尾花	*Lysimachia barystachys* Bge.	安全		1	1	1	1	1	1	1	1	1	1	1	1	1
	狭叶珍珠菜	*Lysimachia pentapetala* Bge.	安全		0	0	1	1	1	0	1	1	1	1	1	1	1
蓝雪科 Plumbaginaceae	二色补血草	*Limnium bicolor* (Bge.) O. Kuntze	可能消失	二级	0	0	1	0	0	0	0	0	0	0	0	0	0
柿树科 Ebenaceae	黑枣	*Diospyros lotus* L.	可能消失	一级	1	0	0	0	0	0	1	0	1	1	1	1	1
木兰科 Magnoliaceae	五味子	*Schisandra chinensis* (Turcz.) Baill.	可能消失	二级	1	1	1	1	1	1	1	0	0	0	1	1	1
木犀科 Oleaceae	白蜡树	*Fraxinus chinensis* Roxb.	可能消失	二级	1	0	0	0	0	0	0	0	0	0	0	0	0
	大叶白蜡	*Fraxinus rhynchophylla* Hance	安全		1	1	1	1	1	1	1	1	1	0	1	1	1
	小叶白蜡	*Fraxinus bungeana* DC.	安全		1	1	1	1	1	1	1	1	1	1	1	1	1
	暴马丁香	*Syringa reiticulata* var. *mandshurica* Hara	安全		1	0	1	1	1	0	1	1	0	0	1	0	1
	北京丁香	*Syringa pekinensis* Rupr.	安全		1	1	1	1	1	1	1	1	1	1	1	1	1
	红丁香	*Syringa villosa* Vahl.	安全		0	0	1	1	1	0	0	0	0	0	0	1	0
	毛叶丁香	*Syringa pubescens* Turcz.	安全		1	1	0	1	1	1	1	0	1	1	1	1	1
	连翘	*Forsythia suspensa* (Thunb.) Vahl.	安全	二级	0	1	0	1	1	1	0	0	0	1	1	1	0
龙胆科 Gentianaceae	百金花	*Centaurium meyeri* (Bunge) Druce	安全		0	0	1	0	0	0	0	0	0	0	0	0	0
	中国扁蕾	*Gentianopsis barata* var. *sinensis* Ma	安全		0	0	1	0	0	1	0	0	0	0	0	1	0
	花锚	*Halenia sibirica* Borkh.	安全		0	1	1	1	1	1	0	0	0	0	1	0	0
	笔龙胆	*Gentiana zollingeri* Fawcett	安全		0	1	0	1	1	1	1	0	0	0	0	0	0

（续）

科名	种名	学名	濒临消失风险等级	保护级别	蒲洼	喇叭沟门	松山	百花山	东灵山	雾灵山	云蒙山	云峰山	十渡	潭戒寺	慕田峪	妙峰山	石花洞
龙胆科 Gentianaceae	达乌里龙胆	*Gentiana dahurica* Fisch.	安全		0	0	1	0	0	0	0	0	0	0	0	0	0
	大叶龙胆	*Gentiana macrophylla* Pall.	安全		1	1	1	1	1	1	0	0	0	0	0	0	0
	假水生龙胆	*Gentiana pseudo – aquatica* Kusnez.	安全		0	0	0	0	0	1	0	0	0	0	0	0	0
	纤细龙胆	*Gentiana tenuicaulis* Ling	安全		0	0	0	0	0	0	0	0	1	0	1	0	0
	小龙胆	*Gentiana squarrosa* Ledeb.	安全		1	0	1	1	0	1	0	0	0	1	1	1	0
	翼萼蔓	*Pterygocalyx volubilis* Maxim.	安全		0	0	1	1	1	1	0	0	0	0	0	0	0
	当药	*Swertia diluta* Benth. et Hook. f.	可能消失	二级	0	0	1	0	0	0	0	0	0	0	0	1	0
	红直当药	*Swertia erythrostica* Maxim.	安全		0	0	1	1	0	0	0	0	0	0	0	0	0
夹竹桃科 Apocynaceae	罗布麻	*Apocynum venetum* L.	极易消失		0	0	0	0	0	0	0	0	0	0	1	0	0
萝藦科 Asclepidaceae	白首乌	*Cynanchum bungei* Decne.	安全		1	1	1	1	1	1	1	1	1	1	1	1	1
	白薇	*Cynanchum atratum* Bge.	安全		0	1	1	1	1	1	0	0	0	0	1	0	0
	变色白前	*Cynanchum versicolor* Bge.	安全		0	0	0	0	0	1	1	0	0	1	1	1	1
	地梢瓜	*Cynanchum thesioides* (Freyn.) K. Schum.	安全		1	1	1	1	1	1	1	1	0	1	1	1	1
	鹅绒藤	*Cynanchum chinensis* R. Br.	安全		0	0	1	1	0	0	0	1	1	1	0	0	1
	华北白前	*Cynanchum hancockianum* (Maxim.) Loes.	安全		1	0	1	1	1	0	1	0	0	0	1	0	0
	牛皮消	*Cynanchum auriculatum* Royle ex Wight.	安全		1	0	1	1	1	1	1	1	1	0	1	1	1
	雀瓢	*Cynanchum thesioides* var. *anstrale* (Maxim.) Tsiang	安全		0	0	1	1	1	1	1	1	0	0	0	1	1
	徐长卿	*Cynanchum paniculatum* (Bge.) Kitag.	安全		1	1	1	1	1	1	1	1	1	0	0	1	1
	羊角子草	*Cynanchum cathayense* Tsiang et Zhang	安全		0	0	0	1	0	1	0	0	0	0	0	0	0
	竹灵消	*Cynanchum inamoenum* (Maxim.) Loes.	安全		0	0	0	1	1	1	1	0	0	0	1	0	1

(续)

科名	种名	学名	濒临消失风险等级	保护级别	蒲洼	喇叭沟门	松山	百花山	东灵山	雾灵山	云蒙山	云峰山	十渡	潭戒寺	慕田峪	妙峰山	石花洞
萝藦科 Asclepidaceae	紫花杯冠藤	*Cynanchum purpureum* (Pall.) K. Schum	安全		0	1	1	0	0	0	0	0	0	0	0	0	0
	杠柳	*Periploca sepium* Bge.	安全		1	0	0	1	1	0	0	0	1	1	0	1	1
	萝藦	*Metaplexis japonica* (Thunb.) Makino	安全		1	1	1	1	1	1	1	1	1	1	1	1	1
旋花科 Convolvulaceae	打碗花	*Calystegia hederacea* Wall. ex Roxb.	安全		1	1	0	1	1	1	1	1	1	1	1	0	1
	宽叶打碗花	*Calystegia sepium* (L.) R. Br.	安全		0	0	1	0	0	0	0	0	0	0	1	1	0
	藤长苗	*Calystegia pellita* (Ledeb.) G. Don	安全		1	0	0	1	1	0	1	1	1	0	1	1	0
	裂叶牵牛	*Pharbitis hederacea* (L.) Choisy	安全		1	1	0	1	1	1	0	1	1	0	1	1	1
	牵牛	*Pharbitis nil* (L.) Choisy	安全		0	0	0	0	0	0	1	1	0	0	0	0	1
	圆叶牵牛	*Pharbitis purpurea* (L.) Viogt.	安全		1	1	1	1	1	1	1	1	1	1	1	1	1
	日本菟丝子	*Cuscuta japonica* Choixy.	安全		1	1	1	1	1	1	1	1	1	0	1	1	1
	菟丝子	*Cuscuta chinensis* Lam.	安全		1	1	1	1	1	1	1	1	1	0	1	1	1
	田旋花	*Convolvulus arvensis* L.	安全		1	1	1	1	1	1	1	1	0	0	0	1	0
	北鱼黄草	*Merremia sibirica* (L.) Hall. f.	安全		0	0	1	1	1	0	1	1	1	0	0	0	1
花荵科 Polemoniaceae	花荵	*Polemonium chinense* (Brand.) Brand.	安全		1	0	1	1	1	1	0	0	0	0	0	0	0
紫草科 Boraginaceae	斑种草	*Bothriospermum chinense* Bge.	安全		1	0	0	1	1	1	1	1	1	1	0	1	0
	多苞斑种草	*Bothriospermum secundum* Maxim.	安全		0	0	1	0	0	0	0	0	0	0	1	0	0
	狭苞斑种草	*Bothriospermum kusnetzowii* Bge	安全		0	0	0	1	1	0	1	0	0	0	0	1	1
	北齿缘草	*Eritirichium borealisinense* Kitag.	安全		0	1	1	0	0	1	0	0	0	0	0	0	0
	钝萼附地菜	*Trigonotis amblyosepala* Nakai et Kitag.	安全		1	1	1	1	0	1	0	0	0	0	1	0	0
	附地菜	*Trigonotis peduncularis* (Trev.) Benth	安全		0	0	1	1	1	0	1	1	1	1	1	1	1

（续）

科名	种名	学名	濒临消失风险等级	保护级别	蒲洼	喇叭沟门	松山	百花山	东灵山	雾灵山	云蒙山	云峰山	十渡	潭戒寺	慕田峪	妙峰山	石花洞
紫草科 Boraginaceae	鹤虱	*Lappula myosotis* V. Wolf.	安全		1	1	1	0	0	0	1	0	0	0	1	0	1
	大果琉璃草	*Cynoglossum divaricatum* Steph.	安全		1	0	1	0	0	0	0	0	0	0	0	0	0
	砂引草	*Messerschmidia rosmarinifolia* Willd. ex Roem. et Schult.	容易消失	一级	0	0	1	0	1	0	0	0	0	0	0	0	0
	湿地勿忘草	*Myosotis caespitosa* Schultz	安全		0	1	1	0	0	0	0	0	0	0	0	0	0
	麦家公	*Lithospermum arvense* L.	安全		1	0	0	0	0	0	0	0	0	0	0	0	0
	紫草	*Lithospermum erythrorhizon* Sieb. et Zncc.	安全		0	1	1	1	1	0	1	0	1	0	1	0	0
	紫筒草	*Stenosolenium saxtile* (Pall.) Turcz.	可能消失	一级	0	0	1	0	0	0	0	0	0	0	0	0	0
马鞭草科 Verbenaceae	白花荆条	*Vitex negundo* var. *heterophylla* f. *albiflora* Jen. et Y. J. Chang	安全	二级	0	0	1	0	0	0	0	0	0	0	1	0	0
	荆条	*Vitex negundo* var. *heterophylla* (Franch.) Rehd.	安全		1	1	1	1	1	1	1	1	1	1	1	1	1
	三花莸	*Caryopteris terniflora* Maxim.	可能消失	二级	1	0	0	0	0	0	0	0	0	0	0	0	0
唇形科 Labiataceae	百里香	*Thymus mongolicus* Ronn.	安全		0	0	1	1	1	0	0	0	0	0	0	1	0
	地椒	*Thymus quinquecostatus* Celak.	容易消失	一级	0	1	0	0	0	0	0	0	0	0	0	0	0
	薄荷	*Mentha haplocalyx* Briq.	安全		1	1	1	1	1	1	1	1	1	0	1	1	1
	糙苏	*Phlomis umbrosa* Turcz.	安全		1	1	1	1	1	1	1	1	1	0	1	1	1
	串铃草	*Phlomis mongolica* Turcz.	安全		0	0	0	1	1	0	0	0	0	0	0	0	1
	大叶糙苏	*Phlomis maximowiczii* Regel	安全	二级	0	0	0	0	0	0	0	0	0	0	1	0	0
	尖叶糙苏	*Phlomis dentosa* Franch.	可能消失	二级	0	0	1	0	0	0	0	0	0	0	0	0	0
	口外糙苏	*Phlomis jeholensis* Nakai et Kitag.	安全		0	1	0	1	0	0	0	0	0	0	0	0	0
	地笋	*Lycopus lucidus* Turcz.	安全		0	0	0	0	0	0	1	0	1	0	0	0	0
	欧地笋	*Lycopus europaeus* L.	安全		0	0	0	0	1	0	0	0	1	0	1	0	0

（续）

科名	种名	学名	濒临消失风险等级	保护级别	蒲洼	喇叭沟门	松山	百花山	东灵山	雾灵山	云蒙山	云峰山	十渡	潭戒寺	慕田峪	妙峰山	石花洞
唇形科 Labiataceae	风车草	*Clinopodium chinensis* O. Kuntze var. *grandiflorum*（Maxim.）Hara	安全		0	1	0	1	1	1	0	0	1	0	0	0	0
	风轮菜	*Clinopodium chinensis* O. Ktze.	安全		0	1	1	1	1	1	1	0	0	0	1	0	0
	白花黄芩	*Scutellaria baicalensis* Georgi f. *albiflora* Jen et Y. J. Chang	容易消失	一级	0	0	1	0	0	0	0	0	0	0	0	0	0
	北京黄芩	*Scutellaria pekinensis* Maxim.	安全		1	1	1	1	1	1	1	0	1	0	1	1	0
	并头黄芩	*Scutellaria scordifolia* Fisch. ex Schrank.	安全		1	1	1	1	1	0	0	0	0	0	0	0	0
	黄芩	*Scutellaria baicalensis* Georgi.	安全		1	1	1	1	1	0	1	1	1	1	1	1	0
	纤弱黄芩	*Scutellaria dependens* Maxim.	安全		0	1	1	0	0	0	0	0	0	0	0	0	0
	活血丹	*Glechoma longituba*（Nakai）Kupr.	容易消失	一级	0	1	0	0	0	0	0	0	0	0	0	0	0
	白苞筋骨草	*Ajuga lupulina* Maxim.	安全		0	0	1	1	1	0	0	0	0	0	0	0	0
	裂叶荆芥	*Schizonepta tenuifolia*（Benth.）Briq.	安全		0	0	1	1	1	1	1	0	1	0	1	1	0
	光萼青兰	*Dracocephalum argunense* Fisch. ex Link	安全		1	0	1	0	0	0	0	0	0	0	0	0	0
	香青兰	*Dracocephalum moldavica* L.	安全		1	1	1	0	1	1	1	0	0	1	0	1	1
	岩青兰	*Dracocephalum rupestre* Hance	安全		1	0	1	1	1	0	0	0	0	0	1	1	1
	丹参	*Salvia miltiorrhiza* Bge.	安全		1	0	0	1	1	0	0	0	1	1	1	1	1
	雪见草	*Salvia plebeia* R. Br.	安全		0	0	0	0	0	0	0	0	1	1	1	1	0
	荫生鼠尾草	*Salvia umbratica* Hance	安全		1	1	1	1	1	1	1	0	1	0	0	0	0
	水棘针	*Amethystea caerulea* L.	安全		0	1	1	1	1	0	1	1	1	0	1	1	1
	华水苏	*Stachys chinensis* Bge. ex Benth.	安全		0	1	0	0	0	0	0	0	0	0	0	0	0
	毛水苏	*Stachys baicalensis* Fisch. ex Benth.	安全		1	0	0	0	1	0	0	0	0	0	0	0	0

（续）

科名	种名	学名	濒临消失风险等级	保护级别	蒲洼	喇叭沟门	松山	百花山	东灵山	雾灵山	云蒙山	云峰山	十渡	潭戒寺	慕田峪	妙峰山	石花洞
唇形科 Labiataceae	夏至草	*Lagopsis supina*（Steph）IK – Gal. ex Knorr.	安全		1	1	1	1	1	1	1	0	1	1	1	1	1
	蓝萼香茶菜	*Rabdosia japonica*（Burm. f.）Hara var. *glaucocalyx*（Maxim.）Hara	安全		1	1	1	1	1	1	1	1	0	1	1	1	1
	内折香茶菜	*Rabdosia inflexa*（Thunb.）Hara	安全		0	0	0	0	0	0	0	1	0	0	1	1	0
	碎米桠	*Rabdosia rubescens*（Hensl.）Hara	安全		1	0	0	0	0	0	0	0	1	0	0	0	0
	白花木本香薷	*Elsholtzia stauntoni* f. *albiflora* Jen et Y. J. Chang	可能消失	二级	0	0	1	0	0	0	0	0	0	0	0	0	0
	多枝香薷	*Elsholtzia ciliata* var. *ramosa*（Nakai）C. Y. Wu et H. W. Li	安全		0	0	0	1	1	0	0	0	0	0	0	0	0
	海州香薷	*Elsholtzia splendens* Nakai ex F. Maekawa	安全		1	1	1	0	0	0	0	0	0	0	0	0	0
	藿香	*Agastache rugosa*（Fish. et Mey.）O. Ktze.	安全		1	1	1	1	1	0	1	1	1	0	1	0	0
	密花香薷	*Elsholtzia densa* Benth.	安全		1	0	0	1	1	0	0	0	0	0	0	0	0
	木本香薷	*Elsholtzia stauntoni* Benth.	安全		1	1	1	1	1	1	1	1	1	0	1	1	0
	香薷	*Elsholtzia ciliata*（Thunb.）Hyland.	安全		1	1	1	1	1	1	1	1	1	0	1	1	0
	大花益母草	*Leonurus macranthus* Maxim.	安全		0	1	0	0	0	0	0	0	0	0	0	0	0
	细叶益母草	*Leonurus sibiricus* L.	安全		1	1	1	1	1	0	1	0	1	1	1	1	1
	兴安益母草	*Leonurus tataricus* Linn.	可能消失	二级	0	1	0	0	0	0	0	0	0	0	0	0	0
	益母草	*Leonurus japonicus* Houtt.	安全		1	1	1	1	1	1	1	1	1	1	1	1	1
	錾菜	*Leonurus pseudomacranthus* Kitag.	安全		0	0	0	0	0	0	0	0	0	0	1	0	0
茄科 Solanaceae	枸杞	*Lycium chinense* Mill.	可能消失	一级	1	0	0	1	0	1	0	0	1	1	0	1	0
	曼陀罗	*Datura stramonium* L.	安全		1	1	0	1	1	1	0	1	1	0	1	1	1
	泡囊草	*Physochlaina physaliodes*（L.）G. Don	容易消失	一级	0	0	1	0	0	0	0	0	0	0	0	0	0

（续）

科名	种名	学名	濒临消失风险等级	保护级别	蒲洼	喇叭沟门	松山	百花山	东灵山	雾灵山	云蒙山	云峰山	十渡	潭戒寺	慕田峪	妙峰山	石花洞
茄科 Solanaceae	龙葵	*Solanum nigrum* L.	安全		1	1	1	1	1	1	1	1	1	0	1	1	1
	青杞	*Solanum septemlobum* Bge.	安全		1	0	0	0	1	0	1	0	1	0	0	0	1
	野海茄	*Solanum japonense* Nakai	安全		1	0	1	1	0	0	1	1	1	0	1	1	1
	华北散血丹	*Physaliastrum sinicum* Kuang et A. M. Lu	安全		1	0	0	0	0	0	0	0	0	0	0	0	0
	日本散血丹	*Physalaiatrum japonicum*（Franch. et Sav.）Honda	安全		0	0	1	1	1	1	0	1	0	0	0	0	0
	酸浆	*Physalis alkekengi* L. var. *franhceti*（Mast.）Makino	安全		1	1	1	1	1	1	1	0	1	0	1	0	1
	小酸浆	*Physalis minima* L.	可能消失	二级	0	0	0	0	0	0	0	0	0	0	0	1	0
	天仙子	*Hyoscyamus niger* L.	可能消失	二级	0	0	1	0	0	0	0	0	0	0	0	0	0
玄参科 Scrophulariaceae	疗齿草	*Odontites serotina*（Lam.）Dum.	安全		0	1	1	0	0	0	0	0	0	0	0	0	0
	草本威灵仙	*Veronicastrum sibiricum*（L.）Pennell.	安全		0	1	1	1	1	0	1	0	0	0	0	0	0
	沟酸浆	*Mimulus tenellus* Bge.	安全		0	1	1	0	0	1	0	0	0	0	0	0	0
	地黄	*Rehmannia glutinosa*（Gaertn.）Libosch. ex Fisch. et Mey	安全		1	1	1	1	1	1	1	1	1	1	1	1	1
	柳穿鱼	*Linaria vulgaris* ssp. *sinensis*（Bebeaux）Hong	安全		0	0	1	0	0	0	0	0	0	0	0	0	0
	短茎马先蒿	*Pedicularis artselaeri* Maxim.	安全		0	0	1	0	0	0	0	0	0	0	1	0	0
	返顾马先蒿	*Pedicularis resupinata* L.	安全		0	1	1	1	1	1	1	0	0	0	0	0	0
	红纹马先蒿	*Pedicularis striata* Pall.	安全		1	1	1	1	1	1	1	0	1	1	1	1	0
	华北马先蒿	*Pedicularis tatarinowii* Maxim.	安全		0	0	0	1	0	0	0	0	0	0	0	0	0
	穗花马先蒿	*Pedicularis spicata* Pall.	安全		0	1	1	1	1	1	0	0	0	0	0	0	0
	中国马先蒿	*Pedicularis resupinata* L.	安全		0	0	0	1	1	0	0	0	0	0	0	0	0
	北水苦荬	*Veronica anagalis – aquatica* L.	安全		0	1	1	0	0	0	0	0	0	1	1	0	0

（续）

科名	种名	学名	濒临消失风险等级	保护级别	蒲洼	喇叭沟门	松山	百花山	东灵山	雾灵山	云蒙山	云峰山	十渡	潭戒寺	慕田峪	妙峰山	石花洞
玄参科 Scrophulariaceae	水苦荬	*Veronica undulata* Wall.	安全		0	0	0	1	1	0	1	0	1	0	0	1	0
	水蔓菁	*Veronica linariifolia* Pall. ex Link. ssp. *dilatata*（Nakai et Kitag.）	安全		1	1	1	1	1	0	1	1	1	1	1	1	1
	山萝花	*Melampyrum roseum* Maxim.	安全		0	1	1	1	1	1	1	0	0	0	1	0	1
	松蒿	*Phtheirospermum japonicum*（Thunb.）Kanitz.	安全		1	1	1	1	1	1	1	0	1	0	1	1	1
	弹刀子菜	*Mazus stachydifolius*（Turcz.）Maxim.	安全		1	0	0	0	0	0	0	0	0	1	0	1	0
	通泉草	*Mazus joponicus*（Thunb.）O. Ktze.	安全		0	0	0	0	0	0	0	0	1	1	1	0	0
	小米草	*Euphrasia pectinata* Ten.	安全		0	0	1	0	0	0	0	0	0	0	0	0	0
	北玄参	*Scrophularia buergeriana* Miq.	安全		0	0	0	1	0	0	0	0	0	0	0	1	0
	华北玄参	*Scrophularia moellendorffii* Maxim.	安全		0	0	1	1	1	0	0	0	0	0	0	0	0
	山西玄参	*Scrophularia modesta* Kitag.	安全		0	1	0	0	0	0	0	0	0	0	0	0	0
	阴行草	*Siphonostegia chinensis* Benth.	安全		1	1	1	1	1	1	1	1	1	1	1	1	1
紫葳科 Bignoniaceae	角蒿	*Incarvillea sinensis* Lam.	安全		1	1	1	1	1	1	1	1	1	0	1	1	1
列当科 Orobanchaceae	黄花列当	*Orobanche pycnostchya* Hance	可能消失	二级	1	1	1	0	0	0	1	0	1	1	1	1	0
	列当	*Orobanche coerulescens* Steph. et Willd.	安全		0	1	1	1	1	1	1	0	1	0	0	1	1
苦苣苔科 Gesneriaceae	牛耳草	*Boea hygrometrica*（Bge.）R. Br.	安全		1	1	1	1	0	1	1	1	1	0	1	1	1
透骨草科 Phrymaceae	透骨草	*Phryma leptostachya* L. var. *asiatica* Hara	安全		1	1	1	1	1	1	1	1	1	0	1	1	0
车前科 Plantaginaceae	车前	*Plantago asiatica* L.	安全		1	1	1	1	1	1	1	1	1	1	1	1	1
	大车前	*Plantago major* L.	安全		1	0	1	1	1	1	1	0	1	1	1	1	1
	平车前	*Plantago depressa* Willd.	安全		1	1	1	1	1	1	1	1	0	0	0	1	1

（续）

科　　名	种　　名	学　　名	濒临消失风险等级	保护级别	蒲洼	喇叭沟门	松山	百花山	东灵山	雾灵山	云蒙山	云峰山	十渡	潭戒寺	慕田峪	妙峰山	石花洞
茜草科 Rubiaceae	薄皮木	*Leptodermis oblonga* Bge.	安全		1	0	0	1	1	1	1	1	1	1	1	1	1
	茜草	*Rubia cordifolia* L.	安全		1	1	1	1	1	1	1	1	1	1	1	1	1
	光果猪殃殃	*Galium spurium* L.	安全		0	0	1	0	0	0	0	0	0	0	0	0	0
	林地猪殃殃	*Galium paradoxum* Maxim.	安全		1	0	0	1	1	1	1	0	0	0	0	0	0
	六叶葎	*Galium asperuloides* Edgew. ssp. *hoffmeisteri* (Klotzsch) Hara	安全		0	0	1	0	0	0	0	0	0	0	0	0	0
	蓬子菜	*Galium verum* L.	安全		1	1	1	1	1	1	0	1	1	0	1	0	0
	少花猪殃殃	*Galium pauciflorum* Bge.	安全		0	0	0	0	0	0	0	0	1	1	1	0	0
	四叶葎	*Galium bungei* Steud.	安全		1	0	0	1	1	1	1	0	1	0	0	1	0
	线叶猪殃殃	*Galium linearifolium* Turcz.	安全		1	0	0	0	0	0	0	0	0	0	0	1	1
	异叶轮草	*Galium maximoaiczii* (Kom.) Pobecl	安全		0	1	1	0	0	1	1	0	0	0	1	0	0
	砧草	*Galium boreale* L.	安全		0	0	0	0	0	1	0	0	0	0	0	0	0
	猪殃殃	*Galium aparine* L.	安全		1	1	0	1	1	1	0	1	1	0	1	1	0
忍冬科 Caprifoliaceae	鸡树条荚蒾	*Viburnum sargentii* Koehne	安全	二级	0	1	1	1	1	1	1	0	0	0	1	0	0
	蒙古荚蒾	*Viburnum mongolicum* Rehd.	安全		1	1	1	1	1	1	1	0	0	0	1	0	0
	陕西荚蒾	*Viburnum shensianum* Maxim.	可能消失	二级	0	0	0	0	0	0	0	0	1	0	0	0	0
	接骨木	*Sambucus williamsii* Hance	安全		1	1	1	1	1	1	1	1	1	0	1	1	1
	无梗接骨木	*Sambucus sueboldana* Bl.	可能消失	二级	0	0	1	0	0	0	0	0	0	0	0	0	0
	锦带花	*Weigela florida* (Bge.) A. DC.	安全		0	0	0	1	1	1	1	1	1	1	1	0	0
	六道木	*Abelia biflora* Turcz.	安全		1	1	1	1	1	1	1	0	1	1	1	1	1
	北京忍冬	*Lonicera pekinensis* Rehd.	安全		0	1	1	1	0	0	1	0	0	0	1	1	0

（续）

科名	种名	学名	濒临消失风险等级	保护级别	蒲洼	喇叭沟门	松山	百花山	东灵山	雾灵山	云蒙山	云峰山	十渡	潭戒寺	慕田峪	妙峰山	石花洞
忍冬科 Caprifoliaceae	长梗金花忍冬	*Lonicera chrysantha* Turcz. var. *longipes* Maxim.	安全	二级	0	0	0	1	0	0	0	0	0	0	0	0	0
	丁香叶忍冬	*Lonicera oblata* Hao ex Hsu et H. J. Wang	可能消失	二级	0	0	1	0	0	0	0	0	0	0	1	0	0
	刚毛忍冬	*Lonicera hispida* Pall. ex Roem. et Schult.	安全		1	0	0	0	0	0	1	0	1	0	1	1	0
	华北忍冬	*Lonicera tatarinowii* Maxim.	可能消失	二级	0	1	0	0	0	0	0	0	0	0	0	0	0
	金花忍冬	*Lonicera chrysantha* Turcz.	安全		0	1	1	1	1	1	1	0	0	0	0	0	0
五福花科 Adoxaceae	五福花	*Adoxa moschatellina* L.	安全		0	1	1	1	0	0	0	0	0	0	0	0	0
败酱科 Valerianaceae	糙叶败酱	*Patrinia scabra* Bge.	安全		1	1	1	0	0	0	1	1	1	1	1	1	1
	黄花龙芽	*Patrinia scabiosaefolia* Fisch. ex Link	安全		1	1	1	1	1	1	1	0	1	0	1	1	1
	岩败酱	*Patrinia rupestris*（Pall.）Dufr.	安全		0	0	1	0	0	0	0	0	0	0	0	0	0
	异叶败酱	*Patrinia heterophylla* Bge.	安全		1	1	1	1	1	1	1	1	1	1	1	1	1
	缬草	*Valeriana officinais* L.	安全		1	0	1	1	1	1	0	0	0	0	0	0	0
川续断科 Dipsacaceae	白花华北蓝盆花	*Scabiosa tschiliensis* Grun. f. *albiflora* S. H. Li et	可能消失	二级	0	1	0	0	0	0	0	0	0	0	0	0	0
	华北蓝盆花	*Scabiosa tschiliensis* Grun.	安全		1	1	1	1	1	0	1	0	1	1	1	1	0
	日本续断	*Dipsacus japonicus* Miq.	安全		1	1	1	1	1	1	1	0	0	0	1	0	0
葫芦科 Cucurbilaceae	赤瓟	*Thladiantha dubia* Bge.	安全		1	1	1	0	0	1	1	0	0	1	0	1	1
	裂瓜	*Schizopepon bryoniaefolius* Maxim.	安全		1	1	1	1	1	1	0	0	1	0	0	0	1
	土贝母	*Bolbostemma paniculatum*（Maxim.）Franq.	容易消失	一级	0	0	0	1	0	0	0	0	0	0	0	1	0
桔梗科 Campanulaceae	党参	*Codonopsis pilosula*（Fr.）Nannf.	安全	二级	0	1	1	1	1	1	0	0	1	0	1	0	0
	羊乳	*Codonopsis lanceolata* Benth. et Hook. f.	安全		1	1	1	0	0	1	1	0	0	0	1	0	0
	紫斑风铃草	*Campanula punctata* Lam.	安全		0	1	1	1	1	1	1	0	0	0	0	0	0

（续）

科名	种名	学名	濒临消失风险等级	保护级别	蒲洼	喇叭沟门	松山	百花山	东灵山	雾灵山	云蒙山	云峰山	十渡	潭戒寺	慕田峪	妙峰山	石花洞
桔梗科 Campanulaceae	桔梗	*Platycodon grandiflorus*（Jacq.）A. DC.	安全		1	1	1	1	1	1	1	1	1	1	1	1	0
	北方沙参	*Adenophora borealis* Hong et Zhao Ye－zhi	容易消失	一级	0	0	1	0	0	0	0	0	0	0	0	0	0
	齿叶紫沙参	*Adenophora paniculata* var. *dentate* Y. Z. zhao	容易消失	一级	0	1	0	0	0	0	0	0	0	0	0	0	0
	多歧沙参	*Adenophora wawreana* Zahlbr.	安全		1	1	1	1	1	1	1	1	1	1	1	1	1
	轮叶沙参	*Adenophora tetraphylla*（Thunb.）Fisch.	安全		0	0	1	1	1	0	0	0	0	0	0	0	0
	荠苨	*Adenophora trachelioides* Maxim.	安全		0	1	1	1	1	1	1	1	1	1	1	1	0
	沙参	*Adenophora elata* Nakai.	安全		0	0	0	0	0	0	0	0	0	0	0	0	1
	石沙参	*Adenophora polyantha* Nakai	安全		1	1	1	1	1	1	1	1	1	1	0	1	0
	雾灵沙参	*Adenophora wulingshanica* Hong.	容易消失	一级	0	0	0	0	0	1	0	0	0	0	0	0	0
	杏叶沙参	*Adenophora trachelioides* Maxim.	可能消失	二级	1	0	0	0	0	0	0	0	0	0	0	0	0
	展枝沙参	*Adenophora divaricata* Franch. et Sav.	安全		1	1	1	1	1	1	1	1	1	0	1	1	1
	紫沙参	*Adenophora paniculata* Nannf.	安全		0	1	1	0	0	0	0	0	0	0	0	0	0
菊科 Compositae	小蓬草	*Conyza canadensis*（L.）Cronq.	安全		0	1	0	0	0	1	0	0	1	1	0	1	0
	多花百日菊	*Zinnia peruviana*（L.）L.	安全		0	0	0	0	0	1	0	0	1	0	0	0	0
	苍耳	*Xantnium sibiricum* Patrin ex Widd.	安全		1	1	1	1	1	1	1	1	1	1	1	1	0
	苍术	*Atrachylodes lancea*（Thunb.）DC.	安全		1	1	1	1	1	1	1	1	1	0	1	1	1
	翠菊	*Callistephus chinensis*（L.）Nees	安全		1	1	1	1	1	1	1	1	0	0	1	0	0
	大丁草	*Leibnitzia anandria*（L.）Nakai	安全		1	1	1	1	1	1	1	1	1	1	1	1	1
	东风菜	*Doellingeria scaber*（Thunb.）Nees	安全		1	1	1	1	1	1	1	1	1	0	1	1	1
	飞廉	*Carduus crispus* L.	安全		1	1	1	1	1	1	1	1	0	0	1	0	0

（续）

科名	种名	学名	濒临消失风险等级	保护级别	蒲洼	喇叭沟门	松山	百花山	东灵山	雾灵山	云蒙山	云峰山	十渡	潭戒寺	慕田峪	妙峰山	石花洞
菊科 Compositae	飞蓬	*Erigeron acer* L.	安全		1	0	0	1	1	1	1	1	1	0	0	0	0
	堪察加飞蓬	*Erigeron kamtschaticus* DC.	安全		0	1	0	0	0	0	0	0	0	0	0	0	0
	蓖苞风毛菊	*Squssurea pectinata* Bge.	安全		1	1	1	1	1	1	1	1	1	1	1	1	1
	草地风毛菊	*Squssurea amara* (L.) DC.	安全		0	0	1	1	1	0	1	0	1	0	1	0	0
	大头风毛菊	*Squssurea baicalensis* (Adams.) Robins.	安全		0	0	0	0	1	0	0	0	1	0	0	0	0
	风毛菊	*Squssurea japonica* (Thunb.) DC.	安全		1	1	1	1	1	1	1	1	1	1	1	1	0
	华北风毛菊	*Squssurea mogolica* (Fr.) Franch.	安全		1	1	1	1	1	1	1	1	1	1	0	1	1
	京风毛菊	*Squssurea chinnampoensis* Levl. et Vant.	安全		0	0	0	1	1	0	0	0	0	0	0	0	0
	卷苞风毛菊	*Squssurea sclerolepia* Nakai et Kitag.	安全		0	0	0	0	0	1	0	0	0	0	0	0	0
	乌苏里风毛菊	*Squssurea ussuriensis* Maxim.	安全		0	1	1	1	1	1	0	0	1	0	1	0	0
	翼茎风毛菊	*Squssurea japonica* var. *alata* (Regel.) Kom.	安全		0	1	0	0	0	1	1	0	0	0	1	1	0
	银背风毛菊	*Squssurea nivea* Turcz.	安全		1	1	1	1	1	1	1	1	1	1	1	1	1
	紫苞风毛菊	*Squssurea iodostegia* Hance	安全		1	0	1	1	1	1	0	0	0	0	0	0	0
	阿尔泰狗哇花	*Heteropappus altaicus* (Willd.) Novopokr.	安全		1	1	1	1	1	1	1	1	1	1	1	1	1
	狗哇花	*Heteropappus hispidus* (Thunb.) Less.	安全		1	1	1	0	0	1	1	0	0	0	1	1	0
	砂狗哇花	*Heteropappus meyendorffii* (Regel et Maack.) Kom.	安全		0	0	1	0	0	0	0	0	0	0	0	0	0
	鬼针草	*Bidens bipinnatap* L.	安全		1	1	1	1	1	1	1	1	1	1	1	1	1
	金盏银盘	*Bidens biternata* (Lour.) Merr. et Scheff.	可能消失	二级	0	0	0	0	0	0	0	0	0	0	1	0	0
	狼把草	*Bidens tripartita* L.	安全		0	1	1	0	0	1	0	1	1	0	0	0	0
	柳叶鬼针草	*Bidens cernua* L.	安全		0	0	0	1	0	0	0	0	0	0	0	0	0

（续）

科 名	种 名	学 名	濒临消失风险等级	保护级别	蒲洼	喇叭沟门	松山	百花山	东灵山	雾灵山	云蒙山	云峰山	十渡	潭戒寺	慕田峪	妙峰山	石花洞
菊科 Compositae	三叶鬼针草	*Bidens pilosa* L.	安全		1	0	0	1	1	1	1	1	1	0	0	1	1
	小花鬼针草	*Bidens parviflora* Willd.	安全		1	1	1	1	1	1	1	1	1	1	1	1	1
	艾蒿	*Artemisia argyi* Levl. et Vant.	安全		1	0	1	1	1	1	1	1	1	0	1	1	1
	白莲蒿	*Artemisia gmelinii* Web. ex Stechm.	安全		1	1	1	1	1	1	1	1	1	1	1	1	1
	大籽蒿	*Artemisia sieversiana* Willd.	安全		1	0	1	1	1	1	1	1	1	1	1	1	1
	黄花蒿	*Artemisia annua* L.	安全		1	1	1	1	1	1	1	1	1	1	1	1	1
	吉蒿	*Artemisia giraldii* Pamp.	安全		0	1	1	1	0	1	0	0	0	0	0	1	0
	柳叶蒿	*Artemisia integrifolia* L.	安全		0	0	1	0	0	1	0	0	0	0	0	0	0
	蒌蒿	*Artemisia selengensis* Turcz.	安全		0	1	0	0	0	0	0	0	1	0	0	0	0
	毛莲蒿	*Artemisia vestita* Wall.	安全		1	1	1	1	1	1	1	0	0	1	1	1	0
	蒙古蒿	*Artemisia mongolica* Fisch.	安全		1	1	1	1	1	1	1	1	1	1	1	1	1
	牡蒿	*Artemisia japonica* Thunb.	安全		0	0	1	1	1	0	1	1	1	0	1	1	1
	南牡蒿	*Artemisia eriopoda* Bge.	安全		1	1	1	1	1	1	1	1	1	1	1	1	1
	牛尾蒿	*Artemisia subdigitata* Mattf.	安全		1	1	1	1	1	1	1	1	0	0	0	1	1
	歧茎蒿	*Artemisia igniaria* Maxim.	安全		1	1	1	1	1	1	1	1	1	0	1	1	1
	青蒿	*Artemisia aopiacea* Hance	安全		0	0	1	0	0	1	0	0	0	0	0	0	0
	山蒿	*Artemisia brchyloba* Franch.	安全		0	0	1	0	0	0	0	0	0	0	0	0	0
	细裂叶蒿	*Artemisia tanacetifolia* L.	安全		0	0	0	1	1	0	1	0	0	0	0	0	0
	野艾蒿	*Artemisia lavandulaefolia* DC.	安全		1	1	1	0	0	1	0	0	0	0	1	1	0
	茵陈蒿	*Artemisia capillaris* Thunb.	安全		1	1	1	1	1	1	1	1	1	1	1	1	1

（续）

科名	种名	学名	濒临消失风险等级	保护级别	蒲洼	喇叭沟门	松山	百花山	东灵山	雾灵山	云蒙山	云峰山	十渡	潭戒寺	慕田峪	妙峰山	石花洞
菊科 Compositae	猪毛蒿	*Artemisia scoparia* Wald. et Kit.	安全		1	1	0	1	1	1	1	1	1	0	0	1	1
	和尚菜	*Adenocaulon himalaicum* Edgew.	安全		1	1	0	1	1	1	1	0	0	0	0	0	0
	火绒草	*Leontopodium leontopodioides* Beauv.	安全		1	1	1	1	1	1	1	1	1	1	0	1	1
	绢茸火绒草	*Leontopodium smithianum* Hand. – Mazz.	安全		0	1	1	1	1	0	0	0	0	0	0	0	0
	刺儿菜	*Cirsium setosum* (Willd.) Bieb.	安全		1	1	1	1	1	1	1	1	1	1	0	1	1
	魁蓟	*Cirsium leo* Nakai et Kitag.	安全		0	0	0	1	1	1	0	0	0	0	0	0	0
	绒背蓟	*Cirsium vlassovianum* Fisch.	可能消失	二级	0	1	1	0	0	0	0	0	0	0	0	0	0
	烟管蓟	*Cirsium penhdulum* Fisch.	安全		0	1	1	1	1	1	1	0	0	1	1	0	0
	甘野菊	*Dendranthema lavandulifolium* var. *seticuspe* (Maxim.) Shih	安全		0	1	1	1	1	1	1	1	1	1	1	1	0
	小红菊	*Dendranthema chanetii* (Levl.) Shih	安全		1	1	1	1	1	1	1	1	1	1	1	1	1
	紫花野菊	*Dendranthema zawadskii* (Herb.) Tzvel.	安全		0	1	1	0	1	1	0	0	0	1	0	0	0
	苣荬菜	*Sonchus brachyatus* DC.	安全		1	1	1	1	1	1	1	1	1	0	1	0	1
	苦苣菜	*Sonchus oleraceus* L.	安全		1	0	1	1	1	1	0	0	0	0	0	0	1
	苦菜	*Ixelris chinensis* (Thunb.) Nakai	安全		1	1	1	1	1	1	1	1	1	1	1	1	0
	苦荬菜	*Ixelris sonchifopia* Hance	安全		1	1	1	1	1	1	1	1	1	1	1	1	1
	秋苦荬菜	*Ixelris denticulata* (Houtt.) Stebb.	安全		1	1	1	1	1	1	1	1	1	1	1	1	1
	款冬	*Tussilago farfara* L.	可能消失	一级	0	0	1	0	0	0	0	0	0	0	1	0	0
	蓝刺头	*Echinops latifolius* Tausch.	安全		1	1	1	1	1	1	1	0	1	0	1	1	1
	鳢肠	*Eclipta prostrata* (L.) L. Mant.	安全	二级	0	0	0	0	0	0	0	0	1	0	0	1	0
	多头麻花头	*Serratula polycephala* Iljin	安全		1	1	1	1	1	1	1	1	0	1	0	0	0

（续）

科名	种名	学名	濒临消失风险等级	保护级别	蒲洼	喇叭沟门	松山	百花山	东灵山	雾灵山	云蒙山	云峰山	十渡	潭戒寺	慕田峪	妙峰山	石花洞
菊科 Compositae	麻花头	*Serratula centauroides* L.	安全		0	0	1	1	1	0	0	1	0	0	0	1	0
	伪泥胡菜	*Serratula coronata* L.	安全		0	0	0	0	0	0	0	0	1	1	1	0	0
	钟雹麻花头	*Serratula cupuliformis* Nakai et Kitag.	可能消失	二级	0	0	0	0	0	1	0	0	0	0	1	0	0
	北方马兰	*Kalimeris mongolic*（Franch.）Kitam.	安全		0	0	1	0	0	0	0	0	0	0	0	0	0
	裂叶马兰	*Kalimeris incisa*（Fisch.）DC.	安全		1	1	1	1	1	1	1	1	0	1	1	0	0
	全叶马兰	*Kalimeris integrifolia* Turcz.	安全		0	0	0	0	1	0	0	0	0	0	0	0	0
	山马兰	*Kalimeris lautureana*（Debx.）Kitam.	安全		1	1	0	1	1	1	0	1	0	0	1	1	0
	蚂蚱腿子	*Myripnois dioica* Bge.	安全		1	1	1	1	1	1	1	1	1	1	1	1	1
	猫儿菊	*Achyrophrus ciliatus*（L.）Ssh – Bip.	安全		0	1	1	1	1	1	1	0	0	0	1	1	1
	毛连菜	*Picris japonica* Thunb.	安全		1	1	1	1	1	1	1	1	1	1	1	1	0
	泥胡菜	*Hemistepta lyrata* Bge.	安全		0	0	1	1	1	0	1	1	0	1	1	1	0
	牛蒡	*Arctium lappa* L.	安全		1	1	1	1	1	1	1	1	0	0	1	1	0
	牛膝菊	*Galinsoga parviflora* Cav. Ic. et. Descr	安全		1	1	1	1	1	1	1	1	1	1	1	1	1
	大叶盘果菊	*Prenanthes macrophylla* Franch.	安全		1	1	1	1	1	1	0	0	0	0	1	0	0
	盘果菊	*Prenanthes tatarinowii* Maxim.	安全		1	1	1	1	1	1	1	1	1	0	1	0	1
	白花蒲公英	*Taraxacum pseudo – albidu* Kitag.	可能消失	二级	0	0	1	0	0	0	0	0	0	0	1	0	0
	白缘蒲公英	*Taraxacum platypecidum* Diels	容易消失	一级	0	0	1	0	0	1	0	0	0	0	0	0	0
	红梗蒲公英	*Taraxacum erythropodium* Kitag.	安全		1	1	1	1	1	1	1	1	1	0	1	0	0
	芥叶蒲公英	*Taraxacum brassicaefolium* Kitag.	安全		0	0	1	0	0	0	0	0	0	0	0	0	0
	蒲公英	*Taraxacum mongolicum* Hand. – Mazz.	安全		1	0	1	1	1	1	1	0	1	1	1	1	1

（续）

科名	种名	学名	濒临消失风险等级	保护级别	蒲洼	喇叭沟门	松山	百花山	东灵山	雾灵山	云蒙山	云峰山	十渡	潭戒寺	慕田峪	妙峰山	石花洞
菊科 Compositae	亚洲蒲公英	*Taraxacum asiaticus* Dahlst.	安全		0												
	异鳞蒲公英	*Taraxacum heterolepis* Nakai et Koidz. ex Kitag.	容易消失	一级	0	0	1	0	0	0	0	0	0	0	0	0	0
	祁州漏芦	*Rhapnonticam uniflorum* (L.) DC.	安全		1	1	1	1	1	1	1	1	1	1	1	1	1
	鳍蓟	*Olgaea leucophylla* (Turcz.) Iljin	安全		0	0	0	0	0	1	0	0	0	0	0	0	0
	北千里光	*Seargunensis dubitabilis* C. Jeffrey et Y L. Chen	安全		0	0	0	1	1	0	0	0	0	0	0	0	0
	大花千里光	*Seargunensis ambraceus* Turcz.	安全		1	0	0	0	0	1	0	0	0	0	0	0	0
	狗舌草	*Seargunensis kirilowii* Turcz. ex DC.	安全		1	1	1	1	1	1	0	0	1	1	1	1	0
	林荫千里光	*Seargunensis nemorensis* L.	安全		1	1	1	1	1	1	1	1	0	0	0	0	0
	羽叶千里光	*Seargunensis argunensis* Turcz.	安全		0	1	1	1	1	0	1	0	0	0	1	0	0
	山柳菊	*Hieracium umbellatum* L.	安全		0	0	1	1	0	0	0	0	0	0	0	0	0
	山牛蒡	*Synurus deltoides* (Ait.) Nakai	安全		0	1	1	1	1	1	0	0	0	0	0	0	0
	高山蓍	*Achillea alpina* L.	安全		1	1	1	1	1	1	1	0	0	0	0	1	0
	烟管头草	*Carpesium cernuum* L.	安全		1	1	0	1	1	1	1	1	1	0	1	0	0
	兔儿伞	*Syneilesis aconitifolia* (Bge.) Maxim.	安全		1	1	1	1	1	1	1	1	1	1	1	1	1
	全缘橐吾	*Ligularia mongolica* Thunb.	安全		0	0	1	0	0	0	0	0	0	0	0	0	0
	西伯利亚橐吾	*Ligularia sibirica* (Ligularia) Cass.	安全		0	1	1	1	1	1	0	0	0	0	0	0	0
	狭苞橐吾	*Ligularia intermedia* Nakai	安全		0	0	1	1	1	1	1	0	0	0	0	0	0
	蝟菊	*Takeikadzuckia lomonossowii* Kitag. et Kitam	安全	二级	0	0	0	1	1	0	0	0	0	0	0	0	0
	北山莴苣	*Lactuca sibirica* (L.) Benth.	安全		1	0	0	0	0	0	0	0	0	0	0	0	0
	毛脉山莴苣	*Lactuca raddeana* Maxim.	安全		0	0	1	0	0	1	0	0	0	0	0	0	0

（续）

科名	种名	学名	濒临消失风险等级	保护级别	蒲洼	喇叭沟门	松山	百花山	东灵山	雾灵山	云蒙山	云峰山	十渡	潭戒寺	慕田峪	妙峰山	石花洞
菊科 Compositae	蒙山莴苣	*Lactuca tatarica* C. A. Mey.	安全		0	0	0	1	1	1	0	0	0	0	0	0	0
	山莴苣	*Lactuca indica* Lactuca	安全		1	1	1	1	1	1	1	0	1	1	1	1	1
	翼柄山莴苣	*Lactuca triangulata* Maxim.	安全		0	1	1	1	1	1	1	0	0	0	1	0	0
	腺梗豨莶	*Siegesbeckia pubescens* Makino	安全		0	1	1	1	1	1	0	1	1	0	1	1	1
	线叶菊	*Filifolium sibiricum*（L.）Kitam.	安全		0	1	1	0	0	0	0	0	0	0	0	1	0
	铃铃香青	*Anaphalis hancockii* Maxim.	安全		0	0	0	0	1	0	0	0	0	0	0	0	0
	山尖子	*Cacalia hastata* L.	安全		1	1	1	1	1	1	1	1	0	0	1	0	0
	欧亚旋覆花	*Inula britanica* L.	安全		0	1	1	1	1	1	1	1	0	0	0	0	1
	旋覆花	*Inula japonica* Thunb.	安全		1	0	1	0	0	0	0	0	1	0	1	1	1
	桃叶鸦葱	*Scorzonera sinensis* Lipsch. et Krasch.	安全		1	1	0	1	1	1	1	1	0	0	0	1	1
	细叶鸦葱	*Scorzonera albicaulis* Bge.	安全		1	1	1	1	1	1	0	1	1	1	1	1	0
	鸦葱	*Scorzonera ruprechtiana* Lipsch. et Krasch.	安全		0	0	1	0	0	0	1	0	1	1	1	1	1
	一枝黄花	*Solidago virgaurea* L. var. *dahuica* Kitag.	容易消失	一级	0	0	0	1	1	0	0	0	0	0	0	0	0
	泽兰	*Eupatorium lindleyanum* DC.	安全		0	1	1	0	0	0	0	0	1	0	1	1	0
	三褶脉紫菀	*Aster ageratoides* Turcz	安全		1	1	1	1	1	1	1	1	1	1	1	1	1
	紫菀	*Aster tataricus* L. f.	安全		0	1	1	1	1	1	1	1	1	0	1	1	0
香蒲科 Typhaceae	香蒲	*Typha angustifolia* L.	安全		1	0	1	0	0	0	0	1	1	0	1	0	0
眼子菜科 Potamogetonaceae	穿叶眼子菜	*Potamogeton malainus* Miq.	安全		0	0	0	0	0	0	0	0	0	0	1	0	0
	光叶眼子菜	*Potamogeton lucens* L.	安全		0	0	0	1	1	0	0	0	0	0	0	0	0
	马来眼子菜	*Potamogeton malainus* Miq.	安全		0	0	0	0	0	0	0	0	1	0	0	0	0

（续）

科名	种名	学名	濒临消失风险等级	保护级别	蒲洼	喇叭沟门	松山	百花山	东灵山	雾灵山	云蒙山	云峰山	十渡	潭戒寺	慕田峪	妙峰山	石花洞
眼子菜科 Potamogetonaceae	线叶眼子菜	*Potamogeton pusillus* L.	安全		0	0	0	0	1	0	0	0	0	0	0	0	0
	菹草	*Potamogeton crispus* L.	安全		1	1	1	1	1	0	0	1	0	0	1	0	0
水麦冬科 Juncaginaceae	水麦冬	*Triglochium palustre* L.	安全		0	1	0	0	0	0	0	0	0	0	0	0	0
泽泻科 Alismataceae	泽泻	*Alisma plantago – aquatica* var. *orientale* Sam.	安全		0	0	1	0	1	0	0	0	1	0	0	0	0
水鳖科 Hydrocharitaceae	黑藻	*Hydrilla verticillata*（L. f.） Rich.	安全	二级	0	0	0	0	0	0	0	0	0	0	1	0	0
	苦草	*Vallisneria asiatica* Miki	安全	二级	0	0	0	0	0	0	0	0	1	0	0	0	0
禾本科 Gramineae	白茅	*Imperata cylindrica*（L.） Beauv.	安全		0	0	1	0	0	1	0	0	1	0	1	1	0
	稗	*Echinochloa crusgalli*（L.） Beauv.	安全		0	1	1	0	0	1	1	0	1	0	0	1	1
	旱稗	*Echinochloa crusgallii* var. *hipidula*（Retz.） Nees.	安全		0	1	0	0	0	0	0	0	0	0	0	0	0
	无芒稗	*Echinochloa crusgallii* var. *mitis*（Pursh.） Peterm.	安全		0	0	0	0	0	0	0	0	0	0	0	1	0
	西来稗	*Echinochloa crusgallii* var. *zelayensis*（H. B. K.） Hitchc.	安全		0	0	1	0	0	0	0	0	0	0	0	0	0
	长芒棒头草	*Polypogon monspeliensis*（L.） Desf.	安全		0	0	0	0	0	0	0	0	1	0	0	0	0
	草沙蚕	*Tripogon chinensis*（Franch.） Hack.	安全		0	1	1	1	0	1	0	1	1	0	1	1	0
	抱草	*Melica virgata* Turcz.	安全		0	0	0	1	1	0	0	0	0	0	0	0	0
	臭草	*Melica scabrosa* Trin.	安全		1	1	1	1	1	1	1	1	1	1	1	1	1
	大臭草	*Melica turczaninowiana* Ohwi	安全		0	1	1	1	1	0	1	1	0	0	0	0	0
	华北臭草	*Melica onoei* Franch. et Sav.	安全		0	0	1	0	0	0	0	0	0	0	0	1	0
	细叶臭草	*Melica radula* Franch.	安全		0	0	1	0	0	0	1	0	0	1	1	1	0
	大油芒	*Spodiopogon sibiricus* Trin.	安全		1	1	0	1	1	1	1	1	1	1	1	1	1
	百花山鹅观草	*Roegneria turczaninnovii* var. *pohuashanensis* Keng.	安全		0	0	0	1	1	0	0	0	0	0	0	0	0

（续）

科名	种名	学名	濒临消失风险等级	保护级别	蒲洼	喇叭沟门	松山	百花山	东灵山	雾灵山	云蒙山	云峰山	十渡	潭戒寺	慕田峪	妙峰山	石花洞
禾本科 Gramineae	鹅观草	*Roegneria kamoji* Ohwi	安全		1	0	0	1	1	1	1	1	1	1	1	1	0
	蛊草	*Roegneria hondai* Kitag. var. *fascinata* Keng	安全		0	0	1	0	0	0	0	0	0	0	0	1	0
	河北鹅观草	*Roegneria hondai* Kitag.	安全		0	1	1	0	0	0	0	0	0	0	0	0	0
	毛节毛盘草	*Roegneria barbicalla* var. *pubinodis* Keng	安全		0	1	0	0	0	0	0	0	0	0	0	0	0
	毛盘鹅观草	*Roegneria barbicalla* Ohwi	安全		0	1	1	0	0	1	0	0	0	0	0	0	0
	纤毛鹅观草	*Roegneria ciliaris* （Trin.） Nevski.	安全		1	0	0	0	0	0	1	0	0	0	0	1	0
	缘毛鹅观草	*Roegneria pendulina* Nevski	安全		0	0	0	0	0	1	0	0	0	0	0	0	0
	直穗鹅观草	*Roegneria turczauinovi* （Drob.） Nevski.	安全		0	1	1	1	1	0	0	0	0	0	0	0	0
	糙毛野青毛	*Calamagrostis arundinacea* var. *hirsuta* Hack.	安全		0	0	0	0	0	0	0	0	0	0	0	1	0
	大拂子茅	*Calamagrostis macrolepis* Litv.	安全		0	0	1	0	0	0	0	0	0	0	0	0	0
	大叶章	*Calamagrostis purpurea* （Trin.） Trin.	安全		1	1	0	1	0	1	0	0	0	0	0	0	0
	拂子茅	*Calamagrostis epigejos* （L.） Roth.	安全		0	1	1	1	1	0	0	0	0	0	1	0	0
	假苇拂子茅	*Calamagrostis psenudophragmites* （Hall. f.） Koel.	安全		0	0	0	0	0	1	0	0	0	0	1	0	0
	野青茅	*Calamagrostis arundinacea* （L.） Roth	安全		1	1	1	1	1	1	1	1	0	1	1	1	1
	狗尾草	*Setaria viridis* （L.） Beauv	安全		1	1	1	1	1	1	1	0	1	1	1	1	1
	金狗尾草	*Setaria glauca* （L.） Beauv	安全		0	1	1	1	1	0	0	0	0	0	0	1	0
	茭笋	*Zizania latifolia* （Griseb.） Stapf.	安全	二级	0	0	0	0	0	0	0	0	1	0	0	0	0
	虎尾草	*Chloris virgata* Swartz.	安全		0	1	1	1	1	1	1	1	1	0	1	1	1
	大画眉草	*Eragrostis cilianensis* （All.） Link ex Vign. Lut.	安全		1	0	0	1	0	0	0	0	0	0	0	0	0
	画眉草	*Eragrostis pilosa* （L.） Beauv.	安全		0	0	1	1	1	0	0	0	1	0	1	1	0

（续）

科名	种名	学名	濒临消失风险等级	保护级别	蒲洼	喇叭沟门	松山	百花山	东灵山	雾灵山	云蒙山	云峰山	十渡	潭戒寺	慕田峪	妙峰山	石花洞
禾本科 Gramineae	秋画眉草	*Eragrostis autumnalis* Keng	安全		0	1	0	0	0	0	0	0	0	0	0	0	0
	小画眉草	*Eragrostis poaeoides* Beauv	安全		1	1	1	0	0	1	0	0	1	0	1	1	0
	知风草	*Eragrostis ferruginea* (Thunb.) Beauv.	安全		0	0	0	0	0	0	0	0	0	0	1	0	0
	京芒草	*Achnatherum pelinense* (Hce.) Ohwi	安全		0	1	1	1	0	0	0	0	0	0	1	1	0
	羽茅	*Achnatherum sibiricum* (L.) Keng	安全		0	1	1	0	0	0	0	0	1	0	0	0	0
	远东芨芨草	*Achnatherum extremiorientale* (Hara) Keng	安全		1	1	1	1	0	1	1	0	1	1	1	1	0
	假稻	*Leersia hexandra* Swartz. var. *japonica* (Makino) Keng	安全		0	0	0	0	0	0	0	0	1	0	1	0	0
	黄背草	*Themeda japonica* (Willd.) C. Tanaka	安全		1	1	1	1	1	1	1	1	1	1	1	1	0
	华北翦股颖	*Agrostis clavata* Trin.	安全		0	1	1	1	1	1	0	0	0	0	1	0	0
	小糠草	*Agrostis gigantea* Roth	安全		0	0	1	1	1	0	1	0	0	0	1	0	1
	微药碱茅	*Puccinellia micrandra* (Keng) Keng	安全		0	0	0	0	0	0	0	0	0	0	1	0	0
	荩草	*Arthraxon hispidus* (Thunb.) Maxino	安全		0	1	1	1	1	1	1	1	1	0	1	1	0
	矛叶荩草	*Arthraxon prionodes* (Steud.) Dandy.	安全		0	0	0	0	0	0	0	0	0	0	0	1	0
	看麦娘	*Alopecurus aequalis* Sobol.	安全		0	1	0	0	0	0	0	0	0	0	0	0	0
	白羊草	*Bothriochloa ischaemum* (L.) Keng	安全		1	1	1	1	1	0	1	1	1	1	1	1	1
	赖草	*Leymus secalinum* (Georgi) Tzvel.	安全	二级	0	1	0	0	0	0	0	0	0	0	0	0	0
	羊草	*Leymus chinensis* (Trin.) Tzvel	安全		1	1	1	0	0	0	0	1	0	0	0	0	0
	白草	*Pennisetum flaccidum* Griseb.	安全		0	1	0	1	0	0	1	1	0	0	0	0	0
	狼尾草	*Pennisetum alopecuroides* (L.) Spreng.	安全		0	0	1	0	0	0	0	0	0	0	1	0	0
	龙常草	*Diarrhena manshurica* Maxim.	安全		0	0	0	0	0	1	0	0	0	0	0	0	0

（续）

科 名	种 名	学 名	濒临消失风险等级	保护级别	蒲洼	喇叭沟门	松山	百花山	东灵山	雾灵山	云蒙山	云峰山	十渡	潭戒寺	慕田峪	妙峰山	石花洞
禾本科 Gramineae	芦苇	*Phramites australis*（Cav.）Trin. ex Steud.	安全		1	1	1	0	0	1	1	0	1	0	1	1	1
	乱子草	*Muhlenbergia hugelii* Trin.	安全		1	0	0	1	1	0	1	0	0	0	0	1	1
	日本乱子草	*Muhlenbergia japonica* Steud.	安全		0	1	0	0	0	0	0	0	0	0	0	1	0
	马唐	*Digitaria sanguinalis*（L.）Scop.	安全		1	0	1	1	1	1	1	0	1	0	0	1	0
	毛马唐	*Digitaria ciliaris*（Retz.）Koel.	安全		0	1	1	0	0	0	0	0	0	0	1	1	0
	止血马唐	*Digitaria ischaemum*（Schreb.）Muhlenb.	安全		0	1	1	1	1	0	0	0	0	0	0	1	0
	荻	*Miscanthus sacchariflorus*（Maxim.）Hack.	安全		0	1	0	0	0	0	0	0	0	0	1	0	0
	芒	*Miscanthus sinensis* Anderss.	安全	二级	0	0	0	0	0	1	0	0	0	0	0	0	0
	光稃茅香	*Hierochloe glabra* Trin.	安全		0	0	1	0	0	0	0	0	0	1	1	0	0
	牛鞭草	*Hemarthria altissima*（Poir.）Stapf et C. E. Hubb.	安全		0	0	1	0	0	0	0	0	0	0	1	0	0
	肥披碱草	*Elymus excelsus* Turcz.	安全		0	1	1	1	1	1	1	0	0	0	0	0	0
	老芒麦	*Elymus sibiricus* L.	安全		0	0	0	1	1	1	0	0	0	0	1	0	0
	披碱草	*Elymus dahuricus*（Turcz.）Nevski	安全		0	1	1	1	0	0	1	0	0	0	1	1	0
	圆柱披碱草	*Elymus cylindricus*（Franch.）Honda	安全		0	1	1	0	0	0	0	0	0	0	0	0	0
	涾草	*Koeleria cristata*（L.）Pers.	安全		0	0	1	0	0	0	0	0	0	1	0	0	0
	求米草	*Oplismenus undulatifolius*（Ard.）Roem. et Schult.	安全		1	0	0	1	0	0	1	0	1	0	1	1	1
	无芒雀麦	*Bromus inermis* Leyss	安全		0	0	1	0	0	0	0	0	0	0	1	0	0
	三芒草	*Aristida adscenionis* L.	安全		0	0	0	0	0	0	0	0	0	0	0	1	0
	西伯利亚三毛草	*Trisetum sibiricum* Rupr.	安全		0	0	1	1	1	0	0	0	0	0	0	0	0
	虱子草	*Tragus berteronianus* Schult.	安全		0	0	1	1	0	0	0	0	1	0	0	0	1

（续）

科名	种名	学名	濒临消失风险等级	保护级别	蒲洼	喇叭沟门	松山	百花山	东灵山	雾灵山	云蒙山	云峰山	十渡	潭戒寺	慕田峪	妙峰山	石花洞
禾本科 Gramineae	双稃草	*Diplachne fusca*（L.）Beauv.	安全		0	0	0	0	0	0	1	0	0	0	0	0	0
	粟草	*Milium effusum* L.	安全		0	1	0	0	0	0	0	0	0	0	0	0	0
	假鼠妇草	*Glyleria leptolepis* Ohwi.	安全		0	1	0	0	0	0	0	0	0	0	0	0	0
	菵草	*Beckmannia syzigachne*（Steud.）Fernald	安全		0	0	1	1	0	0	0	0	1	0	0	0	0
	蟋蟀草	*Eleusine indica*（L.）Gaertn.	安全		0	1	1	1	1	1	1	1	1	0	1	1	1
	细柄草	*Capillipedium parviflorum*（R. Br.）Stapf.	安全		0	0	1	0	0	0	0	0	0	0	0	1	0
	野燕麦	*Avena fatua* L.	安全		0	0	1	0	0	0	0	0	0	0	0	0	0
	远东羊茅	*Festuca subulata* ssp. *japonica*（Hack.）T. Koyama et Kowano.	安全		0	1	0	1	0	0	0	0	0	0	0	0	0
	紫羊茅	*Festuca rubra* L.	安全		1	0	1	0	0	0	0	0	0	0	0	0	0
	野古草	*Arundinella hirta*（Thub.）Tanaka	安全		1	1	1	1	1	1	1	1	1	1	1	1	0
	野黍	*Eriochloa villosa*（Thunb.）Kunth	安全		0	1	1	1	1	1	1	0	0	0	1	1	1
	异燕麦	*Helictotrichon schellianum*（Hack.）Kitag.	安全		0	0	1	0	0	0	0	0	0	0	0	0	0
	虉草	*Phalaris arundinacea* L.	安全		0	1	0	1	1	1	1	0	1	0	1	1	1
	北京隐子草	*Cleistogenes hancei* Keng	安全		1	1	1	1	1	1	1	1	1	1	1	1	1
	糙隐子草	*Cleistogenea squarrsa*（Trin.）Keng	安全		0	0	1	1	0	1	1	0	1	1	1	0	1
	丛生隐子草	*Cleistogenes caespitosa* Keng	安全		0	1	1	1	0	1	1	0	0	1	0	1	0
	多叶隐子草	*Cleistogenes polyphylla* Keng	安全		1	1	0	1	1	1	1	1	0	0	0	1	0
	宽叶隐子草	*Cleistogenes hackeli* var. *nakai*（Keng）Ohwi	安全		0	1	0	0	0	0	0	0	0	0	0	1	0
	中华隐子草	*Cleistogenes chinensis*（Maxim）Keng	安全		0	1	1	0	0	1	0	0	1	1	1	1	0
	白顶早熟禾	*Poa acroleuca* Steud.	安全		0	0	0	1	1	0	0	0	0	0	0	0	0

（续）

科　名	种　名	学　名	濒临消失风险等级	保护级别	蒲洼	喇叭沟门	松山	百花山	东灵山	雾灵山	云蒙山	云峰山	十渡	潭戒寺	慕田峪	妙峰山	石花洞
禾本科 Gramineae	草地早熟禾	*Poa pratensis* L.	安全		0	1	1	1	1	1	1	1	1	0	1	0	1
	长颖早熟禾	*Poa longiglumis* Keng	安全		0	0	0	1	0	0	1	0	0	0	0	0	0
	多叶早熟禾	*Poa plurifolia* Keng	安全		0	1	0	1	1	1	1	0	0	0	1	0	0
	恒山早熟禾	*Poa hengshanica* Keng	安全		0	0	1	0	0	0	0	1	0	0	0	0	0
	林地早熟禾	*Poa nemoralis* L.	安全		1	0	1	0	0	1	1	0	0	0	0	0	0
	蔺状早熟禾	*Poa schoenites* Keng	安全		0	1	1	1	0	0	0	0	0	0	0	1	0
	蒙古早熟禾	*Poa mongolica*（Rendle）Keng	安全		0	1	0	1	0	0	0	0	0	0	0	0	0
	西伯利亚早熟禾	*Poa sibirica* Rosev.	安全		0	0	1	1	1	0	0	0	0	0	0	0	1
	硬质早熟禾	*Poa sphondylodes* Trin.	安全		0	1	1	1	1	1	1	1	1	0	1	0	1
	早熟禾	*Poa annua* L.	安全		0	0	1	1	1	0	1	1	0	0	0	0	0
	阿尔泰针茅	*Stipa krylovii* Roshev.	安全		0	0	1	1	1	0	0	0	0	0	0	0	0
	长芒草	*Stipa bungeana* Trin. ex Bge.	安全		0	0	1	0	0	0	1	0	0	0	1	1	0
	大叶直芒草	*Orthoraphium grandifolium*（Keng）Keng	安全		0	0	1	0	0	0	0	0	0	0	0	0	0
莎草科 Cyperaceae	红鳞扁莎	*Pycreus sanguinolentus*（Vahl）Nees	安全		0	1	1	0	0	0	0	0	0	0	1	1	0
	球穗扁莎草	*Pycreus globosus*（All.）Reichb.	安全		0	1	1	0	0	0	0	0	0	0	0	0	0
	矮藨草	*Scirpus pumilus* Vahl.	安全		0	1	0	0	0	0	0	0	0	0	0	0	0
	扁杆藨草	*Scirpus planiculmis* Fr. Schidt	安全		0	0	1	0	0	0	0	0	1	0	0	1	0
	藨草	*Scirpus triqueter* L.	安全		0	0	1	1	0	0	0	0	1	0	0	0	0
	荆三棱	*Scirpus yagara* Ohwi.	安全		0	0	1	1	1	0	0	1	0	0	0	0	0
	水葱	*Scirpus tabernaemontani* Gmel.	安全		0	1	0	0	0	0	0	0	0	0	0	0	0

（续）

科名	种名	学名	濒临消失风险等级	保护级别	蒲洼	喇叭沟门	松山	百花山	东灵山	雾灵山	云蒙山	云峰山	十渡	潭戒寺	慕田峪	妙峰山	石花洞
莎草科 Cyperaceae	朔北林生藨草	*Scirpus sylvaticus* L. var. *maximowiczii* Regel	安全		0	1	0	0	0	0	0	0	0	0	0	0	0
	太行藨草	*Scirpus schansiensis* (Hand. – Mazz.) Tang et Wang	安全		0	0	0	0	0	0	0	0	1	0	0	0	0
	湖瓜草	*Lipocarpha micricephala* (R. Br.) Kunth	安全		0	0	0	0	0	0	0	0	0	0	1	0	0
	阿穆尔莎草	*Cyperus amuricus* L.	安全		0	0	0	1	1	0	1	0	0	0	0	0	1
	黄颖莎草	*Cyperus microiria* Steud.	安全		1	0	0	0	0	0	0	0	0	0	0	0	0
	球穗莎草	*Cyperus glomeratus* L.	安全		0	0	0	1	1	0	0	0	0	0	1	0	0
	旋鳞莎草	*Cyperus michelianus* Link	安全		0	1	0	0	0	0	0	0	0	0	0	0	0
	异型莎草	*Cyperus difformis* L.	安全		0	0	0	0	1	0	0	0	0	0	0	0	0
	矮苔草	*Carex humilis* Leyss. var. *nana* (Levl. et Vant.) Ohwi	安全		1	0	0	0	0	0	0	0	0	0	0	1	0
	白磷苔草	*Carex lpolyschoena* Levl. et Vant.	安全		0	0	0	0	0	1	0	0	0	0	0	0	0
	百花山毛苔草	*Carex capillaris* var. *pohuashanensis* Y.	安全		0	0	0	1	1	0	0	0	0	0	0	0	0
	扁杆苔草	*Carex planiculmis* Kom.	安全		0	0	1	0	0	1	0	0	0	0	0	0	0
	长白苔草	*Carex peiktusani* Kom.	安全		0	1	0	0	0	1	0	0	0	0	0	0	0
	长嘴苔草	*Carex longerostranta* Carex Amey.	安全		0	0	0	0	1	0	0	0	0	0	0	0	0
	多花苔草	*Carex karoi* Freyn	安全		0	0	1	0	1	0	0	0	0	0	0	0	0
	弓嘴苔草	*Carex capricornis* Meinsh.	安全		0	0	0	1	1	0	0	0	0	0	0	0	0
	华北苔草	*Carex hancockiana* Maxim.	安全		0	1	1	1	1	1	0	0	0	0	0	0	0
	尖嘴苔草	*Carex leiorhyncha* Carex A. Mey.	安全		0	1	1	1	1	1	0	0	0	1	1	0	0
	京苔草	*Carex tangiana* Ohwi.	安全		0	0	0	0	0	1	0	0	0	0	0	0	0
	宽叶苔草	*Carex siderosticta* Hance	安全		1	1	1	1	1	1	1	0	0	0	1	0	1

（续）

科　名	种　名	学　名	濒临消失风险等级	保护级别	蒲洼	喇叭沟门	松山	百花山	东灵山	雾灵山	云蒙山	云峰山	十渡	潭戒寺	慕田峪	妙峰山	石花洞
莎草科 Cyperaceae	卵囊苔草	*Carex lithophila* Turcz.	安全		0	0	1	0	0	0	0	0	0	0	0	0	0
	卵穗苔草	*Carex duriuscula* Carex A. Mey.	安全		0	0	0	0	1	0	0	0	0	0	0	0	0
	麻根苔草	*Carex arnellii* Christ	安全		0	1	0	0	0	0	0	0	0	0	0	0	0
	披针叶苔草	*Carex lanceolata* Boott.	安全		1	1	1	1	1	1	1	0	1	1	1	1	1
	青绿苔草	*Carex leucochlora* Bge.	安全		0	0	1	0	0	0	0	0	0	0	0	1	0
	日本苔草	*Carex japonica* Thunb.	安全		0	0	0	0	0	1	0	0	0	0	0	0	0
	丝柄苔草	*Carex capillaris* L.	安全		0	0	1	1	0	0	0	0	0	0	0	0	0
	四花苔草	*Carex quadriflora*（Kuk.）Ohwi	可能消失	二级	0	0	0	0	0	1	0	0	0	0	0	0	0
	细叶苔草	*Carex rigescens*（Fr.）V. Krecz.	安全		1	1	0	0	0	0	0	0	1	1	1	1	0
	鸭绿苔草	*Carex jaluensis* Kom.	安全		0	0	0	1	1	1	0	0	0	0	0	0	0
	异鳞苔草	*Carex heteyolepis* Bge.	安全		0	1	1	1	1	1	0	0	0	0	0	1	0
	异穗苔草	*Carex heterostachya* Bge.	安全		0	0	0	0	0	0	1	0	0	0	1	0	0
	翼果苔草	*Carex neurocarpa* Maxim.	安全		0	1	0	1	0	1	1	0	0	0	1	1	0
	早春苔草	*Carex subpediformis*（KuK.）Suto et Suzuki	安全		0	1	0	0	0	1	0	0	0	1	1	1	0
	针叶苔草	*Carex onoei* Franch. et Sv.	安全		0	0	0	0	1	0	0	0	0	0	0	0	0
	针蔺	*Eleocharis valleculosa* Ohwi. f.	安全		0	1	1	0	0	0	0	0	0	0	0	0	0
	中间型荸荠	*Eleocharis intersita* Zinserl.	安全		0	1	0	0	0	0	0	0	0	0	1	0	0
天南星科 Araceae	半夏	*Pinellia ternata*（Thunb.）Breit.	安全		1	1	1	1	1	1	1	1	1	1	1	1	0
	掌叶半夏	*Pinellia pedatisecta* Schott.	安全		1	0	0	1	1	0	1	0	0	0	0	1	0
	菖蒲	*Acorus calamus* L.	安全	二级	0	0	0	0	0	0	0	0	0	0	1	0	0

（续）

科名	种名	学名	濒临消失风险等级	保护级别	蒲洼	喇叭沟门	松山	百花山	东灵山	雾灵山	云蒙山	云峰山	十渡	潭戒寺	慕田峪	妙峰山	石花洞
天南星科 Araceae	东北南星	*Acorus amurense* Maxim.	安全		0	1	1	1	1	1	1	0	1	0	1	1	0
	天南星	*Aisaema heterophyllum* Blume	安全		0	0	1	0	0	0	1	0	0	0	0	0	1
	一把伞南星	*Acorus erubescens* (Wall.) Schott.	安全		1	1	1	1	1	1	1	1	1	0	1	1	1
鸭跖草科 Commelinaceae	火柴头	*Commelina benghalensis* L.	安全		0	0	0	0	0	1	0	0	0	0	0	0	0
	鸭跖草	*Commelina communis* L.	安全		1	1	1	1	1	1	1	1	1	1	1	1	1
	竹叶子	*Streptolirion volubile* Edgew.	安全		1	1	1	1	1	1	1	0	0	0	1	1	1
灯心草科 Juncacea	细灯心草	*Juncus gracillimus* (Buch.) Krecz. et Gontsch.	安全		0	1	1	0	0	0	0	0	1	0	0	0	0
	小灯心草	*Juncus bufonius* L.	安全		0	1	0	0	0	0	0	0	1	0	0	0	0
	小花灯心草	*Juncus lampocarpus* Ehrh. var. *sencsens* Buch.	安全		0	0	1	0	0	0	0	0	0	0	0	0	0
	竹节灯心草	*Juncus turczaninowii* (Buch.) V. Krecz	安全		0	0	1	0	0	0	0	0	0	0	0	0	0
百合科 Liliaceae	鞘柄菝葜	*Smilax stans* Maxim.	安全		1	0	1	0	0	1	0	0	1	1	1	0	0
	卷丹	*Lilium lancifolium* Thunb.	安全		0	1	0	0	0	1	1	0	0	0	1	1	0
	山丹	*Lilium pumilum* DC.	安全		1	1	1	1	1	1	1	1	1	1	1	1	1
	有斑百合	*Lilium concolor* Salisb. var. *pulchellum* (Fisch.) Regel	安全	二级	0	1	1	1	1	1	1	0	0	0	1	1	0
	长梗葱	*Allium neriniflorum* (Herb.) Baker.	安全		0	1	1	1	1	1	1	1	1	0	0	0	0
	长柱韭	*Allium longistylum* Baker.	安全		0	1	1	0	0	0	0	0	0	0	0	1	0
	对叶韭	*Allium victorialis* L. var. *listera* (Stearn) J. M. Xu	安全		0	1	1	0	0	0	0	0	0	0	1	0	0
	茖葱	*Allium victorialis* L.	安全		1	1	1	1	1	1	1	0	0	0	1	0	0
	黄花葱	*Allium condensatum* Turcz.	安全		0	0	1	0	0	0	0	0	0	0	0	0	0
	碱韭	*Allium polyrhizum* Turcz. ex Regel	安全	二级	0	1	0	0	0	0	0	0	0	0	0	0	0

（续）

科名	种名	学名	濒临消失风险等级	保护级别	蒲洼	喇叭沟门	松山	百花山	东灵山	雾灵山	云蒙山	云峰山	十渡	潭戒寺	慕田峪	妙峰山	石花洞
百合科 Liliaceae	密花小根蒜	*Allium macrostemon* var. *uratensete* (Franch.) Airy - Shaw.	可能消失	二级	0	0	1	0	0	0	0	0	0	0	0	0	0
	球序韭	*Allium thunbergii* G. Don	安全		0	1	1	1	1	1	0	0	0	0	0	1	0
	砂韭	*Allium bidentatum* Fisch. ex Prokh.	可能消失	二级	0	0	1	0	0	0	0	0	0	0	0	0	0
	山韭	*Allium senescens* L.	安全		1	0	1	1	1	1	1	1	0	0	1	1	1
	细叶韭	*Allium tenuissimum* L.	安全		0	0	1	0	0	0	1	0	1	0	1	1	0
	小根蒜	*Allium macrostemon* Bge.	安全		0	0	1	1	1	1	0	1	0	1	1	1	0
	野韭	*Allium ramosum* L.	安全		1	1	1	1	1	0	0	0	1	0	1	0	0
	二苞黄精	*Polygonatum involucratum* (Franch. et Sav.) Maxim.	安全		0	0	0	1	1	0	1	1	0	0	1	0	1
	黄精	*Polygonatum sibiricum* Delar. ex Red.	安全		1	1	1	1	1	1	1	0	1	1	1	1	1
	轮叶黄精	*Polygonatum verticillatum* (L.) Ail.	安全		0	0	1	1	1	0	0	0	0	0	0	0	0
	热河黄精	*Polygonatum macropodium* Turcz.	安全		1	1	1	1	1	1	1	0	1	0	1	1	1
	狭叶黄精	*Polygonatum stenophyllum* Maxim.	安全		0	1	0	0	0	0	0	0	0	0	0	0	0
	小玉竹	*Polygonatum humile* Fisch. ex Maxim.	安全		1	1	1	1	1	1	1	1	0	0	0	0	0
	玉竹	*Polygonatum odoratum* (Mill.) Druce.	安全		1	1	1	1	1	1	1	1	1	1	1	1	1
	藜芦	*Veratrum nigrum* L.	安全		1	1	1	1	1	1	1	1	1	0	1	0	0
	铃兰	*Convallaria majalis* L.	安全		1	1	1	1	1	1	1	1	1	0	0	0	1
	鹿药	*Smilacina japonica* A. Gray	安全		1	1	1	1	1	1	1	0	1	0	1	0	0
	绵枣儿	*Scilla scilloides* (Lindl.) Druce.	安全		1	0	1	1	0	0	1	0	1	1	1	0	0
	龙须菜	*Asparagus schoberioides* Kunth.	安全		1	1	1	1	1	1	1	1	1	0	1	0	1
	南玉带	*Asparagus oligcclonos* Maxim.	安全		0	1	0	0	0	0	0	0	0	0	0	0	0

（续）

科名	种名	学名	濒临消失风险等级	保护级别	蒲洼	喇叭沟门	松山	百花山	东灵山	雾灵山	云蒙山	云峰山	十渡	潭戒寺	慕田峪	妙峰山	石花洞
百合科 Liliaceae	曲枝天门冬	*Asparagus trichophyllus* Bge.	安全		0	1	1	1	1	1	1	1	1	1	1	1	1
	兴安天门冬	*Asparagus dauricus* Fisch. ex Link	安全		1	1	1	1	1	1	0	0	0	0	1	0	0
	宝珠草	*Disporum viridescens* (Maxim.) Nakai	安全		1	0	1	0	0	1	1	0	0	0	0	0	0
	舞鹤草	*Maianthemum bifolium* (L.) F. W. Schmidt	安全		0	1	1	1	1	1	1	0	0	0	0	0	1
	北黄花菜	*Hemerocallis lilioasphodelus* L.	极易消失	一级	0	0	0	0	0	0	1	0	0	0	0	0	0
	北萱草	*Hemerocallis esculenta* Koidz.	安全		0	1	0	0	0	1	0	0	0	0	0	0	0
	黄花菜	*Hemerocallis citrina* Baroni.	安全		1	0	1	1	1	0	0	0	0	0	1	1	1
	小黄花菜	*Hemerocallis minor* Mill.	安全		0	1	0	1	1	0	1	1	1	1	1	0	1
	萱草	*Hemerocallis fulva* (L.) L.	安全		0	0	1	0	0	0	0	0	0	1	0	1	0
	沿阶草	*Ophiopogon japonicus* (L. f.) Ker－Gawl.	安全		0	0	0	0	0	0	0	0	0	1	0	0	0
	黄花油点草	*Tricyrtis maculata* (D. Don.) Machride	安全		0	1	1	0	0	1	1	0	1	0	0	0	0
	知母	*Anemarrhena asphodeloides* Bge.	安全		1	0	1	1	1	0	1	0	1	0	1	1	0
	北重楼	*Paris verticillata* M. Bieb.	安全		1	1	1	1	1	1	1	0	0	0	0	0	0
薯蓣科 Dioscoreaceae	穿山龙	*Dioscorea nipponica* Makino	安全		1	1	1	1	1	1	1	1	1	1	1	1	1
	野山药	*Dioscorea doryophora* Hance	安全		1	0	0	0	0	1	1	0	1	1	1	1	0
鸢尾科 Iridaceae	矮紫苞鸢尾	*Iris ruthenica* Ker－Gawl. var. *nana* Maxim.	安全		1	1	1	1	1	1	1	1	1	0	1	1	1
	马蔺	*Iris lactea* Pall. var. *chinensis* (Fisch.) Koidz	安全		0	1	1	1	1	1	1	1	1	0	1	1	1
	野鸢尾	*Iris dichotoma* Pall.	安全		1	1	1	1	1	1	1	1	1	1	1	1	1
兰科 Orchidaceae	大花杓兰	*Cypripedium macronthum* Sw.	可能消失	二级	1	1	1	0	0	1	0	0	0	0	0	0	0
	紫点杓兰	*Cypripedium guttatum* Sw.	容易消失	一级	0	0	0	0	0	1	0	0	0	0	0	0	0

（续）

科 名	种 名	学 名	濒临消失风险等级	保护级别	蒲洼	喇叭沟门	松山	百花山	东灵山	雾灵山	云蒙山	云峰山	十渡	潭戒寺	慕田峪	妙峰山	石花洞
兰科 Orchidaceae	二叶兜被兰	*Neottianthe cucullata*（L.）Schltr.	可能消失	二级	0	1	0	1	0	1	0	0	0	0	0	0	0
	小花火烧兰	*Epipactis helleborine*（L.）Crantz.	可能消失	二级	1	0	0	0	1	0	0	0	1	0	1	0	0
	角盘兰	*Herminium monorchis* R. Br.	安全		1	1	1	1	1	0	1	1	1	0	1	1	0
	勘察加鸟巢兰	*Neottia camtschatea*（L.）Rchb. f.	容易消失	一级	0	0	0	1	1	0	0	0	0	0	0	0	0
	小花蜻蜓兰	*Tulotis ussuriensis*（Regel et Maack.）Hara	容易消失	一级	0	0	1	0	0	0	0	0	0	0	0	0	0
	二叶舌唇兰	*Platanthera chlorantha* Cust. ex Reichb	可能消失	二级	0	1	1	1	1	1	1	0	0	0	1	0	0
	手参	*Gymnadenia conopsea*（L.）R. Br.	容易消失	一级	0	0	1	1	1	0	0	0	0	0	0	0	0
	绶草	*Spiranthes sinensis*（Pers.）Ames.	安全		1	1	1	1	1	0	1	0	1	0	1	1	1
	羊耳蒜	*Liparis japonica*（Mig.）Maxim.	容易消失	一级	1	1	1	1	1	0	1	0	0	0	1	0	0
	沼兰	*Malaxis monophyllo*（L.）Sw.	可能消失	二级	1	0	1	1	1	0	0	1	0	0	0	0	0

附录2 北京山区栽培植物名录

科　名	属　名	种名	学　名
铁线蕨科 Adiantaceae	铁线蕨属 *Adiantum* L.	铁线蕨	*Adiantum capillus - veneris* L.
银杏科 Ginkgoaceae	银杏属 *Ginkgo* L.	银杏	*Ginkgo biloba* L.
南洋杉科 Araucariaceae	南洋杉属 *Araucaria* Juss.	南洋杉	*Araucaria cunninghammi* Sweet.
松科 Pinaceae	落叶松属 *Larix* Mill.	华北落叶松	*Larix principis - rupprechil* Mayr.
		日本落叶松	*Larix kaempferi*（Lamb.）Carr.
	松属 *Pinus* L.	白皮松	*Pinus bungeana* Zucc. ex Endl.
		华山松	*Pinus armandii* Franch.
		油松	*Pinus tabulaeformis* Carr.
	雪松属 *Cedrus* Trew.	雪松	*Cedrus deodara*（Roxb.）Loud.
	云杉属 *Picea* Dietr.	白杄	*Picea meyeri* Rehd. et Wils.
		红皮云杉	*Picea koraiensis* Nakai
柏科 Cupressaceae	侧柏属 *Platycladus* Spach.	侧柏	*Platycladus orientalis*（L.）Franco
	刺柏属 *Juniperus* L.	刺柏	*Juniperus formosana* Hayata
		杜松	*Juniperus rigida* Sieb. et Zucc.
	圆柏属 *Sabina* Spach.	龙柏	*Sabina chinensis*（L.）Ant. Kaizuca cv. “Kaizuca”
		垂枝圆柏	*Sabina chinensis* f. *pendula* Franch.
		沙地柏	*Sabina vulgaris* Ant.
		圆柏	*Sabina chinensis*（L.）Ant.
杨柳科 Salicaceae	柳属 *Salix* L.	垂柳	*Salix babylonica* L.
		旱柳	*Salix matsudana* Koidz.
		红皮柳	*Salix purpurea* L.
		龙爪柳	*Salix matsudana* Koidz. var. *tortuosa*（Vilm）Rehd.
		馒头柳	*Salix matsucana* Koidz. var. *umbraculifera* Rehd.

（续）

科　　名	属　　名	种名	学　　名
杨柳科 Salicaceae	柳属 *Salix* L.	绦柳	*Salix matsucana* Koidz. var. *pendula* Schneid
	杨属 *Populus* L.	北京杨	*Populus beijingensis* W. Y. Hsu
		河北杨	*Populus hopeiensis* Hu.
		加杨	*Populus canadensis* Moench.
		箭杆杨	*Populus nigra* L. var. *thevestina*（Dode）Bean.
		毛白杨	*Populus tomentosa* Carr.
胡桃科 Juglandaceae	胡桃属 *Juglans* L.	胡桃	*Juglans regia* L.
		野核桃	*Juglans cathayensis* Dode
壳斗科 Fagaceae	栗属 *Castanea* Mill.	板栗	*Castanea mollissima* Bl.
榆科 Ulmaceae	榆属 *Ulmus* L.	榆	*Ulmus pumila* L.
桑科 Moraceae	桑属 *Morus* L.	桑	*Morus alba* L.
	大麻属 *Cannabis* L.	大麻	*Cannabis sativa* L.
蓼科 Polygonaceae	蓼属 *Polygonum* L.	红蓼	*Polygonum orientale* L.
	荞麦属 *Fagopyrum* Gaertn.	荞麦	*Fagopyrum esculentum* Moench.
藜科 Chenopodiaceae	地肤属 *Kochia* Roth	扫帚菜	*Kochia scoparia* f. *trichophylla*（Hort）et. Thell.
苋科 Amaranthaceae	青箱属 *Celosia* L.	鸡冠花	*Celosia cristata* L.
紫茉莉科 Ntctaginaceae	紫茉莉属 *Mirabilis* L.	紫茉莉	*Mirabilis jalapa* L.
马齿苋科 Portulacaceae	马齿苋属 *Portulaca* L.	大花马齿苋	*Portulaca grandiflora* Hook.
毛茛科 Ranunculaceae	芍药属 *Paeonia* L.	牡丹	*Paeonia suffruticosa* Andr.
		芍药	*Paeonia lactiflora* Pall.
小檗科 Berberidaceae	小檗属 *Berberis* L.	日本小檗	*Berberis thunbergii* DC.
十字花科 Cruciferae	菘蓝属 *Isatis* L.	菘蓝	*Isatis tinctoria* L.
虎耳草科 Saxifragaceae	绣球属 *Hydrangea* L.	绣球	*Hydrangea macrophylla*（Thunb.）Seringe

（续）

科　名	属　名	种名	学　名
蔷薇科 Rosaceae	梨属 *Pyrus* L.	白梨	*Pyrus bretschneideri* Rehd.
		褐梨	*Pyrus phaeocarpa* Rehd.
		秋子梨	*Pyrus ussuriensis* Maxim.
		西洋梨	*Pyrus communis* L. var. *sativa*（DC.）DC.
	苹果属 *Malus* Mill.	花红	*Malus asiatica* Nakai
		苹果	*Malus pumila* Mill.
		楸子	*Malus prunifolia*（Willd.）Borkh.
	蔷薇属 *Rosa* L.	多花蔷薇	*Rosa multiflora* Thunb.
		荷花蔷薇	*Rosa multiflora* Thunb. f. *platyphylla*（Thory）Rehd. et Wils.
		黄刺玫	*Rosa xanthina* Lindl.
		玫瑰	*Rosa rugosa* Thunb.
		月季	*Rosa chinensis* Jacq.
	山楂属 *Crataegus* L.	山里红	*Crataegus pinnatifida* var. *major* N. E.
	珍珠梅属 *Sorbaria* A. Br. ex Aschers	珍珠梅	*Sorbaria kirilowii*（Regel）Maxim.
	李属 *Prunus* L.	红叶李	*Prunus cerasifera* Ehrh. f. *artopurpurea*（Jacq.）Rehd.
		李	*Prunus salicina* Lindl.
		桃	*Prunus persica* L.
		杏	*Prunus armeniaca* L.
		樱桃	*Prunus pseudocerasus* Lindl.
		榆叶梅	*Prunus triloba*（Lindl.）Ricker.
		重瓣榆叶梅	*Prunus triloba* f. *plena* Depp.
豆科 Leguminosae	车轴草属 *Triforlium* L.	白车轴草	*Triforlium repens* L.
		红车轴草	*Triforlium pratense* L.

（续）

科　名	属　名	种名	学　名
豆科 Leguminosae	合欢属 *Albizia* Durazz.	合欢	*Albizia julibrissin* Durazz
	槐属 *Sophora* L.	白刺花	*Sophora viciifolia* Hance
		槐树	*Sophora japonica* L.
		龙爪槐	*Sophora japonica* L. f. *pendula* Hort.
	苜蓿属 *Medicago* L.	紫苜蓿	*Medicago sativa* L.
	刺槐属 *Robinia* L.	毛洋槐	*Robinia hispida* L.
		刺槐	*Robinia pseudoacacia* L.
	紫穗槐属 *Amorpha* L.	紫穗槐	*Amorpha fruticosa* L.
牻牛儿苗科 Geraniaceae	天竺葵属 *Pelargonium* L'her.	天竺葵	*Pelargonium hortorum* Bail.
亚麻科 Linaceae	亚麻属 *Linum* L.	亚麻	*Linum usitatissimum* L.
芸香科 Rutaceae	花椒属 *Zanthoxylum* L.	花椒	*Zanthoxylum bungeanum* Maxim.
楝科 Menliaceae	香椿属 *Toona* Roem	香椿	*Toona sinensis*（A. Juss.）Roem
黄杨科 Buxaceae	黄杨属 *Buxus* L.	黄杨	*Buxus sinica*（Rehd. et Wils.）Cheng
漆树科 Anacardiaceae	盐肤木属 *Rhus* L.	火炬树	*Rhus typhina* L.
卫矛科 Celastraceae	卫矛属 *Euonymus* L.	冬青卫矛	*Euonymus japonicus* Thunb.
槭树科 Aceraceae	槭属 *Acer* L.	鸡爪槭	*Acer palmatum* Thunb.
		色木槭	*Acer mono* Maxim.
		元宝槭	*Acer truncatum* Bge.
无患子科 Sapindaceae	文冠果属 *Xanthoceras* Bge	文冠果	*Xanthoceras sorbifolia* Bge.
凤仙花科 Balsaminaceae	凤仙花属 *Impatiens* L.	凤仙花	*Impatiens balsamina* L.
鼠李科 Rhamnaceae	枣属 *Ziziphus* Mill.	枣	*Ziziphus jujuba* Mill.
葡萄科 Vitaceae	爬山虎属 *Parthennocissus* Planch.	爬山虎	*Parthennocissus tricuspidata* Planch.
		五叶爬山虎	*Parthennocissus quinquefolia*（L.）Planch.

（续）

科　　名	属　　名	种名	学　　名
葡萄科 Vitaceae	葡萄属 *Vitis* L.	葡萄	*Vitis vinifera* L.
锦葵科 Malvaceae	锦葵属 *Malva* L.	锦葵	*Malva sinensis* Cav.
	木槿属 *Hibiscus* L.	木槿	*Hibiscus syriacus* L.
	蜀葵属 *Althaea* L.	蜀葵	*Althaea rosea*（L.）Cav.
堇菜科 Violaceae	堇菜属 *Viola* L.	三色堇	*Viola tricolor* L.
千屈菜科 *Lythraceae*	紫葳属 *Lagerstroemia* L.	紫葳	*Lagerstroemia indica* L.
柳叶菜科 Onagraceae	月见草属 *Oenothera* L.	夜来香	*Oenother biennis* L.
柿树科 Ebenaceae	柿树属 *Diospyros* L.	柿树	*Diospyros kaki* L. f.
木犀科 Oleaceae	丁香属 *Syringa* L.	花叶丁香	*Syringa laciniata* Mill.
		紫丁香	*Syringa oblata* Lindl.
	连翘属 *Forsythia* Vahl.	金钟花	*Forsythia viridissima* Lindl.
		连翘	*Forsythia suspensa*（Thunb.）Vahl.
	流苏树属 *Chionanthus* Lindl.	流苏树	*Chionanthus retusus* Lindl.
旋花科 Convolvulaceae	牵牛花属 *Pharbitis* Choisy	大花牵牛	*Pharbitis limbata* Lindl.
		裂叶牵牛	*Pharbitis hederacea*（L.）Choisy
		圆叶牵牛	*Pharbitis purpurea*（L.）Viogt.
紫草科 Boraginaceae	聚合草属 *Symphytum* L.	聚合草	*Symphytum officinale* L.
唇形科 Labiataceae	鼠尾草属 *Salvia* L.	一串红	*Salvia splendens* Ker. –Gawl.
	水苏属 *Stachys* L.	甘露子	*Stachys sieboldii* Miq.
	紫苏属 *Perilla* L.	紫苏	*Perilla frutescens*（L.）Britt.
茄科 Solanaceae	枸杞属 *Lycium* L.	宁夏枸杞	*Lycium barbarum* L.
玄参科 Scrophulariaceae	毛地黄属 *Digitalis* L.	毛地黄	*Digitalis purpurea* L.
	泡桐属 *Paulownia* Sieb. et Zucc.	毛泡桐	*Paulownia tomentosa*（Thunb.）Steud.

（续）

科　名	属　名	种名	学　名
紫葳科 Bignoniaceae	梓树属 *Catalpa* L.	楸树	*Catalpa bungei* Mey.
		梓树	*Catalpa ovata* Don
忍冬科 Caprifoliaceae	荚蒾属 *Viburnum* L.	香荚蒾	*Viburnum farreri* W. T. Stearn
		绣球花	*Viburnum macrocephalum* Fort.
	忍冬属 *Lonicera* L.	金银木	*Lonicera maackii* Maxim.
		忍冬	*Lonicera japonica* Thunb.
菊科 Compositae	百日菊属 *Zinnia* L.	百日菊	*Zinnia elegans* Jacq.
	大丽花属 *Dahlia* Cav.	大丽花	*Dahlia pinnata* Cav. Ic. et Descr.
	秋英属 *Cosmos* Cav.	秋英	*Cosmos biplinnatus* Cav.
	茼蒿属 *Chrysanthemum* L.	茼蒿	*Chrysanthemum coronarium* L.
	万寿菊属 *Tagetes* L.	红黄草	*Tagetes patula* L.
	莴苣属 *Lactuca* L.	莴苣	*Lactuca sativa* L.
	向日葵属 *Helianthus* L.	菊芋	*Helianthus tuberosus* L.
		向日葵	*Helianthus annuus* L.
禾本科 Gramineae	野牛草属 *Buchloe* Engelm.	野牛草	*Buchloe dactyloides*（Nutt.）Engelm.
	薏苡属 *Coix* L.	薏苡	*Coix lacryma – jobi* L.
莎草科 Cyperaceae	荸荠属 *Eleocharis* R. Br.	荸荠	*Eleocharis tuberosus* Roxb.
鸢尾科 Iridaceae	鸢尾属 *Iris* L.	德国鸢尾	*Iris germanica* L.

附录3　北京山地植被分类表

植被型组	植被型	群系	群丛
针叶林	Ⅰ. 寒温性针叶林	1. 华北落叶松林人工林	舞鹤草+蔓假繁缕-刺五加-华北落叶松林
			野青茅-胡枝子-华北落叶松林
			野青茅+披针叶苔草-华北绣线菊-华北落叶松林
			披针叶苔草-锦带花-华北落叶松林
			糙苏+野青茅-六道木-华北落叶松林
			糙苏-毛榛-华北落叶松林
			糙苏-平榛+锦带花-华北落叶松林
			糙苏+披针叶苔草-柔毛绣线菊-华北落叶松林
			糙苏+披针叶苔草-三裂绣线菊-华北落叶松林
			野青茅+蔓假繁缕-山楂叶悬钩子-华北落叶松林
	Ⅱ. 温性针叶林	2. 油松林	矮茎鸢尾-达乌里胡枝子-油松林
			北京隐子草 -大果榆-油松林
			野青茅-大叶白蜡-油松林
			蓝萼香茶菜-钩齿溲疏-油松林
			蓝萼香茶菜+披针叶苔草 -孩儿拳头-油松林
			鸭趾草-孩儿拳头-油松林
			银背风毛菊-胡枝子-油松林
			披针叶苔草-华北绣线菊-油松林
			蔓出卷柏+中华卷柏-荆条-油松林
			蒙古蒿+白莲蒿-荆条-油松林
			披针叶苔草+茜草-荆条-油松林
			求米草-荆条-油松林
			小红菊 -荆条-油松林
			野古草 +野青茅-荆条-油松林
			竹叶子-荆条-油松林
			披针叶苔草-平榛+雀儿舌头-油松林
			披针叶苔草+野青茅-柔毛绣线菊-油松林
			蔓出叶卷柏+中华卷柏 -三裂绣线菊-油松林
			披针叶苔草+野青茅-三裂绣线菊-油松林
			披针叶苔草-山楂叶悬钩子-油松林
			披针叶苔草+玉竹-小花溲疏-油松林
			披针叶苔草-映山红-油松林
			野青叶茅-照山白-油松林
		3. 侧柏林	披针叶苔草-孩儿拳头-侧柏林
			披针叶苔草+北京隐子草-荆条-侧柏林
			碎米桠-绒毛绣线菊-侧柏林

（续）

植被型组	植被型	群系	群丛
阔叶林	Ⅲ．落叶阔叶林	4. 蒙古栎林	披针叶苔草＋糙苏－大花溲疏＋钩齿溲疏－蒙古栎林
			披针叶苔草＋野青茅－胡枝子－蒙古栎林
			披针叶苔草＋野青茅－虎榛子＋照山白－蒙古栎林
			披针叶苔草－锦带花－蒙古栎林
			披针叶苔草－六道木－蒙古栎林
			披针叶苔草＋宽叶苔草－平榛－蒙古栎林
			披针叶苔草＋东亚唐松草　－柔毛绣线菊－蒙古栎林
			银背风毛菊　－柔毛绣线菊－蒙古栎林
			糙苏－三裂绣线菊－蒙古栎林
			大油芒－三裂绣线菊－蒙古栎林
			宽叶苔草－三裂绣线菊－蒙古栎林
			披针叶苔草－三裂绣线菊－蒙古栎林
			野青茅－三裂绣线菊－蒙古栎林
			银背风毛菊－三裂绣线菊－蒙古栎林
			华北风毛菊＋糙苏－小花溲疏－蒙古栎林
			披针叶苔草－小花溲疏－蒙古栎林
			糙苏＋披针叶苔草－映山红－蒙古栎林
			野青茅－照山白－蒙古栎林
			披针叶苔草＋小红菊－柔毛绣线菊－蒙古栎林
			披针叶苔草－钩齿溲疏＋大花溲疏－蒙古栎林
			三脉紫菀＋银背风毛菊－六道木－蒙古栎林
			银背风毛菊－雀儿舌头－蒙古栎林
		5. 槲树林	披针叶苔草－三裂绣线菊－槲树林
			披针叶苔草－雀儿舌头－槲树林
			白头翁＋大油芒－孩儿拳头－槲树林
			披针叶苔草－荆条－槲树林
		6. 栓皮栎林	北京隐子草－荆条－栓皮栎林
			披针叶苔草＋求米草－荆条－栓皮栎林
			披针叶苔草＋求米草－孩儿拳头－栓皮栎林
		7. 槲栎林	披针叶苔草－荆条＋胡枝子－槲栎林
			球果堇菜－三裂绣线菊－槲栎林
		8. 山杨林	野青茅－北京丁香－山杨林
			蓝萼香茶菜＋披针叶苔草－大花溲疏＋钩齿溲疏－山杨林
			野青茅　＋糙苏－胡枝子－山杨林
			银背风毛菊－胡枝子－山杨林
			披针叶苔草－鸡爪槭＋大果榆－山杨林

（续）

植被型组	植被型	群系	群丛
阔叶林	Ⅲ. 落叶阔叶林	8. 山杨林	披针叶苔草 + 白花碎米荠 – 锦带花 – 山杨林
			披针叶苔草 – 荆条 – 山杨林
			野青茅 – 蚂蚱腿子 – 山杨林
			糙苏 – 毛榛 – 山杨林
			华北风毛菊 + 银背风毛菊 – 毛榛 – 山杨林
			披针叶苔草 – 毛榛 – 山杨林
			舞鹤草 + 铃兰 – 毛榛 – 山杨林
			升麻 – 美蔷薇 – 山杨林
			华北风毛菊 – 蒙古荚蒾 – 山杨林
			宽叶苔草 – 平榛，毛榛 – 山杨林
			披针苔草 + 野青茅 – 平榛 – 山杨林
			龙牙草 – 柔毛绣线菊 – 山杨林
			披针叶苔草 + 野青茅 – 柔毛绣线菊 – 山杨林
			大油芒 – 三裂绣线菊 – 山杨林
			蓝萼香茶菜 – 三裂绣线菊 – 山杨林
			披针叶苔草 – 三裂绣线菊 – 山杨林
			野青茅 – 三裂绣线菊 – 山杨林
			披针叶苔草 – 沙棘 – 山杨林
			披针苔草 – 山楂叶悬钩子 – 山杨林
			糙苏 – 小花溲疏 – 山杨林
			披针叶苔草 – 小花溲疏 – 山杨林
			三脉紫菀 + 华北风毛菊 – 小花溲疏 – 山杨林
			野青茅 – 小花溲疏 – 山杨林
		9. 青杨林	披针苔草 – 胡枝子 – 青杨林
			披针叶苔草 – 山楂叶悬钩子 – 青杨林
			披针叶苔草 – 三裂绣线菊 – 青杨林
			秋苦买菜 – 荆条 – 青杨林
			三脉紫菀 – 钩齿溲疏 – 青杨林
		10. 河北杨人工林	披针叶苔草 – 柔毛绣线菊 – 河北杨人工林
		11. 北京杨人工林	鸭趾草 – 荆条 – 北京杨人工林
		12. 加杨林人工林	葎草 + 黄花蒿 – 加杨人工林
		13. 白桦林	玉竹 – 大叶白蜡 – 白桦林
			升麻 – 六道木 – 白桦林
			华北风毛菊 + 糙苏 – 毛榛 – 白桦林
			披针叶苔草 – 毛榛 – 白桦林
			舞鹤草 + 蛇莓 – 毛榛 – 白桦林

（续）

植被型组	植被型	群系	群丛
阔叶林	Ⅲ. 落叶阔叶林	13. 白桦林	糙苏－平榛＋小花溲疏－白桦林
			银背风毛菊＋披针叶苔草－柔毛绣线菊，胡枝子－白桦林
			蛇莓－柔毛绣线菊－白桦林
			糙苏－三裂绣线菊－白桦林
			披针叶苔草－三裂绣线菊－白桦林
			披针叶苔草－山楂叶悬钩子－白桦林
			披针叶苔草－太平花－白桦林
		14. 黑桦林	披针叶苔草＋糙苏－锦带花－黑桦林
			华北风毛菊＋舞鹤草－六道木－黑桦林
			龙牙草－黑桦林
			华北风毛菊－毛榛－黑桦林
			矮紫苞鸢尾－柔毛绣线菊－黑桦林
			糙苏＋宽叶苔草－柔毛绣线菊－黑桦林
			披针叶苔草－山楂叶悬钩子＋钩齿溲疏－黑桦林
			露珠草－山楂叶悬钩子－黑桦林
			披针叶苔草－照山白－黑桦林
		15. 硕桦林	草地风毛菊－红丁香－硕桦林
			华东蹄盖蕨－映山红－硕桦林
			宽叶苔草＋华东蹄盖蕨－六道木－硕桦林
		16. 胡桃楸林	蒙古蒿－北京丁香－核桃楸林
			野青茅－大花溲疏－核桃楸林
			短毛独活－东北鼠李－胡桃楸林
			匍匐委陵菜－鸡树条荚蒾－核桃楸林
			野青茅－荆条－核桃楸林
			披针叶苔草＋银背风毛菊－猕猴桃－核桃楸林
			披针叶苔草－平榛－核桃楸林
			四叶葎＋野青茅－雀儿舌头－核桃楸林
			披针叶苔草＋龙牙草－柔毛绣线菊－核桃楸林
			三籽两型豆＋野古草－柔毛绣线菊－核桃楸林
			披针叶苔草＋蒙古蒿－山楂叶悬钩子－核桃楸林
			大叶铁线莲＋披针叶苔草－五味子－核桃楸林
			披针叶苔草＋蓝萼香茶菜－小花溲疏－核桃楸林
		17. 色木槭林	糙苏－色木槭林
			披针叶苔草－锦带花－色木槭林
			宽叶苔草＋披针叶苔草－卫矛－色木槭林
			宽叶苔草－小花溲疏－色木槭林

（续）

植被型组	植被型	群系	群丛
阔叶林	Ⅲ. 落叶阔叶林	17. 色木槭林	玉竹－平榛－色木槭林
			华北风毛菊－毛榛－色木槭林
			苦买菜－华北绣线菊－色木槭林
			披针叶苔草－柔毛绣线菊－色木槭林
			求米草－三裂绣线菊－色木槭林
		18. 枫杨林	蒙古蒿－荆条－枫杨林
		19. 大叶白蜡林	披针叶苔草－小花溲疏－大叶白蜡林
			球果堇菜－三裂绣线菊－大叶白蜡林
			披针叶苔草－柔毛绣线菊－大叶白蜡林
		20. 黄檗林	披针叶苔草－荆条－黄檗林
		21. 紫椴林	糙苏－毛榛－紫椴林
			三脉紫菀＋糙苏－大花溲疏－紫椴林
			披针叶苔草－六道木－紫椴林
			宽叶苔草＋华北风毛菊－映山红－紫椴林
			糙苏＋宽叶苔草－小花溲疏－紫椴林
			鹿药－小花溲疏－紫椴林
			麦秆蹄盖蕨－柔毛绣线菊－紫椴林
			披针叶苔草－蚂蚱腿子－紫椴林
			升麻＋宽叶苔草－平榛－紫椴林
		22. 蒙椴林	披针叶苔草－六道木－蒙椴林
		23. 糠椴林	糙苏－五味子＋山葡萄－糠椴林
			糙苏－小叶朴－糠椴林
			披针叶苔草＋野青茅－小花溲疏－糠椴林
		24. 鹅耳栎	披针叶苔草－小花溲疏－鹅耳枥林
			披针叶苔草－大花溲疏－鹅耳枥林
			披针叶苔草－鹅耳枥林
			披针叶苔草－柔毛绣线菊－鹅耳枥林
		25. 旱柳林	披针叶苔草＋狗尾草－山楂叶悬钩子－旱柳林
		26. 杜梨林	披针叶苔草－三裂绣线菊－杜梨林
		27. 青檀林	黄花蒿＋碎米桠－荆条－青檀林
			披针叶苔草－三裂绣线菊－青檀林
		28. 刺槐林人工林	鸭趾草＋野艾蒿－孩儿拳头－刺槐林
			北京隐子草－三裂绣线菊－刺槐林
			鬼针草－荆条－刺槐林
			臭草，北京隐子草－荆条－刺槐林
		29. 北京丁香林	野青茅＋披针叶苔草－三裂绣线菊－北京丁香林

（续）

植被型组	植被型	群系	群丛
阔叶林	Ⅲ．落叶阔叶林	29. 北京丁香林	披针叶苔草－小花溲疏－北京丁香林
			披针叶苔草－锦带花，柔毛绣线菊－北京丁香林
		30. 暴马丁香林	披针叶苔草－木本香薷－暴马丁香林
			披针叶苔草－绒毛绣线菊－暴马丁香林
		31. 栾树林	求米草－雀儿舌头－栾树林
			北京隐子草－荆条－栾树林
		32. 黄栌林	披针叶苔草－三裂绣线菊－黄栌林
		33. 大果榆林	披针苔草＋蓝萼香茶菜 －柔毛绣线菊－大果榆林
			白花碎米荠－小花溲疏－大果榆林
		34. 榆林	野青茅－刺苞南蛇藤－榆林
			披针叶苔草－三裂绣线菊－榆林
			披针叶苔草－小花溲疏－榆林
		35. 春榆林	披针叶苔草－平榛－春榆林
			糙苏－金花忍冬－春榆林
			野青茅－毛丁香－春榆林
			披针叶苔草－刺苞南蛇藤－春榆林
		36. 黑榆	百花碎米荠－小花溲疏－黑榆林
			披针叶苔草－北京丁香－黑榆林
		37. 臭檀林	披针叶苔草－山楂叶悬钩子－臭檀林
		38. 东陵八仙花	羊角子草－小花溲疏－东陵八仙花林
			高乌头－东陵八仙花林
		39. 山桃林	披针叶苔草－三裂绣线菊－山桃林
			披针叶苔草－平榛－山桃林
			披针叶苔草－山桃
		40. 山杏林	披针叶苔草－三裂绣线菊－山杏林
			披针叶苔草－荆条－山杏林
			披针叶苔草－山杏林
灌丛和灌草丛	Ⅳ．落叶阔叶灌丛	41. 荆条灌丛	披针叶苔草－荆条灌丛
			中华卷柏－荆条灌丛
			茜草－荆条灌丛
			白花碎米荠－荆条灌丛
			北京隐子草－荆条灌丛
			小花鬼针草 －荆条灌丛
			野青茅－荆条灌丛
			荩草－荆条灌丛
			丛生隐子草－荆条灌丛

（续）

植被型组	植被型	群系	群丛
灌丛和灌草丛	Ⅳ. 落叶阔叶灌丛	41. 荆条灌丛	白莲蒿－荆条灌丛
			白草－荆条灌丛
			白羊草－荆条灌丛
			大油芒－荆条灌丛
		42. 三裂绣线菊灌丛	披针叶苔草－三裂绣线菊灌丛
			大油芒－三裂绣线菊灌丛
			野青茅－三裂绣线菊灌丛
			白莲蒿－三裂绣线菊灌丛
			北京隐子草－三裂绣线菊灌丛
		43. 照山白灌丛	披针叶苔草＋银背风毛菊－照山白灌丛
		44. 平榛灌丛	披针叶苔草－平榛灌丛
			匍匐委陵菜－平榛灌丛
			大油芒－平榛灌丛
			野青茅 －平榛灌丛
		45. 毛榛灌丛	宽叶苔草 －毛榛灌丛
			远东芨芨草－毛榛灌丛
		46. 胡枝子灌丛	披针叶苔草－胡枝子灌丛
			大油芒－胡枝子灌丛
			白莲蒿－胡枝子灌丛
			野青茅＋叉分蓼－胡枝子灌丛
			三籽两型豆－胡枝子灌丛
		47. 圆叶鼠李灌丛	披针叶苔草－圆叶鼠李灌丛
		48. 映山红灌丛	披针叶苔草－映山红灌丛
		49. 柔毛绣线菊灌丛	披针叶苔草－柔毛绣线菊灌丛
			白莲蒿－柔毛绣线菊灌丛
			银背风毛菊＋野青茅－柔毛绣线菊灌丛
		50. 小叶白蜡灌丛	披针叶苔草－小叶白蜡灌丛
		51. 蚂蚱腿子灌丛	披针叶苔草－蚂蚱腿子灌丛
		52. 大花溲疏灌丛	披针苔草＋糙苏－大花溲疏灌丛
		53. 小花溲疏灌丛	求米草－小花溲疏灌丛
			柳兰－小花溲疏灌丛
			披针叶苔草－小花溲疏灌丛
		54. 野皂荚灌丛	北京隐子草－野皂荚灌丛
		55. 虎榛子灌丛	披针叶苔草－虎榛子灌丛
		56. 雀儿舌头灌丛	披针叶苔草－雀儿舌头灌丛
		57. 山楂叶悬钩子灌丛	猪殃殃＋歧茎蒿－山楂叶悬钩子灌丛

（续）

植被型组	植被型	群系	群丛
灌丛和灌草丛	Ⅳ. 落叶阔叶灌丛	57. 山楂叶悬钩子灌丛	龙牙草－山楂叶悬钩子灌丛
		58. 薄皮木灌丛	披针叶苔草－薄皮木灌丛
		59. 花木兰灌丛	披针叶苔草－花木兰灌丛
		60. 楤木灌丛	披针叶苔草－楤木灌丛
		61. 北京锦鸡儿灌丛	披针叶苔草－北京锦鸡儿灌丛
		62. 小叶朴灌丛	大油芒－小叶朴灌丛
			求米草－小叶朴灌丛
		63. 木本香薷灌丛	披针叶苔草－木本香薷灌丛
		64. 阴山胡枝子灌丛	披针叶苔草＋丛生隐子草－阴山胡枝子灌丛
		65. 酸枣灌丛	丛生隐子草－酸枣灌丛
		66. 达乌里胡枝子灌丛	委陵菜－达乌里胡枝子灌丛
			披针苔草－达乌里胡枝子灌丛
			早春苔草－达乌里胡枝子灌丛
		67. 钩齿溲疏灌丛	白莲蒿－钩齿溲疏灌丛
			中华卷柏－钩齿溲疏灌丛
			野青茅－钩齿溲疏灌丛
	Ⅴ. 灌草丛	68. 荆条－野古草＋隐子草灌草丛	
		69. 三裂绣线菊－野青茅＋披针叶苔草灌草丛	
		70. 金露梅－银背风毛菊＋披针叶苔草灌草丛	
		71. 鬼见愁锦鸡儿－紫苞风毛菊＋地榆灌草丛	
		72. 鬼见愁锦鸡儿－披针叶苔草灌草丛	
		73. 达乌里胡枝子－披针叶苔草＋草芦灌草丛	
草甸	Ⅵ. 草甸	74. 大齿山芹＋梅花草＋日本乱子草草甸	
		75. 远东芨芨草＋柴胡＋拳参草甸	
		76. 矮紫苞鸢尾＋地榆草甸	
		77. 北京虎耳草＋大车前草甸	
		78. 野青茅草甸	

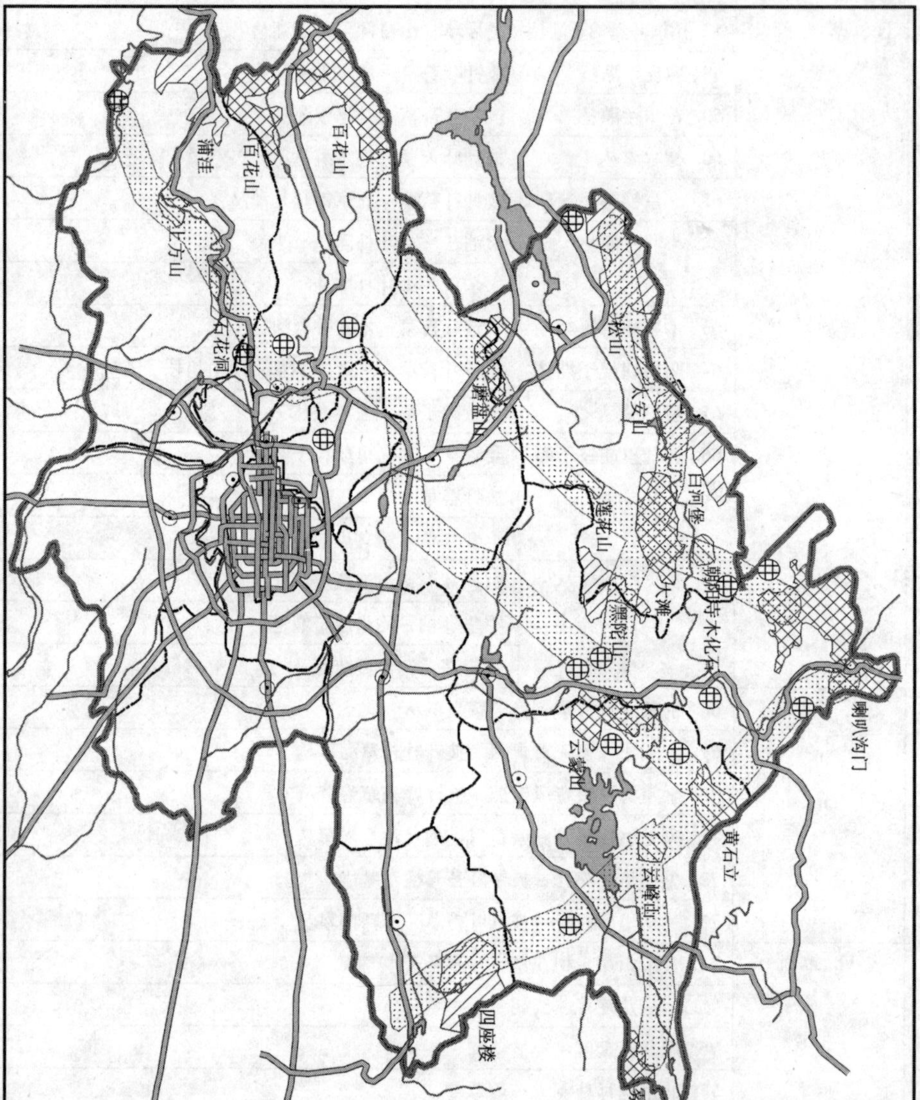

附图1 北京市森林类型自然保护区体系建设规划图

植被情况

华北落叶松人工林 Form.*Larix principis-rupprechil*（雾灵山）

油松林 From.*Pinus tabulaeformis*（松山）

蒙古栎林 Form.*Quercus mongolica*（喇叭沟门）

植被情况

山杨林 Form.*Populus davidiana*（雾灵山）

白桦林 Form.*Betula platyphylla*（喇叭沟门）

核桃楸林 Form.*Juglans mandshurica*（蒲洼）

植被情况

荆条灌丛 Form.*Vitex negundo* var. *heterophylla*（云峰山）

鹅耳枥林 Form.*Carpinus turczaninowii*（蒲洼）

映山红灌丛 Form.*Rhododendron mucronatum*（喇叭沟门）

荆条、野青茅、披针叶苔草灌草丛Form.*Vitex negundo* var. *heterophylla*, *Calamagrostis arundinacea*, *Carex lanceolata*（蒲洼）

地榆、拳蓼草甸 Form.*Sanguisorba officinalis*, *Polygonum bistorta*（百花山）

极易消失种

无梗五加 *Acanthopanax sessiliflorus*（东灵山）

拐枣 *Hovenia dulcis*（十渡）

刺楸 *Kalopannax septemlobum*（云蒙山）

柽柳 *Tamarix chinensis*（龙庆峡）

罗布麻 *Apocynum venetum*（龙庆峡）

容易消失种

黄檗*Phellodendron amurense*（云蒙山）

堪察加鸟巢兰 *Neottia camtschatea*（东灵山）

野大豆 *Glycine soja*（十渡）

省沽油 *Staphylea bumalda*（慕田峪）

容易消失种

类叶牡丹 *Caulophyllum robustum*（十渡）

羊耳蒜 *Liparis japonica* (雾灵山)

紫点杓兰 *Cypripedium guttatum*（雾灵山）

手参 *Gymnadenia conopsea*（百花山）

可能消失种

沼兰 *Malaxis monophyllo*（雾灵山）

刺五加 *Acanthopanax senticosus*（雾灵山）

辽东楤木 *Aralia elata*（云蒙山）

小花火烧兰 *Epipactis helleborine*（蒲洼）

二叶舌唇兰 *Platanthera chlorantha*（云蒙山）

可能消失种

漆树 *Toxicodendron vernicifluum*（蒲洼）

丁香叶忍冬 *Lonicera oblata*（慕田峪）

红桦 *Betula albo-sinensis*（百花山）

青杄 *Picea wilsonii*（雾灵山）

可能消失种

大花杓兰 *Cypripedium macronthum*（百花山）

五味子 *Schisandra chinensis*（雾灵山）

二叶兜被兰 *Neottianthe cucullata*（百花山）

野罂粟 *Papaver nudicaule* var. *chinense*（东灵山）

安全种

卷丹 *Lilium lancifolium*（百花山）

高山蓍 *Achillea alpina*（妙峰山）

安全种

瞿麦 *Dianthus superbus*（百花山）

大花剪秋萝 *Lychins fulgens*（喇叭沟门）

山丹 *Lilium pumilum*（喇叭沟门）

桔梗 *Platycodon grandiflorus*（蒲洼）

安全种

山楂叶悬钩子 *Rubus crataegifolius*（蒲洼）

石竹 *Dianthus chinensis*（百花山）

翠雀 *Delphinium grandiflorum*（百花山）

华北耧斗菜 *Aquilegia yabeana*（雾灵山）

大叶铁线莲 *Clematis heracleifolia*（蒲洼）

安全种

水榆花楸 *Sorbus alnifolia*（百花山）

草芍药 *Paeonia obovata*（松山）

榛 *Corylus heterophylla*（慕田峪）

青檀 *Pteroceltis tatarinowii*（蒲洼）

安全种

狗枣猕猴桃 *Actinidia kolomikta*（云蒙山）

山杏 *Prunus armeniaca* var. *ansu*（雾灵山）

蒙古栎 *Quercus mongolica*（喇叭沟门）

新分布地点

刺楸 *Kalopannax septemlobum*（云蒙山）

枫杨 *Pterocarya stenoptera*（云蒙山）

考察活动

喇叭沟门自然保护区秋季考察

雾灵山自然保护区调查记录

考察活动

蒲洼自然保护区野外植物标本采集

百花山自然保护区植物样方调查

云蒙山自然保护区野外植物照片采集

蒲洼自然保护区考察